钢结构工业化建造与施工技术丛书

U0157626

民用钢结构工业化建造连接技术

李帼昌　杨志坚　邱增美　著

中国建筑工业出版社

图书在版编目(CIP)数据

民用钢结构工业化建造连接技术/李帼昌,杨志坚,
邱增美著. —北京:中国建筑工业出版社,2021.6
(钢结构工业化建造与施工技术丛书)
ISBN 978-7-112-26362-2

Ⅰ.①民… Ⅱ.①李… ②杨… ③邱… Ⅲ.①建筑结
构-钢结构-连接技术 Ⅳ.①TU391.04

中国版本图书馆 CIP 数据核字(2021)第 140883 号

本书介绍了钢结构建筑外墙、内墙、楼屋面板与主体结构的各种连接形
式,这些连接形式均采用了先进的模数化设计和标准化技术,可在工厂制作,
运至现场进行快速安装,是工业化生产、现场装配的现代建造技术的集中
体现。

本书内容共 6 章,分别是:绪论、装配式钢结构围护外墙与钢框架连接技
术开发与研究、装配式钢结构围护内墙与钢框架连接技术开发与研究、装配式
剪力墙与主体框架连接技术开发与研究、预制混凝土叠合楼板与钢梁连接的开
发及性能研究、钢结构坡屋面新型连接檩条开发及性能研究。

本书适用于从事钢结构、装配式结构设计与施工的研究、技术、管理人员
使用。

责任编辑:万 李
责任校对:焦 乐

钢结构工业化建造与施工技术丛书
民用钢结构工业化建造连接技术
李帼昌 杨志坚 邱增美 著

*

中国建筑工业出版社出版、发行(北京海淀三里河路9号)
各地新华书店、建筑书店经销
北京科地亚盟排版公司制版
天津安泰印刷有限公司印刷

*

开本:787 毫米×1092 毫米 1/16 印张:15¾ 字数:390 千字
2021 年 9 月第一版 2021 年 9 月第一次印刷
定价:**49.00**元
ISBN 978-7-112-26362-2
(37174)

前　　言

　　建筑业是我国的支柱型产业，目前国家正在大力推进建筑工业化的发展，尤其是装配式钢结构建筑。从 2016 年 9 月国务院办公厅发布《关于大力发展装配式建筑指导意见》"大力发展装配式混凝土建筑和钢结构建筑"，到 2020 年 9 月住房和城乡建设部等九部委发布《关于加快新型建筑工业化发展的若干意见》"大力发展钢结构建筑"，装配式建筑和钢结构建筑产业政策密集出台，钢结构产业迎来前所未有的发展机遇。发展装配式钢结构建筑是建造方式的重大变革，是推进供给侧结构性改革和新型城镇化发展的重要举措，有利于节约资源、减少施工污染、提升劳动生产效率和质量安全水平，有利于促进建筑业与信息化工业化深度融合、培育新产业新动能、推动化解过剩产能。我国的钢结构在近几年有了非常快速的发展，其应用面、应用量都得到了快速提升，但钢结构建筑在我国大面积推广应用时同样面临一些问题。钢结构主体结构的研究已相对成熟，其最突出的问题在于围护结构与主体连接的施工建造。目前美国与日本对各类研究成果显著，有很多比较成熟的连接形式，国内新型的钢结构围护墙体、楼面体系得到较快的发展，由于围护体系与主体结构之间工业化建造技术的滞后，不少工程仍采用传统连接方法或者围护体系，严重影响钢结构工业化建造的程度。

　　本书作者研发了钢结构建筑工业化建造连接技术，钢结构建筑外墙、内墙、楼屋面板与主体结构连接形式均采用先进的模数化设计和标准化技术，在工厂里加工完成、现场进行快速安装，是工业化生产、现场装配的现代建造技术的集中体现。此技术不仅可以保证施工质量，提高建筑安全性，而且有利于提高工业化建造效率，减少环境污染、施工速度快，且具有明显的经济效益和社会效益，其在实际工程中的应用对装配式钢结构建筑的广泛应用、对我国民用钢结构建筑工业化、产业化的发展起了重要的促进作用。

　　本书共分为 6 章，第 1 章简单介绍了民用钢结构工业化建造的特点，介绍了民用钢结构工业化建造连接的特点、发展和研究现状。第 2 章主要介绍了 ALC 外墙与钢框架角钢连接、ALC 外墙板与钢框架 Z 形连接以及轻钢龙骨外墙与钢框架新型连接的开发，并进行了往复荷载作用下的试验研究和有限元分析，并对连接进行了标准化。第 3 章介绍了装配式钢结构围护内墙与钢框架连接技术，包括：轻质内墙条板与钢框架新型连接技术、轻钢龙骨内墙与钢框架新型连接；对连接件在层间位移作用下的受力性能进行了有限元分析，并给出了连接件标准化、模数化尺寸及形式。第 4 章开发了装配式钢板剪力墙与钢框架梁之间的双鱼尾板连接件、预制混凝土剪力墙与钢框架梁之间 T 形钢板连接件，开展了单调与往复荷载试验，对新型连接件的极限承载力、破坏模式、延性、刚度和耗能等力学性能以及连接件的受力机理进行了研究，建立了合理适用的设计方法；第 5 章介绍了抗剪连接件在国内外发展研究的概况以及受力性能的分析等，基于对现有连接形式的研究，开发了预制混凝土叠合楼板与 H 形钢梁之间的四角弯筋抗剪连接件和 T 形钢抗剪连接件，对这两种新型连接形式进行了推出试验研究。第 6 章提出了一种新型檩条连接形式，在采用自攻螺钉连接檩条与屋面板的基础上，采用上部连接件连接檩条与压型钢板；进行了坡屋面新型连接檩条的受力性能试验研究，对比了原有连接、新型连接隔波连接、新型连接每波连接三种连接形式檩条压型钢板组成的屋面系统的极限承载力与刚度变化。

本书在编写过程中参考并引用了已公开发表的文献资料和相关书籍的部分内容，并得到了许多专家和朋友的帮助，在此表示衷心的感谢。

本书是作者课题组多年开展钢结构工业化建造连接技术研究工作的总结。在课题研究过程中，研究生郭晓龙、姜铄南、李东辉、袁侠、王野、张雪、吴先成、白利婷、杨萍、王旭等协助作者完成了大量的试验、计算及分析工作，他们均对本书的完成做出了重要贡献。作者在此对他们付出的辛勤劳动和对本书面世所做的贡献表示诚挚的谢意。

由于作者的水平有限，书中难免存在不足之处，某些观点和结论也不够完善，恳请读者批评指正！

目　　录

第 1 章 绪 论

1.1 民用钢结构工业化建造的特点

建筑工业化是我国建筑业的发展方向。钢结构建筑具有自重轻、延性好、抗震性能好、施工速度较快、构件可标准化和可回收利用率高等特点,符合绿色节能环保的理念和可持续发展的要求。钢结构与现有的其他建筑结构形式相比具有以下优点:

(1)钢结构中所用材料具有强度高、刚度大、材质均匀、塑性韧性好等优点,能够承受较大的变形,具有较好的抗震性能。

(2)与混凝土结构相比,钢结构更易实现构件的工业化和标准化生产,构件在工厂加工完成,运送到现场完成拼装,具有布置灵活、施工速度快等优点。

(3)钢结构具有节能环保、改建和拆迁容易、材料循环利用率高等优点,在施工过程中噪声小,在施工过程中可以减少 50% 以上的建筑垃圾,是节能环保的绿色建筑。

钢结构体系具有易于实现标准化、部件化和工业化的特性,最适合预制装配式的工业化建造,近年来受到建筑业内的广泛关注。钢结构住宅体系自重轻,建造构件和轻质板材都在工厂中生产,采用现场装配式施工,大大降低施工水电消耗、减少垃圾排放和扬尘污染,能充分体现"四节一环保"的绿色建筑性能。根据行业测算数据,与传统现浇生产方式相比,钢结构住宅实现节能 1/3 以上。钢结构住宅作为最具工业化生产特征的房屋体系,应该在住宅产业化推进中优先采用、优先推广。

1.2 民用钢结构工业化建造连接的特点

钢结构建筑主体结构的研究已相对成熟,其最突出的问题在于围护结构与主体连接的施工建造。国内新型的钢结构围护墙体、楼面体系得到较快的发展,但由于围护体系与主体结构之间工业化建造技术的滞后,不少工程仍采用传统连接方法或者围护体系,严重影响钢结构工业化建造发展的程度。

民用钢结构工业化建造连接具有以下特点:

(1)连接构造简单,便于信息化、科学化管理;

(2)钢材用量少;

(3)柔性连接,有足够的变形空间;

(4)施工周期短,占用场地小;

(5)工业化程度高。

1.3　民用钢结构工业化建造连接的发展和研究

1.3.1　钢结构围护外墙与钢框架连接

　　装配式钢结构围护外墙不再起承重作用，外墙主要是承受水平方向的风荷载、地震作用、自重和在清洗窗户时的活荷载。因此，目前装配式钢结构围护墙体主要采用轻质复合墙板，这些墙板具有质轻、隔热、耐火、隔声以及抗震性能好、施工方便等优点。墙板与结构的连接应该选用柔性连接构造，但如果结构布置和构造上存在缺陷，尤其是连接部分设计不合理，在地震作用下可能会造成震害，产生巨大经济损失和人员伤亡。国内的连接方式多采用柔性连接，连接件多采用角钢进行焊接或者螺栓连接。钢结构常用围护外墙包括：

　　（1）蒸压轻质加气混凝土板（ALC 板）：指采用以水泥、石灰、砂为原料制作的高性能蒸压轻质加气混凝土板材。ALC 板是现在国内应用于实际工程较多的墙板。ALC 外墙板规格见表 1-1。

<table>
<tr><td colspan="8">ALC 外墙板规格表 （mm）</td><td>表 1-1</td></tr>
<tr><td>厚度</td><td>100</td><td>125</td><td>150</td><td>175</td><td>200</td><td>250</td><td>300</td></tr>
<tr><td>外墙板最大规定长度</td><td>3500</td><td>4200</td><td>5200</td><td>6000</td><td>6500</td><td>6700</td><td>6700</td></tr>
</table>

　　（2）SRC 轻质复合墙板：以普通硅酸盐水泥、粉煤灰、膨胀珍珠岩等原料配制的轻骨料混凝土为基材，以水泥膨胀珍珠岩为芯材，以特殊工艺制作的钢丝网为增强材料制成。SRC 外墙板规格见表 1-2。

<table>
<tr><td colspan="4">SRC 外墙板规格表 （mm）</td><td>表 1-2</td></tr>
<tr><td>厚度</td><td>60</td><td>90</td><td>120</td></tr>
<tr><td>外墙板最大规定长度</td><td>2400～3300</td><td>2400～3300</td><td>2400～3300</td></tr>
</table>

　　（3）玻璃纤维增强水泥（GRC）复合外墙板：GRC 复合外墙板是以低碱度水泥砂浆为基材，耐碱玻璃纤维为增强材料，制成板材面层，内置钢筋混凝土肋，并填充绝热材料内芯，以台座法一次制成的新型轻质复合墙板。GRC 复合外墙板规格见表 1-3。

<table>
<tr><td colspan="3">GRC 复合外墙板规格表 （mm）</td><td>表 1-3</td></tr>
<tr><td>厚度</td><td>长度</td><td>宽度</td></tr>
<tr><td>120</td><td>3000</td><td>2500</td></tr>
<tr><td>120</td><td>6000</td><td>2700</td></tr>
</table>

　　（4）舒乐舍板：以整块阻燃自熄性聚苯乙烯泡沫为板芯，两侧配以直径 2.00 ± 0.05mm 冷拔钢丝焊接制作的网片，中间斜向 $45°$ 双向插入直径 2mm 的钢丝，连接两侧网片、采用先进的自动焊接技术焊接而成的钢丝网架聚苯乙烯夹芯板。舒乐舍板规格见表 1-4。

舒乐舍板规格表（mm） 表 1-4

宽度	2400	2700	3000	3300	3600
厚度	110	110	110	110	110

注：墙板的长宽比可为 0.5、1.0、2.0、4.0。

（5）泰柏板（钢丝网架聚苯乙烯夹芯板）：选用强化钢丝焊接而成的三维笼为构架，阻燃 EPS 泡沫塑料芯材或岩棉板为板芯组成，两侧配以直径为 2mm 的冷拔钢丝网片，钢丝网目尺寸为 50mm×50mm，腹丝斜插过芯板焊接而成，主要用于建筑的围护外墙。泰柏板的标准尺寸为 2440mm×1200mm×76mm 和 2440mm×4500mm×76mm。

目前美国与日本对梁与外墙连接的研究成果显著，有许多比较成熟的连接形式。图 1-1 是美国常用的一种连接方式：Tie-back connection。该连接形式不提供竖向的抵抗力，而是提供水平方向的抵抗力，属于外墙板与钢框架的柔性连接方式，使得钢框架与外墙板的随动性好，同时克服了钢结构框架和轻质墙板膨胀不同所带来的问题，可以大大提高节点的抗震性能[1,2]。

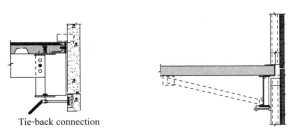

图 1-1　梁与外墙板连接形式 Tie-back connection

图 1-2 是日本建筑学会推荐的一种梁与外墙板的连接形式，这种连接形式特点是在梁的上翼缘架起一段，连接两块墙板的角钢都是在梁的上翼缘，在施工的时候连接都是在同一个地方，这样方便了施工，角钢与墙板之间用螺栓连接，并且螺栓都是预埋在墙体中一半的地方，防止了冷热桥的产生；同时，可以保证在遭遇罕遇地震的时候墙板不会坠落，不足之处在于梁的上翼缘架起的小钢架使得墙板在安装时会有一定的困难[3]。

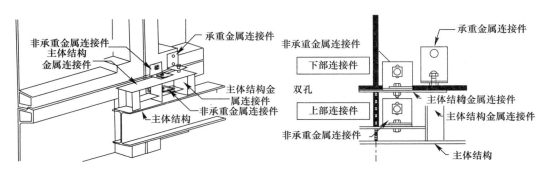

图 1-2　日本的梁与外墙板连接形式

文献［3］对安装滑动装置的 ALC 板与钢框架的新型连接节点进行了试验研究，新型安装滑动连接装置如图 1-3 所示。ALC 板的下部采用固定连接，上部的面内方向采用滑动

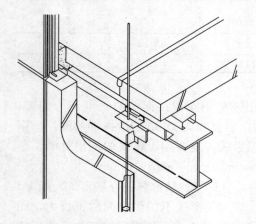

图 1-3　新型安装滑动连接装置

连接，上部面外采用铰接连接。

文献［4］通过 3 层钢框架支撑结构试验研究了 ALC 板对整体框架抗震性能的影响。文献［5，6］对带 ALC 板的足尺 4 层钢结构框架进行了三维振动台试验，图 1-4 为 4 层钢框架三维振动台试验中使用的 ALC 板连接构造。研究结果表明，采用的新型连接节点具有很好的抗震性能并可以保证与整体钢框架协调工作。

李国强等[7]对 6 榀钢框架和 5 榀带 ALC 墙板的钢框架结构分别进行了水平静力加载试验以及低周往复加载试验，研究了 ALC 墙板对整体钢框架结构承载力和刚度的影响。

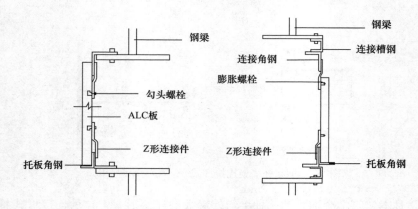

图 1-4　ALC 板的连接构造

赵滇生等[8]、侯和涛等[9]分别对单跨双层 2 榀纯钢框架和 4 榀带墙板钢框架结构分别进行了往复荷载试验，研究了竖排外挂和竖排内嵌墙板对钢框架结构极限承载力、刚度和滞回性能的影响。

于静海等[10]对外挂墙板的框架结构内力进行了模拟分析。研究结果表明，外挂墙板对框架结构受力性能有一定的影响，外挂墙板与主体框架连接的刚度越大，对框架产生的内力影响越大，加外挂墙板后同向侧移的加载形式比反向侧移的加载形式对框架内力的影响程度更大，外挂墙板与主体结构的不同连接形式对框架内力影响的比重随侧移的增加而减小。

金勇等[11]对 ALC 板与钢框架结构的四种新型连接节点（勾头螺栓连接件、直角钢件连接件、钢管锚连接件、斜柄连接件）进行了试验，连接形式如图 1-5 所示。

田海和陈以一[12]对 ALC 拼合墙板受剪性能进行了试验研究，发现单板上的勾头螺栓布置方式是影响墙板自身抗剪性能的主要因素之一，侧向相对位移不超过 1/300 时，勾头螺栓连接无松动、传力可靠。在大变形情况下，该连接虽松动但仍能协同变形且不出现破坏。

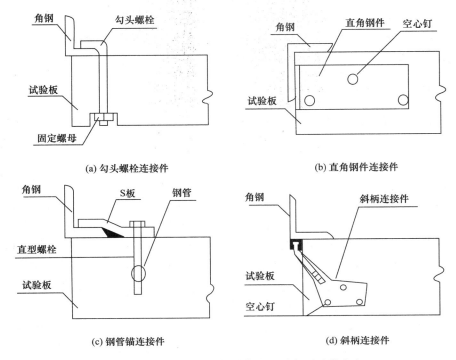

(a) 勾头螺栓连接件　　　　　　　　　(b) 直角钢件连接件

(c) 钢管锚连接件　　　　　　　　　　(d) 斜柄连接件

图 1-5　ALC 板与钢框架结构的四种新型连接节点

隋伟宁等[13]采用 ABAQUS 有限元分析软件，对蒸压加气混凝土外墙板与钢框架新型连接节点模型进行非线性数值分析，得到板厚、长圆孔两个方向孔径比等参数对新型连接节点的抗震性能与刚度的影响。

侯和涛等[14]通过两幢 3 层足尺分层装配支撑钢框架的振动台试验，对外挂陶粒钢筋混凝土复合墙板和竹筋陶粒混凝土复合墙板的抗震性能，以及连接复合墙板和钢框架的下托上拉式柔性减震连接节点的地震反应进行了研究，结果表明下托上拉式柔性减震连接节点具有足够的连接强度。

轻钢龙骨复合墙体是轻钢建筑结构常用墙体之一，其主要受力结构构件为冷弯薄壁型钢龙骨和墙体罩面板。典型的轻钢龙骨墙体是由以下部分组成的：立龙骨柱、天龙骨、地龙骨、托梁、腰支撑、斜支撑以及各种配套的扣件和加劲件[15]。自攻螺钉将龙骨与墙体罩面板（OSB 或者 PLY 板）紧密结合，从而形成了坚固的"轻钢龙骨复合墙体结构体系"。在轻钢结构体系中，外墙体的抗风性能以及抗震性能对高层钢结构住宅发展起到了决定性的作用。

近年来，国内外学者已经对轻钢龙骨复合墙体的力学性能进行了大量的研究[16-19]，但是关于轻钢龙骨墙体与主体框架连接的研究报道较少[20,21]。

张海霞等[20]提出一种轻钢龙骨复合外墙与钢框架连接的新型连接形式，并对连接部位进行低周往复荷载作用下的受力性能研究，分析其破坏模式，研究了滞回曲线、延性性能、耗能能力、刚度退化和强度退化等抗震性能指标。

耿悦等[21]提出了腹板开孔轻钢龙骨外围护墙体与钢框架之间的外挂式连接，考虑钻尾钉、长螺栓两种连接形式及墙体厚度的影响，设计了 5 片外挂于足尺钢框架的墙体标准单元试验，研究连接在风压与风荷载作用下的可靠性。

要保证轻钢龙骨外墙外在水平荷载的作用下能与主体结构很好的协同工作，两者之间需要有可靠的连接，因此需要开展一定的研究。

1.3.2　围护内墙与钢框架连接

对于内墙板，通常在满足人们在室内生产、生活要求的前提下，要对建筑内部的空间进行分隔，因此分隔房间的墙体材料非常关键，它能够决定分隔空间的效果。好的分隔效果不仅能够增大住户的使用面积，而且使得居住更舒适。

内墙板主要分轻质板材、龙骨薄板以及薄板加芯材加薄板类。轻质板材目前在钢结构民用建筑中应用最多，种类也最多。有蒸压轻质加气混凝土板（ALC、NALC、AAC）、轻质陶粒材料混凝土的圆孔内墙板、用工业的灰渣混凝土做的空心的轻质内墙条板、轻质的混凝土内墙条板、用石膏做的空心的轻质条板、粉煤灰泡沫水泥条板（ASA圆孔隔墙板）、硅镁加气水泥隔墙条板（GM板）、真空挤出成型纤维水泥板、GRC玻璃纤维增强水泥条板、聚苯颗粒水泥内隔墙条板、植物纤维复合隔墙条板、ZF系列轻质墙板、纸面草板、纸蜂窝夹心复合内隔墙条板等。

对于龙骨类内墙，包括了不同种类的龙骨以及薄板，龙骨一般有木龙骨、轻钢龙骨、烤漆龙骨等。薄板一般比较多，包括纸面石膏板、玻璃纤维石膏板、石膏刨花板、纤维水泥板（FC板）、水泥木屑板（水泥刨花板）、水泥板、玻镁平板（又称防火复合板，也称氧化镁板）等。

薄板加芯材加薄板类内墙板主要有硅钙板（复合石膏板）、纤维增强硅酸钙板以及钢丝网架水泥复合墙板，钢丝网架水泥复合墙板包括的种类很多，有泰柏板、3D墙板、SRC板、CS墙板、砂浆钢丝网架岩棉夹芯墙（GY板）、钢丝网架珍珠岩复合板（简称GZ板）、Sismo板等。

国内外虽然对板材及连接有一定的研究，但连接的种类比较单一，对于板材连接的性能研究的也不深入，主要是针对墙板对结构整体性能的影响进行研究。

Heimbs等[22]通过了拉拔试验和剪切试验，研究了蜂窝夹层的复合墙板螺栓节点和L形节点的破坏形态。试验可得：螺栓连接的剪切破坏发生在密封的单元格被拉坏之前；L形节点在弯曲以及剪切的荷载作用下的破坏是由各自连接表面的剥离而引起的。

Aref等[23]对内填复合墙（PMC板）钢框架的抗震性能进行了试验研究和有限元分析。结果表明：带有PMC板的钢框架能够明显提高整体结构的刚度、强度以及能量的耗散能力，轻质板材的最终破坏大多发生在结构角部的连接部位。

张海霞等[24]设计了一种轻钢龙骨内墙与主体钢结构框架梁及地面连接的新型连接方式，并利用有限元软件ABAQUS建立了新型连接下轻钢龙骨内墙的有限元分析模型研究其在均布荷载和层间位移作用下的受力性能和变形性能。

目前，国内已经出版的相关图集比较全面地介绍了现有的轻质内墙板的种类以及性能，对于主体结构与围护内墙的连接也有相关的图集和规程[25-29]，但是对于连接的开发以及连接件性能研究的报道较少。

1.3.3　装配式剪力墙与钢框架连接构造

钢板剪力墙（steel plate shear walls，以下简称钢板墙或 SPSW）是 20 世纪 70 年代发展起来的一种新型抗侧力构件。单个钢板剪力墙单元由钢板和约束构件（通常为梁、柱构件）组成，钢板通过鱼尾板连接件与约束构件相连形成整体，如图 1-6 所示。

钢板剪力墙的分类方法很多，根据墙板的构造特点，可将钢板剪力墙大致分为以下几类：（1）非加劲钢板墙；（2）加劲钢板墙；（3）组合钢板墙；（4）防屈曲钢板墙；（5）其他形式的钢板剪力墙（竖缝钢板墙、开孔钢板墙、低屈服点钢板墙等）。

装配式钢板剪力墙结构以其良好的抗侧力性能，越来越多地应用在多、高层建筑结构中。装配式钢板剪力墙结构的结构构件在

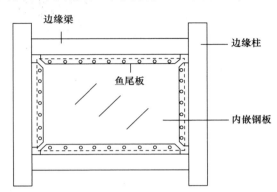

图 1-6　钢板剪力墙单元组成

工厂预制，通过现场安装拼接在一起，连接节点和接缝的受力性能将直接影响结构的整体性能。因此，装配式剪力墙的连接设计是装配式钢板剪力墙结构设计的重要环节。对于钢板剪力墙的力学性能，国内外已有不少学者进行了研究[30-36]，但是关于装配式钢板剪力墙与钢框架的连接的研究较少。

Berman 和 Bruneau[30] 对平板和折板钢板剪力墙的抗震性能进行了研究，结果表明：折板钢板墙可提供较大的侧向刚度，约占 90%，但折板的布置方向使试件受力不对称，建议采用双面反向对称布置折板来提高结构的滞回性能。

Vian 等[31] 对开洞钢板剪力墙进行了试验研究及有限元分析。研究表明：在钢板墙上开设洞口并不会对钢板剪力墙的承载力与延性造成过大的影响，能满足正常使用要求。

Valizadeh[32] 对开孔钢板剪力墙进行了试验研究分析，提出了钢板剪力墙的抗侧移刚度的计算方法，得出了新的钢板剪力墙抗侧刚度计算公式。

陆烨等[33] 对不同尺寸的大高宽比组合钢板剪力墙进行了单调、低周往复加载试验。试验结果表明，预制混凝土板能在一定程度上限制内嵌钢板的面外变形，使组合钢板剪力墙的极限承载力和耗能能力得到了提高。

聂建国等[34] 利用能量原理推导了竖向加劲钢板墙的弹性屈曲应力的简化计算公式，并分析了钢板高宽比、加劲肋数量、加劲肋与钢板刚度比等参数。研究表明，加劲肋与钢板的刚度比对加劲板竖向屈曲荷载影响较大。

张爱林等[35] 提出了一种适用于装配式高层钢结构的两边连接间断式盖板钢板剪力墙连接节点（DCPC），并对带 DCPC 的装配式两边连接钢框架-钢板剪力墙试件和一个两边焊接钢框架-钢板剪力墙试件进行了低周往复加载试验，研究了两种不同连接形式的钢框架-钢板剪力墙试件的抗震性能。结果表明，带 DCPC 的装配式两边连接钢框架-钢板剪力墙具有良好的抗震性能。

李帼昌等[37] 提出了一种装配式钢板剪力墙与钢框架梁双鱼尾板新型连接件，并对连接件进行了单调和往复荷载作用下的试验研究。试验结果表明，双鱼尾板连接件构造合

理、传力可靠、具有更高的刚度和承载力，能为钢板剪力墙提供更强的约束作用，其延性和耗能能力均优于单鱼尾板连接件。

钢框架-内填混凝土剪力墙结构体系（the Composite Steel Frame-Reinforced Concrete Infill Wall，简称：SRCW）结构布置如图1-7所示，SRCW结构主要由钢框架、内填混凝土剪力墙、抗剪连接件三部分构成。钢框架与内填混凝土剪力墙两者之间通过抗剪连接件相连接，使钢框架与混凝土剪力墙之间形成组合作用，促使钢框架-混凝土剪力墙之间协同工作。钢框架-内填混凝土剪力墙结构体系是以钢框架梁柱作为外围构件，内填混凝土剪力墙结构作为主要受力构件的一种双重抗侧力组合结构体系，该种结构体系具有抗震性能好、传力路径明确等优点。

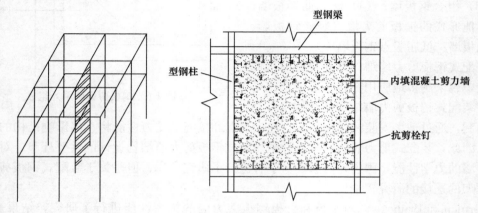

图 1-7　SRCW 结构体系

Mallick 和 Severn[38]对钢框架内填混凝土剪力墙结构小尺寸试验模型进行了往复加载试验，通过对钢框架与混凝土剪力墙之间不设置抗剪剪力钉与设置抗剪剪力钉的试件进行对比分析，结果表明在墙角处设置合理数量的抗剪剪力钉可以有效限制内填墙体的转动，增加结构的抗侧刚度，但对承载力影响不大。

Liauw 和 Kwan[39]对墙体与钢框架之间三种不同连接形式的受力性能进行了研究。①墙体仅与钢梁连接；②墙体与钢框架梁柱之间全部设置抗剪连接件；③无连接。试验结果表明，墙体与钢框架梁柱之间全部设置抗剪连接件与其他二种连接形式相比，此种连接中结构刚度退化慢，承载力较高具有较好的力学性能，在三种连接形式中墙体与钢框架之间全部设置抗剪连接件的结构耗能能力最好。

Kwan 和 Xia[40]为了对 SRCW 结构在地震作用下的受力性能进行深入的分析，对一 1/3 比例的单跨四层的非整体钢框架内填轻质混凝土剪力墙结构进行振动台试验研究。试验结果表明：由于钢框架和内填剪力墙之间未设置连接，结构的整体性较差，试件的自振频率随着 EL centro 地震波峰值加速度的增加而急剧增加。

Tong 等[41]对用抗剪栓钉相连接的内填混凝土剪力墙结构进行往复荷载试验。结果表明：钢框架内填混凝土剪力墙结构体系具有较好的抗震性能，在试验中混凝土剪力墙承担了 80% 的水平剪力，钢框架承担 80% 的倾覆弯矩。

Ju 和 Lee[42]对 4 个单层单跨的内填混凝土剪力墙与钢框架之间分离的试件进行了往复加载试验，4 个试件中包括 1 个纯钢框架结构、1 个普通的钢框架内填混凝土剪力墙结构和 2 个混凝土剪力墙与钢框架两端都分离的结构。试验结果表明：混凝土剪力墙的刚度对结构的承载能力和变形能力影响较大，因此在钢框架与混凝土剪力墙之间合理设置缝隙能够有效解决竖向荷载不均匀分布引起的结构薄弱层问题。

童根树和米旭峰[43,44]在《高层民用建筑钢结构技术规程》JGJ 99 中给出的关于钢框架内填带竖缝混凝土剪力墙计算模型的基础上，提出了壁式框架的计算模型，并对钢框架和带竖缝混凝土剪力墙两种结构刚度的计算给出了设计建议。

彭晓彤和顾强[45]为了研究钢框架内填混凝土剪力墙结构的破坏机理，对一榀 1/3 缩尺比例的试件进行了试验与有限元分析，并在考虑了钢框架梁柱半刚性节点、钢框架与内填剪力墙之间相互作用的基础上提出了基于塑性理论的侧向水平极限荷载计算方法。其中，计算结果和试验结果、有限元计算结果之间的误差较小，验证了计算方法的合理性。

周天华等[46,47]为了研究钢框架-预制混凝土抗侧力墙结构中竖向荷载在施工阶段和使用阶段中的分配比例关系，对一榀足尺的钢框架-内填预制混凝土剪力墙试件进行试验研究和有限元分析。结果表明：在施工阶段，竖向荷载主要由钢框架柱承担；在使用阶段，钢框架柱和抗侧力墙体分别承担 32% 和 68% 的竖向荷载，研究结果为钢框架-预制混凝土抗侧力墙装配式结构的施工提供了理论指导。

李帼昌等[48]设计了一种预制混凝土剪力墙与钢框架梁之间连接的 T 形钢板连接件，按 1∶3 比例设计了两组 T 形钢板连接试验试件，对连接件的极限承载力、破坏模式、延性、刚度和耗能等力学性能以及连接件的传力路径和受力机理进行分析。试验结果表明，在单调和往复荷载作用下 T 形钢板连接件均具有较好的力学性能，刚度退化平稳，连接件的延性和耗能能力均满足相关规范要求。

钢框架内填预制混凝土剪力墙具有与钢结构同步安装、施工速度快等优点，有利于实现钢结构住宅工业化生产。采用钢框架内填预制混凝土剪力墙结构的主要问题之一是预制混凝土剪力墙与钢框架之间的连接，可靠的连接件能够有效传递层间的剪力，提高结构的承载力和抗侧刚度。钢框架梁与预制混凝土剪力墙之间现有的连接形式主要为：栓钉和螺栓连接两种连接形式。栓钉连接主要是将抗剪栓钉与钢框架梁直接焊接在一起，在预制混凝土剪力墙处设置齿槽，采用齿槽吻合栓钉的方式连接，此种连接方式在齿槽与栓钉对接过程中精度要求较高，不利于现场施工。现有的螺栓连接方式主要为钢板式连接件，此种连接方式是将钢板连接件与钢梁焊接在一起，钢板连接件与预制混凝土剪力墙中的预埋钢板采用高强度螺栓水平连接，此种连接方式需开设较多的螺栓孔，对加工、安装精度要求高，由于钢框架梁与剪力墙自重影响对水平向螺栓连接安装不利。因此，在设计钢框架梁与预制混凝土剪力墙之间的连接件时，不仅要保证结构具有较好的整体工作性能，同时要求连接件具有传力简单明确，易于制作和方便施工。现阶段对钢框架内填预制混凝土剪力墙结构的研究主要集中在对钢框架结构整体性能的研究上，对钢框架与剪力墙的连接的研究较少。

1.3.4 预制混凝土叠合楼板与钢梁连接

预制混凝土叠合楼板是装配式钢结构住宅最常用的楼板形式之一，具有良好的整体性、抗裂性、抗震性和保温隔热性能，现场施工简便、工期缩短、无需支模、节省材料、机械化生产。这一系列的优势都使得该楼板体系得到更加广泛的研究和应用，并且完全符合装配式钢结构住宅装配的发展方向。

楼板与钢梁连接的抗剪连接部分决定了楼板整体性能，因此，研究两者的抗剪连接形式可以更好地推广预制混凝土叠合楼板的应用。通常情况下，抗剪连接件主要作用有两个：一是用来承受并传递钢梁与预制混凝土板间的纵向剪力；二是用来抵抗预制混凝土板与钢梁之间的掀起力。

20 世纪初期，瑞士成为最早研究组合结构中的抗剪连接件的国家，紧接着美国 Minofs 大学等开始了对槽钢抗剪连接件的研究，并给出相关承载力的公式[49]。20 世纪 50 年代后期，Viest 和 Thubrlimann 等人利用推出试验和疲劳试验对栓钉抗剪连接件进行了受力性能和疲劳性能的分析与研究[50]。20 世纪 60 年代开始，栓钉抗剪连接件作为柔性抗剪连接被大多数国家认可并采用，Ollgaard 等人通过对栓钉和槽钢的疲劳试验的研究得到栓钉应力幅和循环次数的关系[51]。20 世纪 70 年代初，Ollgaard 等人对轻骨料混凝土和普通钢筋混凝土中的栓钉连接件进行试验研究。在 20 世纪后期，各国对抗剪连接件的受力性能及承载力进行了大量的试验和研究，并且各国都通过试验结果提出了承载力公式的改进以及制定了相关规范等。

在 1971 年，Slutter 和 Fisher 等人采用栓钉的高度和直径比值作为定量进行试验研究，得到栓钉抗剪连接件承载力计算公式：

$$N_v = 0.5A_s \sqrt{E_c f_c} \leqslant f_u A_s \qquad (1\text{-}1)$$

式中　N_v——栓钉抗剪连接件承载力；

　　　A_s——栓钉横截面面积；

　　　E_c——混凝土的弹性模量；

　　　f_c——混凝土的圆柱体抗压强度；

　　　f_u——栓钉的极限抗拉强度。

在 1981 年，CEB-ECCS-FIP-IABSE 制定了组合结构规范。规范中建议的栓钉连接件抗剪承载力设计公式为：

$$N_v = 0.36d^2 A_s \sqrt{f_{ck}E_c}/r_{mc} \leqslant 0.7A_s f_y/r_{ms} \qquad (1\text{-}2)$$

式中　N_v——栓钉抗剪连接件承载力；

　　　A_s——栓钉钉杆截面面积；

　　　E_c——混凝土的弹性模量；

　　　f_y——栓钉的屈服强度；

　　　d——栓钉的直径；

　　　f_{ck}——混凝土的抗压强度；

　　　r_{mc}——混凝土材料分项系数；

　　　r_{ms}——栓钉材料分项系数。

在 1990 年，Hirokazu 等人对 324 个推出试验的结果进行总结和分析，得到了栓钉疲劳强度的计算公式：

$$Q_u = 30A_s \sqrt{(h_s/d_s)f_{cu}} \qquad (1\text{-}3)$$

式中　Q_u——栓钉的疲劳强度；

　　　A_s——栓钉钉杆截面面积；

　　　h_s——栓钉的高度；

　　d_s——栓钉的直径；

　　f_{cu}——混凝土的抗压强度；

　　我国对抗剪连接件的研究相对较晚，在 1983 年，郑州工学院通过对槽钢连接件进行推出试验，分析结果得到槽钢连接件抗剪承载力计算公式；在 1984 年，哈尔滨建筑工学院对弯筋连接件进行了试验研究，并将测得的承载力与钢筋极限抗拉强度进行比较，均高出设计值；在 1985 年，聂建国、孙国良做了 49 个槽钢连接件的推出试验[52]，对槽钢连接件的受力性能进行研究，给出槽钢剪力连接件的建议承载力公式：

$$V_w = \left[0.6df_y + (6t + 0.15b)f_c\right]l_c \tag{1-4}$$

式中　V_w——槽钢剪力连接件的承载力；

　　　　d——槽钢剪力连接件腹板的厚度；

　　　　f_y——槽钢剪力连接件的屈服强度；

　　　　t——槽钢剪力连接件翼缘的厚度；

　　　　b——槽钢剪力连接件翼缘的高度；

　　　　f_c——混凝土的抗压强度；

　　　　l_c——槽钢连接件的长度。

　　1988 年，《钢结构设计规范》GBJ 17—88 首次给出栓钉连接件受剪承载力设计公式为：

$$N_v^c = 0.43A_s\sqrt{E_cf_c} \leqslant 0.7A_sf \tag{1-5}$$

式中　N_v^c——栓钉抗剪连接件受剪承载力；

　　　　A_s——栓钉钉杆截面面积；

　　　　E_c——混凝土的弹性模量；

　　　　f——栓钉的抗拉设计强度；

　　　　f_c——混凝土的抗压强度。

　　1991 年，聂建国等对槽钢连接件的实际承载力进行了研究[53]。1996 年，聂建国等对钢-混凝土组合梁试件进行 40 组的研究，结果表明我国《钢结构设计规范》GBJ 17—88 中给出的槽钢和栓钉连接件承载力过于保守，可以适当放宽其限值[54]。

　　1999 年，聂建国等对栓钉连接件进行推出试验[55]，提出了钢-高强混凝土组合梁中栓钉连接件抗剪承载力修正公式：

　　当 $f_u \leqslant 564$MPa 且 $h_{st}/d_{st} \geqslant 4.0$ 时（h_{st} 和 d_{st} 分别为栓钉的高度和直径），有

$$N_v^c = 0.43A_s\sqrt{E_cf_c} \leqslant \alpha A_sf_u \tag{1-6}$$

式中　N_v^c——栓钉抗剪连接件受剪承载力；

　　　　A_s——栓钉钉杆截面面积；

　　　　E_c——混凝土的弹性模量；

　　　　f_u——栓钉的极限抗拉强度；

　　　　f_c——混凝土的抗压强度；

　　　　α——修正系数，其中 α 在 $f_{cu} \leqslant 40$MPa 时取 0.7；在 $f_{cu} \geqslant 50$MPa 时取 0.84；在两者之间时线性插入。

　　其中 α 在 $f_{cu} \leqslant 40$MPa 时取 0.7；在 $f_{cu} \geqslant 50$MPa 时取 0.84；在两者之间时线性插入。

　　《钢结构设计规范》GB 50017—2017 中栓钉承载力的公式：

$$N_v^c = 0.43A_s \sqrt{E_c f_c} \leqslant 0.7A_s \gamma f \qquad (1-7)$$

式中　N_v^c——栓钉抗剪连接件受剪承载力；

　　　A_s——栓钉钉杆截面面积；

　　　E_c——混凝土的弹性模量；

　　　f——栓钉的抗拉设计强度；

　　　f_c——混凝土的抗压强度；

　　　γ——栓钉材料抗拉强度最小值与屈服强度之比。

当栓钉材料性能等级为 4.6 级时，取 $f=215$（N/mm²），$\gamma=1.67$。

预制混凝土叠合楼板作为一种新型楼板体系，具有很多优势，但预制混凝土叠合楼板与钢梁之间的连接性能不是很好，阻碍这种楼板体系在我国进一步的发展。目前，比较常用的抗剪连接件是栓钉连接件、槽钢连接件和弯筋连接件，因此，对于连接钢梁与预制混凝土叠合楼板的抗剪连接件，还需要进一步的研究和开发。

1.3.5　钢结构坡屋面连接檩条

轻型钢结构是由冷弯薄壁型钢、圆钢、方钢和小角钢构成的钢结构，具有结构自重轻，节约钢材；结构安全、可靠，抗震性能好；房屋空间大，使用灵活；工厂制作，安装方便，施工周期短；外观美观等诸多优点。

轻型钢结构建筑的屋面材料通常使用的是轻型薄壁型材，轻型薄壁型材自重轻占用面积小。屋面系统中使用的杆件材料具有厚度薄、截面小、占用面积小的特点。

轻钢结构屋面体系具有建设周期短；工业化程度高，易于达到规范化、标准化、配套化的标准；防腐效果好，防水与密闭性能俱佳；安装方便；屋面材料绿色环保，可多次重复使用；屋面色彩丰富多样，造型美观别致，可以有多种组合方式。轻型钢结构屋面围护系统主要由三部分组成，分别是：冷弯薄壁型钢檩条、压型钢板、连接紧固件。轻钢结构屋面系统种类众多，分类方法各异。根据屋面板与檩条、相邻屋面板的连接方式的不同，轻型钢结构屋面围护系统主要可以分为三类：采用自攻螺钉连接屋面板与檩条、相邻屋面板的是自攻螺钉连接屋面系统，采用立缝支架连接相邻屋面板的是立缝支架连接屋面系统，相邻屋面板通过暗扣相连的是暗扣连接屋面系统[57,58]。

轻型钢结构建筑虽然具有上述优点，但轻钢结构同样存在着缺点。轻型钢结构建筑同其他建筑结构形式相比，有自重轻的特点；但由于自重轻，其在强风、强降雪等极端天气下遭到破坏的概率远高于其他建筑结构体系。而轻型钢结构的这种破坏多先发生在围护结构上，围护结构破坏后，造成整体稳定性下降，导致整体结构的破坏[59]。近年来，在遭遇到强风强降雪等极端天气下而发生轻型钢结构整体坍塌破坏的事例屡有发生，沿海地区的轻型钢结构屋面围护体系在大风中掀翻并遭到严重破坏的事例也屡次发生（图 1-8、图 1-9）。由于屋面围护结构破坏而引起轻型钢结构建筑整体破坏的事故的原因分为三种：屋面板与檩条组成的屋面围护体系的承载力不足而导致破坏；屋面与檩条、檩条与钢梁的连接不牢导致屋面板被整体掀翻破坏；檩条受弯扭而破坏导致屋面围护结构破坏。因此，对轻型钢结构屋面围护体系的承载力与稳定性方面的研究具有重要的意义[60]。

图 1-8　轻钢结构建筑在大风中破坏　　　　图 1-9　轻钢结构建筑在大雪中破坏

　　檩条是轻钢结构屋面体系中重要的构成部分，檩条的用钢量在屋面系统中与整体轻钢结构中都占了比较大的比重。轻钢结构屋面围护体系的造价在土建造价中占有很大比重：一般的单层厂房的屋面围护系统的造价占土建总造价的 30% 左右，而大跨度轻钢结构（如大型机库）为 40% 左右。屋面檩条是屋面围护系统的重要构成部分，其用钢量更是占到整个屋面围护系统用钢量的一半以上，约为 55%[61]。檩条的承载力与稳定性直接影响到轻钢结构的整体稳定性，因而提高檩条的承载力与稳定性对轻钢结构建筑整体稳定具有重要影响[62]。檩条的受力工况十分复杂，一方面檩条需要支撑屋面板传来的荷载，另一方面又受到屋面板的强有力的蒙皮效应作用的支撑[63]。檩条与主体钢架之间关系同样复杂，一方面檩条靠主体结构支撑，另一方面通过适当的构造方式又对主体结构提供强有力的支撑作用[64]。在整体的轻钢结构屋面设计中，与冷弯薄壁型钢檩条稳定和承载力有关部分的计算最为复杂[65]。

　　提高檩条的承载力与稳定性可以从三个方面进行考虑：充分利用屋面板的蒙皮效应对檩条产生的侧向约束；将简支檩条改为连续檩条；加强或改变檩条的连接方式[66]。利用屋面板蒙皮效应来提升檩条的稳定性与承载力的方法，效果明显，但考虑因素多，计算复杂。将简支檩条改为连续檩条，承载力与稳定性提升效果明显，但对大跨度檩条的承载力与稳定性提升效果不明显，且可能增加用钢量[67]。加强或改变檩条的连接，方式简单、直接，且可以达到前两种方法对檩条的承载力与稳定性提高的效果。

　　冷弯薄壁型钢是将厚度为 0.5~3.5mm 的普通钢板、镀锌钢板或钢带在冷状态下经过冷压、冷拔或冷弯成 C 形、Z 形、U 形等断面形状的成品钢材[68]。冷弯薄壁型钢质轻壁薄，具有良好的经济指标。在轻型钢结构的屋面檩条主要采用冷弯薄壁 C 型钢与冷弯薄壁 Z 型钢制作[69]。

　　冷弯薄壁型钢具有轻质高强的特点，与热轧型钢相比，冷弯薄壁型钢更能节约钢材、降低造价、减轻结构自重。相比于实腹式热轧槽钢，采用冷弯薄壁 Z 型钢作为檩条能够节约钢材 49%，而选用冷弯薄壁 C 型钢作为檩条能够节约钢材 43%[70]。冷弯薄壁型钢檩条还具有制作简单、运输方便、安装简单快速的特点。但是冷弯薄壁檩条的腹板与翼缘都比较薄，而且檩条的受力工况较为复杂，所以檩条的腹板与翼缘更容易发生屈曲，整个檩条容易发生侧向屈曲与扭转破坏，因此在檩条设计过程中应注重对檩条的局部屈曲与整体的侧向屈曲的稳定验算。

　　研究人员在早期研究冷弯薄壁型钢时，主要研究单个冷弯薄壁型钢的受力性能，没有注意到冷弯薄壁型钢在整个结构中的受力性能。对于屋面板对冷弯薄壁型钢檩条产生的作用缺乏定性、定量的研究，但是随着轻型钢结构建筑体系的广泛运用和实际工程中遇到的越来越多的相关问题。研究人员开始关注屋面板对檩条产生的作用，甚至对整体结构的作用。目前国内外关于檩条的研究主要集中于檩条的承载力以及整个屋面的整体受力性能[70-74]，檩条与屋面连接节点研究较少。

1.4　本书研究的内容

本书系统总结了作者及其课题组在钢结构工业化建造连接技术研究中所取得的成果，通过试验和有限元的方法研究了开发的装配式钢结构外墙、内墙、剪力墙与钢框架的新型连接，预制混凝土叠合板与钢梁新型连接以及钢结构坡屋面新型连接檩条的工作性能，提出了相应的设计、工业化制作和施工方法。

第 2 章　装配式钢结构围护外墙与钢框架连接技术开发与研究

2.1　ALC 外墙与钢框架角钢连接技术的开发及性能研究

2.1.1　轻质外墙与工字钢梁连接的开发

2.1.1.1　新型连接的开发

（1）技术背景

开发的连接适用于装配式钢结构中轻质墙板与钢框架进行外挂式连接，特别是 ALC 板与钢框架的连接。

轻质墙板与钢框架通过一定的方式进行连接，形成一种协同工作的结构体系，连接的性能直接影响结构体系的刚度、稳定性和承载能力。如果地震时连接破坏，会使墙板脱落、坍塌并引起严重的次生灾害，所以墙板与钢框架的连接是钢结构住宅中的关键部位。

由于钢结构本身具有较好的变形性能和抗震性能，所以要求墙体应具有与钢框架变形的随动性能，即墙板与结构的连接应选用柔性连接构造。

（2）开发角钢连接思路

1）外墙与钢梁连接时最好采用柔性连接，可保证外墙与钢框架间良好的随动性，提高抗震性能。

2）避免连接螺栓贯穿墙体，可提高墙板的整体性，防止冷热桥的产生，提高外墙的保温性能。

3）外墙与钢框架的膨胀系数不同，避免因为温度的改变而使得连接破坏，从而降低连接的使用寿命。

4）受力明确、载力高、可靠、寿命长。

5）方便施工、快速安装、节约钢材，尽量减少现场湿作业。

（3）角钢连接的优点

开发连接如图 2-1 所示。开发的新型连接避免了在墙体上贯通打孔，可防止冷热桥的产生，与国内相似的连接相比，在梁的下翼缘采用的铰接稳定性好，提高了节点的抗剪能力，并且现场安装方便、快捷，实现了墙体与钢框架的随动性，克服了钢框架和墙板膨胀系数不同所带来的问题，可以大大提高节点的抗震性能。新型连接可按照下列方法进行施工：

1）现场进行通长角钢与工字钢梁上翼缘的焊接：在通长角钢的两端焊缝长度为100mm，中间的焊缝长度为 200mm，焊缝的间距为 400mm，焊角尺寸为 5mm。

2）专用托板与通长角钢的焊接：将托板和通长角钢上冲切好的螺孔对准，然后采用三面围焊，焊角尺寸为 5mm，将托板和通长角钢焊接在一起。

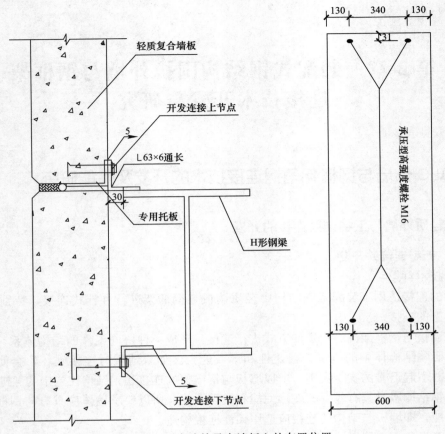

图 2-1 开发连接及在墙板上的布置位置

3）短角钢和梁下翼缘的焊接：ALC 墙板的宽度一般为 600mm，所以在工字钢梁上以 600mm 为一个单位，短角钢上螺孔中心距离两边的距离为 130mm，两个短角钢的螺孔中心之间距离为 340mm，对短角钢进行三面围焊，焊角尺寸为 5mm，使得短角钢与工字钢梁稳定连接。如果采用其他轻质墙板，可以根据连接螺杆在墙板上的预埋位置，再确定短角钢的焊接位置。螺杆的预埋深度为 110mm，每块墙板上预埋 4 根连接螺杆。

4）用起重机将轻质墙板吊放在托板上，调整好位置，然后将墙板预埋的螺杆对准冲切好的栓孔推入，最后用螺母锁紧将轻质墙板与钢框架连接成整体，高强度摩擦型螺栓布置在墙板的四角，如图 2-1 所示。

5）板缝的处理：横向的板缝开始时将墙板自然地紧靠在一起，然后采用专用的涂料，最后是密封胶；竖向的板缝由里到外依次为发泡剂或者岩棉、PE 棒、专用的底涂一道、密封胶。

2.1.1.2 连接件尺寸的设计

（1）风荷载的计算

初步确定高强度螺栓为新型连接的连接件，再根据各地区的特点，计算此连接在外墙风压下的强度安全性，根据《建筑结构荷载规范》GB 50009—2012[75]计算围护结构风荷载：

$$w_k = \beta_{gz} \mu_{sl} \mu_z w_0 \tag{2-1}$$

式中　w_k——风荷载标准值，kPa；

　　　β_{gz}——高度 Z 处的阵风系数；

　　　μ_{sl}——风荷载局部体型系数；

　　　μ_z——风压高度变化系数；

　　　w_0——基本风压，kPa。

此公式根据地区的不同选取不同的系数，本研究选取沈阳所处地理位置，风荷载计算系数的选取见表 2-1。

风荷载计算系数			表 2-1
β_{gz}	μ_{sl}	μ_z	w_0
2.26	1.3～1.5	0.63	0.55

则 $w_k = \beta_{gz}\mu_{sl}\mu_z w_0 = 2.26 \times 1.5 \times 0.63 \times 0.55 = 1.175\text{kPa}$

ALC 外墙板生产的标准规格为 3000mm×600mm，连接采用竖装方案，每块墙板采用 4 个高强度螺栓固定，因此每个高强度螺栓所承受的风荷载标准值 $R_{标准}$ 为：

$$R_{标准} = 3 \times 0.6 \times 1.175/4 = 0.53\text{kN}$$

每个节点的风荷载设计值 $R_{设计}$ 为：

$$R_{设计} = 0.53 \times 1.4 = 0.742\text{kN}$$

（2）地震作用的计算

由于钢结构中围护结构只需满足非结构构件的要求，因此计算连接在地震作用下强度的安全性时，根据《建筑抗震设计规范》GB 50011—2010（2016 年版）[76] 计算非结构构件的地震作用，在采用等效侧力法时，水平地震作用标准值宜按下列公式计算：

$$F = \gamma\eta\xi_1\xi_2\alpha_{\max}G \tag{2-2}$$

式中　F——沿最不利方向施加于非结构构件重心处的水平地震作用标准值；

　　　γ——非结构构件功能系数；

　　　η——非结构构件类别系数；

　　　ξ_1——状态系数，对预制建筑构件、悬臂类构件、支撑点低于质心的任何设备和柔性体系宜取 2.0，其余情况可取 1.0；

　　　ξ_2——位置系数，建筑定点宜取 2.0，底部宜取 1.0，沿高度线性分布，对要求采用时程分析法补充计算的结构，应按其计算结果调整；

　　　$\alpha_{\max}$——地震影响系数最大值；

　　　G——非结构构件的重力，应包括运行时有关的人员、容器和管道中的介质及储物柜中物品的重力。

根据角钢连接，针对外墙板以及柔性连接等特点，以上系数的取值见表 2-2。

地震作用计算系数表			表 2-2
γ	η	ξ_1	ξ_2
1.4	0.9	2.0	2.0

非结构构件的重力 G 可根据试验试件的重力计算得出为 8kN，同样是截取出一部分，然后再与试验的计算结果进行对比，分析连接的安全性。

当地震等级为 8 度多遇地震时，地震影响系数取 0.16，则地震作用标准值为：

$$F = 1.4 \times 0.9 \times 2.0 \times 2.0 \times 0.16 \times 8 = 6.45 \text{kN}$$

当地震等级为 8 度罕遇地震时，地震影响系数取 0.9，则地震作用标准值为：

$$F = 1.4 \times 0.9 \times 2.0 \times 2.0 \times 0.9 \times 8 = 36.29 \text{kN}$$

2.1.1.3 连接强度设计

在新型连接中，上节点的托板是通过角钢和钢梁间接连接的，下节点的螺栓是通过短角钢与钢梁间接连接的，在连接处发生破坏时，托板需要承受墙板竖向荷载，因此角钢和短角钢与钢梁的焊接部分要有一定的承载能力；连接墙板的高强度螺栓需要满足非结构构件能够抵抗风荷载与地震作用的条件。

（1）螺栓连接设计

开发连接中，连接墙板与钢框架的为四个 8.8 级 M16 的承压型高强度螺栓，上下节点各两个，如图 2-1 所示。根据《钢结构设计标准》GB 50017—2017[56] 计算高强度螺栓的设计强度：

抗剪承载力设计值为：

$$N_v^b = n_v \frac{\pi d^2}{4} f_v^b \qquad (2\text{-}3)$$

式中　n_v——受剪面数，单剪＝1，双剪＝2；

　　　d——螺杆直径；

　　　f_v^b——螺栓的抗剪强度设计值。

由已知查表得 $f_v^b = 250 \text{N/mm}^2$。

$N_v^b = 1 \times \dfrac{\pi \times 16^2}{4} \times 250 = 50.27 \text{kN} \geqslant 6.45 \text{kN}$，说明开发连接在地震作用下可以保证有效连接。

承压承载力设计值为：

$$N_c^b = d \sum t f_c^b \qquad (2\text{-}4)$$

式中　$\sum t$——在不同受力方向中一个受力方向承受构件总厚度的较小值；

　　　f_c^b——螺栓承压强度设计值。

由已知查表得 $f_c^b = 590 \text{N/mm}^2$。

$N_c^b = 16 \times 6 \times 590 = 56.64 \text{kN} \geqslant 50.26 \text{kN}$，因此只需要通过试验验证螺栓的抗剪承载力。

（2）焊缝连接设计

连接件与钢框架是焊接在一起的，因此要保证焊缝有一定的强度，不能先于螺栓破坏。参考国内外连接的焊接方式和焊缝长度，确定开发连接的焊缝长度，焊缝连接加工如图 2-2 所示。

开发连接的上节点见图 2-2 左图，针对 ALC 墙板每块墙板的长宽规格为 3000mm×600mm，竖装安装的墙板，两边焊缝长度为 100mm，中间的焊缝长度均为 200mm，间隔 400mm，焊角尺寸为 5mm。

$$\tau_f = \frac{V}{2 h_e l_w} \leqslant f_f^w \qquad (2\text{-}5)$$

式中　h_e——焊缝的有效厚度，$h_e = 0.7 h_f$；

　　　l_w——焊缝的计算长度；考虑起灭弧缺陷，按各条焊缝的实际长度每端减去 h_f

计算；

f_f^w——角焊缝抗拉、抗压和抗剪强度设计值；

τ_f——焊缝长度。

图 2-2　焊缝连接加工图

由已知查表得到 $f_f^w = 160 \text{N}/\text{mm}^2$。

$$V = 2h_e l_w f_f^w = 2 \times 0.7 h_f l_w f_f^w = 2 \times 0.7 \times 4 \times (100 - 10) \times 2 \times 160 = 161.28\text{kN}$$

对于梁的下节点，短角钢与梁的连接采用三面围焊，根据短角钢的尺寸得知，三面围焊的焊缝长度分别为 63mm、63mm 和 80mm；焊脚尺寸均为 4mm；在连接承受横向剪力的时候，角焊缝中有两条为正面角焊缝，一条为侧面角焊缝，因此单个短角钢的焊缝强度为：

$$\sigma_f = \frac{N_1}{2h_e l_w} \leqslant \beta_f f_f^w \qquad (2\text{-}6)$$

$$\tau_f = \frac{N_2}{h_e l_w} \leqslant f_f^w \qquad (2\text{-}7)$$

式中　β_f——正面角焊缝的强度增大系数，$\beta_f = \sqrt{\dfrac{3}{2}} = 1.22$。

得到：

$$N_1 = h_e l_w \beta_f f_f^w \times 2 = 2 \times 0.7 \times 4 \times 63 \times 1.22 \times 160 = 68.87\text{kN}$$

$$N_2 = h_e l_w f_f^w = 0.7 \times 4 \times 80 \times 160 = 35.84\text{kN}$$

由计算结果得知，焊缝的抗剪强度比螺栓的抗剪强度大，满足了连接开发要求。

2.1.2　轻质外墙与工字钢梁连接试验概况

2.1.2.1　试件加工制作

对于 150mm 和 200mm 墙板，预埋螺栓均预埋 110mm；墙板宽 600mm，预埋螺栓距离墙板长边距为 130mm，预埋孔间距 340mm，对于上节点的预埋孔距离墙板短边距离为 35mm，下节点预埋孔距离墙板短边距离为 70mm。由于墙板是整块出厂，无法实现预埋，因此采用打孔再回填的方法来代替，回填材料为实际工程采用的抗裂砂浆；由于下节点的钢板预埋件难以实现，因此采用勾头螺栓预埋到同样的深度代替开发连接，如图 2-3 和图 2-4 所示。

由于 ALC 墙板本身的强度有限，因此在试验过程中，在墙板预埋件的周围粘贴了一层碳纤维布协同墙板共同受力，如图 2-5 所示，这样可以有效地得到连接的极限承载能力。

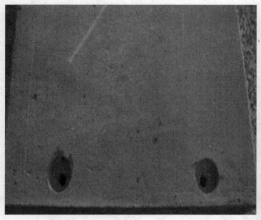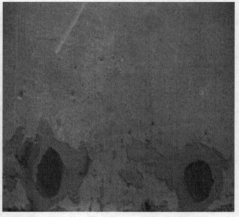

图 2-3　上节点的预埋

图 2-4　下节点的预埋

图 2-5　缠有碳纤维布的 ALC 墙板

2.1.2.2　材料性能

为了保证试验结果的准确和可靠，试验采用的所有钢材为同一批生产的 Q235B 级钢材。测试方法依据国家标准《金属材料拉伸试验　第 1 部分：室温试验方法》GB/T 228.1—2010[7] 的有关规定进行，测得屈服强度（f_y）、极限强度（f_u）、弹性模量 E、泊松比 μ。材性试验结果如表 2-3 所示。

钢材力学性能　　　　　　　　　　　　　　　　　　　　表 2-3

材料	f_y(N/mm²)	屈服应变	f_u(N/mm²)	极限应变	E(N/mm²)	μ	伸长率
角钢	381.867	0.001807	503.600	0.005979	2.11×10^5	0.244	17.8%
螺栓	310.149	0.001886	345.422	0.003075	1.64×10^5	—	100%

2.1.2.3　试验装置、测试方法及加载制度

试验在沈阳建筑大学结构工程实验室完成。加载平台采用 1200kN 加载架，采用 250kN MTS 作动器施加竖向荷载。由于试验是研究节点的竖向抗剪能力，所以在单调试验时两侧采用侧向支撑固定住梁，用 MTS 对梁施加向上的拉力；在进行往复荷载试验时，在梁的前面设置侧向支撑，防止梁在弯矩的作用下发生倾斜。试验加载装置如图 2-6、图 2-7 所示，支撑均用两根锚杆和 1m 梁固定支撑，墙板采用 4 根短梁上下固定，用两根长梁左右固定，如图 2-8 所示。

在单调加载时，采用荷载控制。往复加载时，采用位移控制，对缠绕有碳纤维的构件每次递增 5mm 进行加载，承载力出现下降后，再往复加载五六次后结束加载；没有缠绕碳纤维的构件每次递增 2.5mm 进行加载，承载力出现下降后，再往复加载五六次后结束加载。

图 2-6　单调试验加载图　　　　　　　　图 2-7　往复试验加载图

图 2-8　墙板固定

梁的竖向位移由 MTS 测得。图 2-9 给出了应变片布置情况，图 2-9（a）为新型连接上节点的应变片的布置，图 2-9（b）为新型连接下节点的应变片的布置。

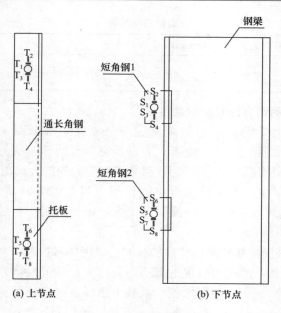

(a) 上节点   (b) 下节点

图 2-9   应变片的布置

2.1.3   轻质外墙与工字钢梁连接试验结果

2.1.3.1   单调荷载作用下连接的性能分析

（1）单调荷载作用下的试验现象及破坏过程

试件的编号如表 2-4 所示。

单调荷载作用试件参数   表 2-4

序号	试件编号	试件类型	数量
1	LJ-1	150mm 板厚缠有碳纤维布的 ALC 墙板与工字钢梁连接上节点	4
2	LJ-2	200mm 板厚缠有碳纤维布的 ALC 墙板与工字钢梁连接上节点	4
3	LJ-3	150mm 板厚缠有碳纤维布的 ALC 墙板与工字钢梁连接下节点	4
4	LJ-4	200mm 板厚缠有碳纤维布的 ALC 墙板与工字钢梁连接下节点	4

LJ-1 试件，在竖向荷载加载至 11kN 时，碳纤维布发出响声，此时墙板已经破坏，之后主要由碳纤维布和墙板中的钢筋承担荷载。

随着荷载的增加，位移不断增大，碳纤维布开始被撕裂。加载到 22kN 时，碳纤维布正面被撕开两道竖向的裂缝，并且有 ALC 墙板的碎渣掉出，钢筋发生屈服，连接螺栓发生弯曲。破坏形态如图 2-10 所示，LJ-3 试件破坏过程与 LJ-1 试件类似。

LJ-2 试件，在竖向荷载加载至 20kN 左右时，连接件和碳纤维布发出响声，这说明墙板已经破坏，接下来主要受力为碳纤维布和墙板中的钢筋。

随着荷载的不断增大，位移不断增大，碳纤维布开始被撕裂破坏，当荷载加载到 40kN 时，碳纤维布正面被撕开一道竖向通长裂缝，并且有 ALC 墙板的碎渣掉出，连接螺杆变形严重，无法再继续受力。破坏形态如图 2-11 所示。LJ-4 试件破坏过程与 LJ-2 类似。

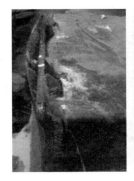

图 2-10　LJ-1 试件的破坏形态

图 2-11　LJ-2 试件的破坏形态

（2）单调荷载作用下承载力及变形性能分析

单调荷载作用下的荷载-位移曲线如图 2-12 所示，各试件的试验结果如表 2-5 所示。对于连接 LJ-1，连接螺杆没有发生明显屈服，但是墙板与碳纤维布破坏，无法继续承担荷载；对于连接 LJ-2，试验结束后墙板与碳纤维布破坏严重，连接螺杆被剪断。两种连接的受力过程中可分为三个阶段为：弹性阶段、弹塑性阶段、破坏阶段。

第一阶段：弹性阶段（曲线 OA 段）。在 A 点之前，荷载-位移呈线性。当加载到 A 点时，连接部位的墙板发生破坏，碳纤维布只有少许的破坏，导致荷载-位移曲线发生了微小的抖动。

第二阶段：弹塑性阶段（曲线 AB 段）。A 点以后，荷载主要由碳纤维布承受，荷载-

位移曲线不断上升；到达 B 点时，LJ-1 碳纤维布破坏严重，而 LJ-2 不仅碳纤维布破坏严重，并且连接螺杆也发生变形，节点达到极限承载力。

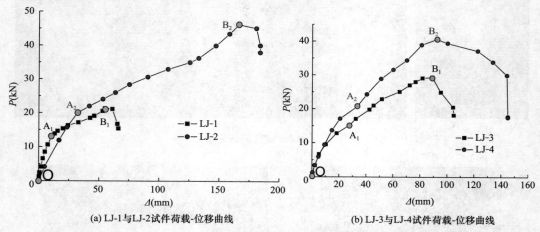

(a) LJ-1 与 LJ-2 试件荷载-位移曲线 　　　　(b) LJ-3 与 LJ-4 试件荷载-位移曲线

图 2-12　单调荷载作用下试件荷载-位移曲线

第三阶段：破坏阶段（B 点以后的下降段）。B 点为节点的极限承载力，此时连接节点处破坏严重，墙板与碳纤维布均无法受力，LJ-2 连接螺杆发生较大变形，连接刚度急剧下降，连接破坏。

根据《建筑抗震设计规范》GB 50011—2010（2016 年版）要求，对于多高层钢结构建筑，弹性层间位移角限值不得超过 1/250，因此在弹性阶段节点的位移不得大于 $h/250$（h 为楼层的层高）。从表 2-5 可以看出，试件 LJ-1～LJ-4 达到极限承载力时对应的位移满足规范要求；连接的极限承载力也满足规范要求。

LJ-1～LJ-4 的试验结果　　　　　　　　　　　　　　　　表 2-5

试件	屈服荷载（kN）	屈服位移（mm）	极限荷载（kN）	极限位移（mm）	破坏荷载（kN）	破坏位移（mm）
LJ-1	12.86	10.68	21.31	54.88	16.71	65.40
LJ-2	19.90	32.12	46.17	166.37	39.98	184.05
LJ-3	15.13	27.69	29.32	88.81	24.88	95.26
LJ-4	20.61	33.27	40.58	92.08	33.85	133.75

两种板厚的节点均满足规范要求，由于两种板厚墙板的自身保温性能存在差异，因此可根据地区的不同选取满足该地区保温要求的墙板。

（3）单调荷载作用下应变分析

图 2-13 所示为试件 LJ-3 应变分布曲线。从图中可以看出，应变开始均较小，但是 S_3、S_4、S_7 增长速度较快，应变值较大。当加载到 10.9kN 时，所有的测点均未发生屈服，由于有碳纤维布的存在，连接承载力继续上升；当加载到 17.76kN 时，S_3、S_4 首先屈服（钢材的屈服应变为 $1807\mu\varepsilon$）；当荷载加载到 23.45kN 时，S_3、S_4 的应变值持续增加，S_6、S_7、S_8 也发生屈服，此时连接短角钢 1 已经有变形，与测点应变值相符；当加载到试验极限荷载 29.32kN 时，S_2 也发生屈服，测点 S_1、S_5 始终没有发生屈服。从整体上看，S_3、S_4 两个测点的应变值较大，试验现象表明连接短角钢 1 的变形较严重，与测点的曲线相符。

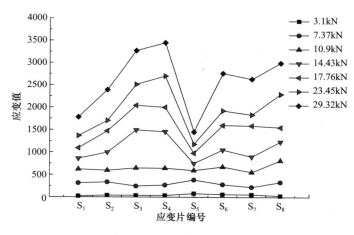

图 2-13　LJ-3 应变分布曲线

图 2-14 所示的是 LJ-4 的应变分布曲线。从图中可以看出，应变值开始均较小，但是 S_2、S_4、S_6、S_8 增长速度较快。当加载到 23.59kN 时，此时墙板已经破坏，测点 S_6 即将发生屈服，由于有碳纤维布的存在，连接承载力继续上升；当加载到 28.85kN 时，S_6 首先屈服，并且此测点的应变值远大于其他测点；当荷载加载到 36.68kN 时，S_6 的应变值持续增加，S_2、S_4、S_8 相继发生屈服，此时连接短角钢已经发生横向变形；当荷载加载到试验极限荷载 40.58kN 时，S_3、S_7 发生屈服，测点 S_1、S_5 始终没有发生屈服。从整体上看，连接短角钢的横向应变值较大，较早进入了弹塑性阶段，试验的结果显示连接短角钢的横向变形较大，这也与测得的曲线相符。

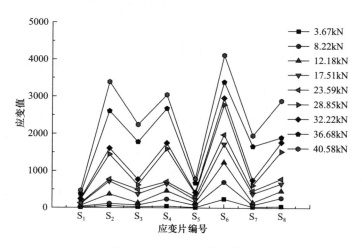

图 2-14　LJ-4 应变分布曲线

2.1.3.2　往复荷载作用下连接的性能分析

（1）往复荷载作用下试验现象及破坏过程

往复荷载作用下试件的参数如表 2-6 所示。SJ-1 试件在位移不断增大的过程中，伴有碳纤维布被撕裂的声音；位移增加到 20mm 时，承载力达到了最大，约为 20kN。之后，随着位移的不断增大，承载力不再上升，同时碳纤维布已经被撕开一道通长裂缝，ALC墙板破坏严重；从滞回曲线上看，后面的荷载主要由碳纤维布承担；试件的破坏形态如图 2-15 所示，SJ-3、SJ-5 和 SJ-7 与 SJ-1 破坏过程及形态相似。

往复荷载作用下试件参数 表 2-6

序号	试件编号	试件类型	数量
1	SJ-1	150mm 厚缠有碳纤维布墙板与工字钢梁连接上节点	4
2	SJ-2	150mm 厚没有碳纤维布墙板与工字钢梁连接上节点	4
3	SJ-3	200mm 厚缠有碳纤维布墙板与工字钢梁连接上节点	4
4	SJ-4	200mm 厚没有碳纤维布墙板与工字钢梁连接上节点	4
5	SJ-5	150mm 厚缠有碳纤维布墙板与工字钢梁连接下节点	4
6	SJ-6	150mm 厚没有碳纤维布墙板与工字钢梁连接下节点	4
7	SJ-7	200mm 厚缠有碳纤维布墙板与工字钢梁连接下节点	4
8	SJ-8	200mm 厚没有碳纤维布墙板与工字钢梁连接下节点	4

图 2-15　SJ-1 破坏形态

SJ-2 试件在竖向位移达到 20mm（荷载为 24kN）时，墙板与梁连接处出现较小裂缝。竖向位移增加到 25mm 时（荷载为 22kN），墙板裂缝的数量和宽度增加。竖向荷载加载到 30mm 时（荷载为 12kN），墙板原有裂缝扩大，有墙板的残渣脱落，承载力下降的幅度较大。竖向位移加载到 32.5mm 时，荷载为 9kN 时，墙板破坏严重，上部分连接处出现很大裂缝，下部分有大块墙板脱落，不能再继续工作，其破坏形态如图 2-16 所示。SJ-4、SJ-6 和 SJ-8 试件与 SJ-2 试件破坏形态相似。

图 2-16 SJ-2 的破坏形态

（2）往复荷载作用下承载力及变形性能分析

1）滞回曲线

试验测得的荷载-位移滞回曲线如图 2-17 所示。从图 2-17 可以看出，滞回曲线具有一定的共同点：

（a）在加载的初期，试件的滞回曲线包围的面积非常小，整体呈现为梭形；曲线基本呈现线性增长，此时预埋螺杆与墙板连接牢固，因此位移变化很小时，承载力增加速度很快，结构的残余变形很小，结构在近似弹性阶段工作，加载和卸载过程并不完全对称。

（b）随着加载位移的增大，曲线此时开始不再呈线性增长，在这个阶段曲线位移开始增大较快，承载力增长较缓慢，随后力与位移会慢慢趋近于线性增长，说明螺杆与墙板的连接比较牢固，此时预埋螺杆附近的墙板表面已有少许裂缝，残余变形和滞回曲线包围的面积开始增大，滞回环呈 Z 形，结构开始吸收能量，开发连接通过节点的摩擦、墙板裂缝的增加和扩展将能量耗散。

（c）当各试件的节点达到最大承载力时，各试件的滞回环也变得更加丰满，结构的耗能增大；随着位移的不断增加，各试件达到最大承载力后的循环，承载力开始下降，再经过几次循环后，承载力有明显下降，残余变形较大，出现明显水平滑移段，这是因为此时的墙板已经破坏，在预埋螺杆附近的墙板出现了竖向裂缝；在整个加载过程中，结构的刚度随着位移的增大逐渐降低，出现刚度退化的现象，这时连接螺杆也分别有不同程度的变形。

（d）在加载的过程中，滞回环中部有明显的捏拢现象，这表明开发连接有一定的剪切滑移，这种滑移主要出现在连接角钢和墙板之间、螺杆和连接角钢之间，此滑移减缓了墙板的破坏，也有利于结构的抗震性能。

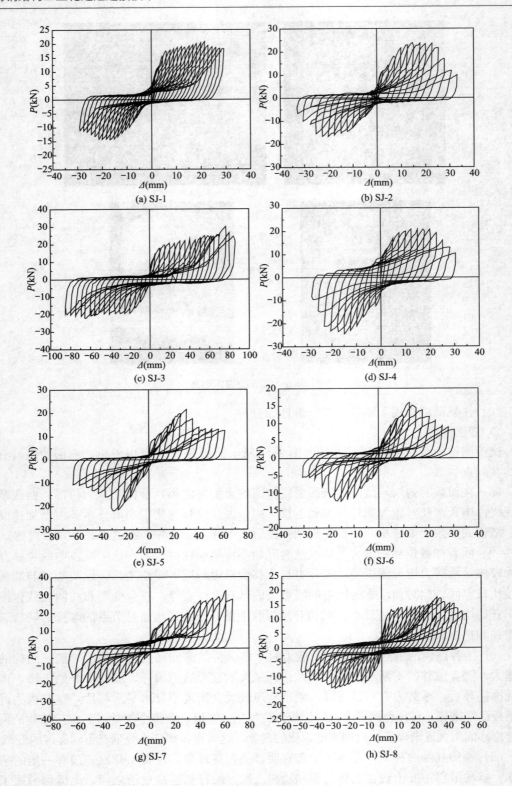

图 2-17　试件荷载-位移滞回曲线

2）骨架曲线

对于无明显屈服点的结构，其特征点的确定方法如下：在结构的骨架曲线上，作通过坐标原点的切线，该切线与经过峰值点的水平线相交，其交点的位移值作为结构的屈服位移，曲线上 Δ_y 对应的荷载即为屈服荷载 P_y；骨架曲线上的峰值点对应的位移与荷载值，作为结构的峰值位移 Δ_m、峰值荷载 P_m，结构的极限荷载为荷载下降至峰值荷载 85% 时对应的荷载值，即 $P_u = 0.85 P_m$，其对应的峰值为极限位移 Δ_u。特征点的确定方法如图 2-18 所示。

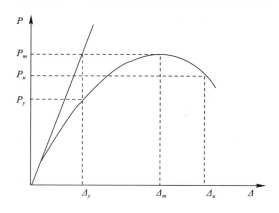

图 2-18　特征点的确定

试件的骨架曲线见图 2-19，特征点的取值如表 2-7 所示。各试件的骨架曲线基本相似，试件经历了弹性、弹塑性和破坏三个阶段，骨架曲线呈"S"形，刚度退化明显。对比上下两组连接节点的骨架曲线，下节点的骨架曲线位移明显大于上节点；缠有碳纤维布的墙板最大承载力相差不多，但是不缠碳纤维布的墙板，上节点的承载力要高一些，下节点的骨架曲线随着位移的增加会变得平缓一些，这也表明下节点的连接强度退化较缓慢。

SJ-1～SJ-8 的试验结果　　　　　　　　　　　　　表 2-7

试件	屈服点		峰值点		极限点	
	P_y(kN)	Δ_y(mm)	P_m(kN)	Δ_m(mm)	P_u(kN)	Δ_u(mm)
SJ-1	15.46	4.30	20.76	21.59	18.21	28.96
SJ-2	12.59	3.70	23.91	14.75	21.63	24.64
SJ-3	17.91	10.22	30.15	76.57	26.64	80.16
SJ-4	16.94	5.08	24.58	14.92	21.21	22.33
SJ-5	11.56	10.33	20.49	30.81	17.93	40.84
SJ-6	9.52	4.99	15.95	12.49	11.90	20.41
SJ-7	15.48	10.15	31.30	61.48	27.12	65.20
SJ-8	11.57	5.09	22.95	33.38	19.32	38.06

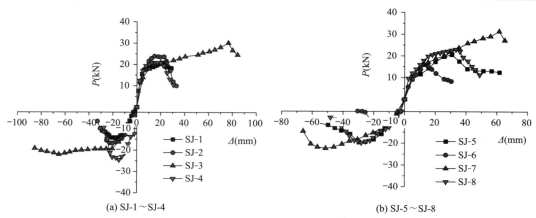

(a) SJ-1～SJ-4　　　　　　　　　　(b) SJ-5～SJ-8

图 2-19　试件骨架曲线

3）刚度退化

节点刚度的变化情况是评价连接节点性能优劣的一个重要参数，可以反映节点的抗震性能。本书采用等效刚度来评价试件的刚度特性。等效刚度又称割线刚度，它是连接每级荷载正反方向最大荷载的直线斜率，具体表达形式为：$K_i = \dfrac{|+P_i| + |-P_i|}{|+\Delta_i| + |-\Delta_i|}$，其中$+P_i$、$-P_i$为试件第$i$级加载循环的正向、负向峰值点荷载，$+\Delta_i$、$-\Delta_i$为第$i$级加载循环的正向、负向顶点位移。表2-8给出了各试件加载阶段的等效刚度值。

SJ-1～SJ-8 加载阶段的等效刚度值　　　　　　　　　　　　表2-8

加载级别	等效刚度 K(kN/mm)							
	SJ-1	SJ-2	SJ-3	SJ-4	SJ-5	SJ-6	SJ-7	SJ-8
Δ_y	2.21	2.40	1.55	3.04	1.11	1.65	1.26	1.99
$2\Delta_y$	1.56	1.72	0.99	2.05	0.89	1.19	0.84	1.29
$3\Delta_y$	1.17	1.32	0.68	1.51	0.61	0.91	0.63	0.83
$4\Delta_y$	1.05	0.99	0.53	1.09	0.35	0.57	0.58	0.66
$5\Delta_y$	0.93	0.75	0.44	0.62	0.25	0.30	0.50	0.56
$6\Delta_y$	0.54	0.36	0.39	—	0.19	0.22	0.43	0.49
$7\Delta_y$	—	—	0.36	—	—	—	—	0.40
$8\Delta_y$	—	—	0.29	—	—	—	—	0.32

对比 SJ-1 到 SJ-4，SJ-4 初始刚度较大，为 3.04kN/mm，说明了这种连接形式工作性能较好。

对比 SJ-5 到 SJ-8，SJ-8 初始刚度较大，为 1.99kN/mm；SJ-5 初始刚度最小，这与墙板的低弹性模量和板厚有关，其初始刚度为 1.11kN/mm。

从表中可以看出，同样板厚的连接形式，不缠有碳纤维布墙板是缠有碳纤维布墙板的初始刚度的 1.19～1.96 倍；相比墙板情况相同的上节点是下节点的 1.23～1.81 倍。

各试件的刚度退化曲线如图 2-20 所示。从图中可以看出，所有试件在加载初期随着加载位移的增大，结构刚度退化显著，这是由于连接处的滑移与墙板的开裂造成的。SJ-2、SJ-4 的刚度曲线下降速度明显较快，这也说明墙板与钢梁之间良好的连接使得墙板破坏严重，SJ-1、SJ-3 刚度曲线下降相对缓慢也是因为墙板缠有碳纤维布延缓了墙板的破坏；SJ-1 的刚度退化曲线在 $3\Delta_y$～$5\Delta_y$ 之间有一段平直段，说明这期间碳纤维布有效地减缓了刚度的退化，但在之后由于连接螺杆发生了屈服，使得刚度曲线继续下降；SJ-4 在 $3\Delta_y$～$7\Delta_y$ 之间刚度下降得较缓慢，这也是因为墙板缠有碳纤维布的原因，但是之后的刚度退化速度又略有提高，这时墙板的破坏较严重，这是因为连接的螺杆发生了断裂和屈服造成的。

对比 SJ-5、SJ-6 的刚度曲线，SJ-6 在 $1\Delta_y$～$5\Delta_y$ 期间下降速度明显较快，随后才缓慢下降，这也是因为到最后墙板破坏严重，无法再继续工作；SJ-5 的刚度曲线则是比 SJ-6 提前进入缓慢下降段、SJ-7 开始阶段的刚度曲线下降速度对比 SJ-8 的下降速度明显较慢，这都是因为墙板缠有碳纤维布的原因。

对比 8 组试件，相同情况下，上节点的起始刚度和最后的刚度均较大，这也说明了上节点的连接强度较高，在以后应用到整体框架中刚度贡献也将相对较大，但是刚度的退化速度相差不多。

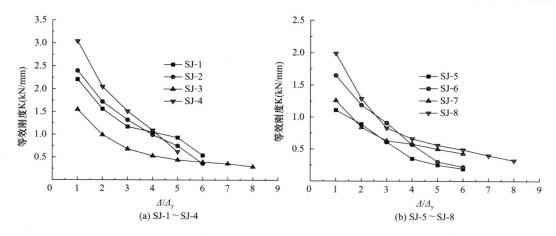

图 2-20　SJ-1～SJ-8 刚度退化曲线

4）节点延性对比分析

延性是指结构在承载力没有显著下降情况下的变形能力，也可以理解为结构或构件在破坏前的非弹性变形能力，通常采用延性系数来评价结构的延性。本研究采用位移延性系数 μ_y 来分析结构的延性，其定义为连接整体极限荷载对应的位移 Δ_u 与屈服位移 Δ_y 之比，即 $\mu_y = \dfrac{\Delta_u}{\Delta_y}$。根据公式计算出各自的延性系数，如表 2-9 所示。

SJ-1～SJ-8 延性系数　　　　　　　　　　　　表 2-9

试件编号	屈服点		峰值点		极限点		延性系数
	P_y(kN)	Δ_y(mm)	P_m(kN)	Δ_m(mm)	P_u(kN)	Δ_u(mm)	μ_y
SJ-1	15.46	4.30	20.76	21.59	18.21	28.96	6.74
SJ-2	12.59	3.70	23.91	14.75	21.63	24.64	6.66
SJ-3	17.91	10.22	30.15	76.57	26.64	80.16	7.84
SJ-4	16.94	5.08	24.58	14.92	21.21	22.33	4.40
SJ-5	11.56	10.33	20.49	30.81	17.93	40.84	3.95
SJ-6	9.52	4.99	15.95	12.49	11.90	20.41	4.09
SJ-7	15.48	10.15	31.30	61.48	27.12	65.20	6.42
SJ-8	11.57	5.09	17.65	33.38	15.92	38.06	7.07

由表 2-9 可知，SJ-1～SJ-4 节点的延性系数在 4.40～7.84 范围内，说明连接屈服之后，经历很长的塑性变形阶段才发生破坏。从表中还可以看出 SJ-2 的屈服位移很小，这是由于 150mm 厚不缠碳纤维布的墙板对连接螺杆有较强的约束，使得整体连接最先达到屈服状态；SJ-3 的屈服位移最大，表明连接缠有碳纤维布 200mm 厚墙板的上节点在弹性工作范围较大，并且由于碳纤维布与 200mm 厚的墙板协同工作性能较好，使得其延性系数最大。

对比 SJ-5～SJ-8 可知，开发连接下节点的延性系数在 3.95～7.07 范围内；SJ-6 与 SJ-8 这两组均没有缠碳纤维布的墙板，屈服位移均较小，这也说明了墙板与连接螺杆有较强的约束能力，并且 SJ-8 的峰值位移与极限位移明显比 SJ-6 的大，在较大的位移时连接仍具有一定的可靠性，其延性系数也相对较高。

从整体上看，无碳纤维布包裹的墙板连接中屈服位移均较小，但是延性系数大部分还较高，这也说明开发连接在应用于整体结构中时会有效地提高结构的延性，有利于结构的抗震。

5）节点耗能能力的对比分析

连接的耗能能力是指连接在往复荷载作用下吸收能量的大小，它也是衡量连接抗震性能的一个重要指标。结合试验现象进行分析，开发连接体系主要是通过以下三个途径耗散能量：连接螺杆的塑性变形，ALC复合墙板的开裂及破坏，连接角钢和墙板之间的滑移。在试件的滞回曲线上，耗能能力用整个滞回环所包围的面积来衡量，滞回环越饱满，结构的耗能能力越强，表2-10、图2-21、图2-22给出了试件在往复加载的各个阶段的耗能。

耗能分析　　　　　　　　　　　　　　　　　　　　　表 2-10

加载级别	耗能能量（kN·mm）							
	SJ-1	SJ-2	SJ-3	SJ-4	SJ-5	SJ-6	SJ-7	SJ-8
Δ_y	88.32	105.28	268.59	175.95	178.97	73.66	218.10	98.89
$2\Delta_y$	182.61	243.78	530.80	344.04	430.39	175.87	437.70	195.50
$3\Delta_y$	263.45	376.02	727.79	470.15	512.91	264.77	611.43	251.42
$4\Delta_y$	326.49	446.35	853.28	603.68	681.17	292.79	879.24	294.73
$5\Delta_y$	363.43	497.60	994.99	652.42	788.08	341.46	1128.54	352.32
$6\Delta_y$	392.22	572.01	1224.12	—	891.23	382.54	1448.37	448.05
$7\Delta_y$	—	—	1302.94	—	—	—	—	568.95
$8\Delta_y$	—	—	1503.39	—	—	—	—	629.22

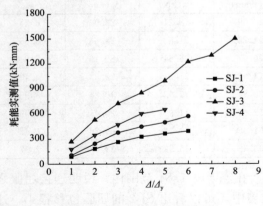

图 2-21　SJ-1～SJ-4 耗能分析　　　　　　图 2-22　SJ-5～SJ-8 耗能分析

从图2-21、图2-22和表2-10可以看出，在加载的初期，水平位移较小时，试件的耗能均较小，其中上节点 SJ-3 的耗能最大、下节点 SJ-7 的耗能最大，这是因为此时连接处于弹性状态，墙板上的裂缝开展的不多，碳纤维布开裂较小，试件的能量耗散较低。随着位移的增加，墙板上的裂缝增多，碳纤维的开裂较大，连接件与墙板之间的相对滑移明显，连接通过这些途径耗散大部分能量，其耗能能力增强。在加载结束时，上节点的耗能实测值为 392.22～1503.39kN·mm，下节点的耗能实测值为 382.54～1448.37kN·mm，连接表现出良好的能量耗散能力。连接上节点缠有碳纤维布的 200mm 厚墙板连接能量耗散能力较强，连接下节点是缠有碳纤维布的墙板连接能量耗散能力较强，上节点中 SJ-3 和下节点中的 SJ-7 的耗能远大于同组的其他三种试件，尤其是最后加载阶段耗能大大提高，这都是因为碳纤维布的开裂、墙板裂缝不断扩大和连接件和墙板之间的相对滑移明显的结果。

为进一步评价结构体系的耗能能力，本研究采用《建筑抗震试验规程》JGJ 101—2015[78]建议的能量耗散系数 E 或等效黏滞阻尼系数 ζ_{eq} 来衡量。试件的能量耗散系数 E 及等效黏滞阻尼系数 ζ_{eq} 见表 2-11。

试件的耗能分析　　　　　　　　　　　　　　表 2-11

耗能指标	试件编号							
	SJ-1	SJ-2	SJ-3	SJ-4	SJ-5	SJ-6	SJ-7	SJ-8
E	0.96	1.31	0.81	1.68	0.97	1.23	0.91	1.83
ζ_{eq}	0.153	0.208	0.129	0.267	0.154	0.196	0.145	0.293

通过计算分析得出，连接上节点的耗能系数为 0.81～1.68，等效黏滞阻尼系数为 0.129～0.267，连接下节点的耗能系数为 0.91～1.83，等效黏滞阻尼系数为 0.145～0.293。从表 2-11 可以看出，不缠碳纤维布的墙板的耗能系数 E 和等效黏滞阻尼系数 ζ_{eq} 均比同种板厚缠有碳纤维布的墙板的大，这也是因为碳纤维布能有效地防止墙板裂缝的扩展，从而使缠碳纤维布的墙板连接耗能能力提升。

（3）往复荷载作用下应变片的分析

图 2-23（a）所示为试件 SJ-5 应变曲线。当位移为±20mm 时，S_1、S_2、S_3、S_6 点屈服；当位移为±30mm 时，这时试验的承载力达到了最大，测点中只有 S_5 没有屈服，其他点均已经发生屈服。从整体趋势上看，S_1、S_2、S_3、S_6 点的应变值增长速度较快，应变值也较大；试验结束后短角钢 1 也发生了明显的变形，与测点得到的应变值相符。

图 2-23（b）所示为试件 SJ-7 应变曲线。当施加位移达到±30mm 时，此时墙板有响声，墙板将破坏，S_3、S_6 点已经发生屈服，S_1 点即将发生屈服；当位移为±40mm 时，S_1、S_2 点发生屈服；当位移为±60mm 时，试验的承载力达到了最大，测点全部发生屈服。从整体趋势上看，S_3、S_6 点的应变值增长速度较快，应变值也较大，试验结束时，

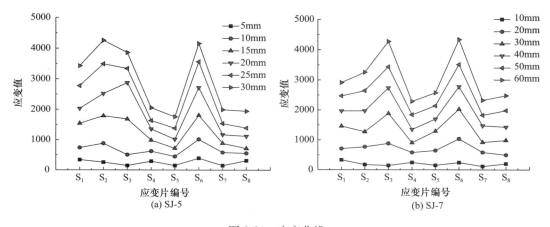

图 2-23　应变曲线

S_4、S_5、S_8 虽然也发生屈服，但是应变值较小；试验结束后短角钢 1 上端也发生了明显的变形，下端竖向变形较大，连接短角钢 2 上部的竖向变形也较大，这也与测点得到的应变值相符。

2.1.4 角钢连接的标准化

节点连接的托板和连接螺栓根据墙板的不同厚度采用不同的尺寸，通长角钢和短角钢的尺寸对不同板厚通用，螺栓的预埋长度为墙板板厚的一半，连接件采用 Q235 级钢材。通长角钢的尺寸如图 2-24 所示，短角钢尺寸如图 2-25（a）所示，钢板的尺寸如图 2-25（b）所示，托板的尺寸如图 2-26 所示，不同板厚托板尺寸如表 2-12 所示。在通长角钢上有冲切的直径为 18mm 的孔洞，可用螺栓把钢框架和墙板连接成为一个整体。

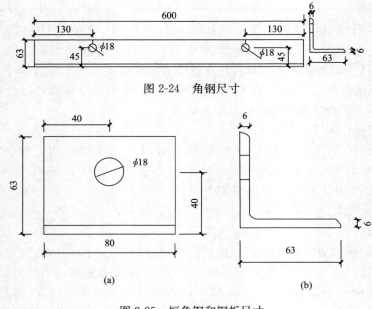

图 2-24　角钢尺寸

图 2-25　短角钢和钢板尺寸

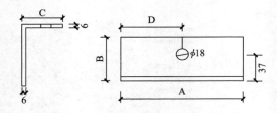

图 2-26　托板尺寸

托板尺寸表（mm）　　　　　　　　　　　　　　　　　　　表 2-12

板厚	A	B	C	D
150	170	100	63	85
200	200	140	63	100
250	220	180	63	110

2.2　ALC 外墙板与钢框架 Z 形连接技术的开发及性能研究

2.2.1　ALC 外墙板与工字钢梁连接的开发

开发的新型连接节点分为上节点和下节点，如图 2-27 所示。新型连接节点包括：工字型钢梁、ALC 外墙板、通长角钢、高强度螺栓和螺母、Z 形连接板。高强度螺栓预埋在 ALC 墙体短边中间部位，并预先在工厂内将角钢与上、下连接件焊接牢固，上、下 Z 形连接板预先在工厂内做好并将螺栓孔冲切完毕。新型连接节点具有施工速度快、定位精准的特点。

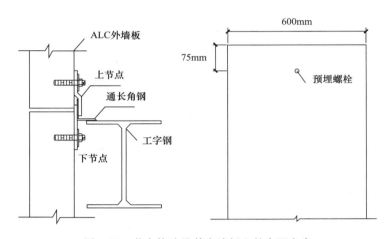

图 2-27　节点构造及其在墙板上的布置方案

新型连接节点与国内外图集及专利给出的连接节点相比，未将外墙板贯通开洞，减小了冷桥效应并保持了外墙板的整体性；与国内类似连接相比，新型连接节点具备外墙板与钢框架协调变形的能力，提高了其本身的受力性能；新型连接节点可大大减小现场施工量；新型连接节点克服了已有节点仅靠连接节点的强度抵抗外力作用的缺点，增强了其本身的抗震性能。

新型连接可按照下列方法进行施工：

（1）现场将 63mm×63mm×6mm 的通长角钢与工字钢梁的上翼缘焊接：通长角钢的焊缝长度为 50mm，每隔 600mm 焊一次，直至整根角钢与工字钢梁上翼缘焊接完毕，焊脚尺寸为 5mm。

（2）专用连接板的焊接：专用连接板盖板的焊缝长度为 20mm，采用两面角焊缝的焊接方法将其与专用连接板固定，焊脚尺寸为 4mm。

（3）专用连接板与角钢的焊接：上节点的专用连接板与角钢的焊缝长度为 50mm，采用两面角焊缝焊接的方法将其固定在角钢的内侧，焊脚尺寸 4mm。下节点的专用连接板与角钢的焊缝为三面围焊缝，上侧焊缝长度为连接件的长度 70mm，两侧焊缝长度为看见部分的长度，焊脚尺寸 4mm。

（4）将 ALC 外墙板上预埋好的 M14 螺栓插入焊接在角钢上的专用连接板的栓孔

中，最后使用螺栓螺母将其固定。

（5）上、下两块 ALC 外墙板之间预留 10mm 的空隙，为了避免外墙板之间的相互作用，同时需为外墙板的旋转预留一定的空隙，为 4.5mm。左右两块 ALC 外墙板之间亦需要预留 10mm 的空隙，目的同上。

（6）板缝的处理，由内向外依次为岩棉、PE 棒、专用底料、密封胶。角钢与楼板间的空隙采用 1∶3 水泥砂浆灌满。

2.2.1.1　连接节点的理论计算

（1）风荷载的计算

确定采用承压型高强度螺栓为连接件后，需要计算不同地区风压作用下 ALC 外墙板的强度是否安全，使用《建筑结构荷载规范》GB 50009—2012[75] 中的方法计算围护结构所承受风荷载的大小，计算方法与 2.1.1.2 节相同。

（2）地震作用的计算

钢结构建筑中 ALC 外墙板属于围护结构，因此在计算地震作用下新型连接节点的强度是否安全时，计算方法与 2.1.1.2 节相同。

2.2.1.2　连接的强度设计

专用连接板是采用通长∟63×6 的角钢与工字钢梁连接的。专用连接板与通长角钢、通长角钢与工字钢梁的连接方法均为焊接连接；ALC 外墙板是通过高强度螺栓与专用连接板连接的；承重托板与下端钢梁的连接方式也为焊接连接，承重托板的作用是为了防止新型连接节点破坏时 ALC 外墙板直接脱落，同时还可以将 ALC 墙板之间隔开一定的缝隙减小墙板之间的相互作用，此处的焊缝需要具有一定的承载能力。

（1）螺栓强度设计

新型连接中，ALC 外墙板与钢框架之间采用两个高强度螺栓连接，上下节点各一个，如图 2-27 所示。采用《钢结构设计标准》GB 50017—2017[56] 计算高强度螺栓的设计强度，计算方法与 2.1.1.3 节相同。

（2）焊缝的强度设计

焊缝是整个连接中重要的受力部位，所以对焊缝的强度需要严格把握，焊缝的破坏要晚于螺栓的剪切破坏。参考国内外已有连接中的焊接方式与焊缝尺寸等确定新型连接节点的各焊缝尺寸并进行验算，计算方法与 2.1.1.3 节相同，各连接件之间的焊缝尺寸如图 2-28 所示。

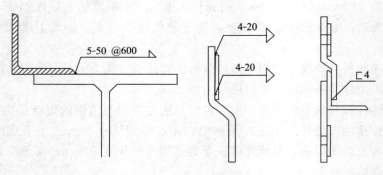

图 2-28　各连接处焊缝尺寸

通长角钢与工字钢梁之间采用的焊缝是单面角焊缝，焊缝长度为 50mm，间隔为 600mm，焊脚尺寸为 5mm。此焊缝对于板自重来说为正面角焊缝，对于地震作用来说为侧面角焊缝。

$$N_y = h_e l_w \beta_f f_f^w = 0.7 \times 5 \times (50 - 2 \times 5) \times 1.22 \times 160$$
$$= 27.33 \text{kN} > 1.38 \text{kN}(\text{ALC 外墙板自重})$$

$$V = h_e l_w f_f^w = 0.7 \times 5 \times (50 - 2 \times 5) \times 160 = 22.4 \text{kN} > 6.08 \text{kN}(8 \text{ 度多遇地震作用})$$

Z 形连接件与通长角钢之间的焊缝，采用三面围焊，焊缝长度分别为 70mm、10mm、10mm，焊脚尺寸为 4mm。

$$N_y = h_e l_w \beta_f f_f^w = 0.7 \times 4 \times 2 \times 10 \times 1.22 \times 160 = 10.93 \text{kN} > 6.08 \text{kN}$$
$$V = h_e l_w f_f^w = 0.74 \times (70 - 8) \times 160 = 7.34 \text{kN} > 1.38 \text{kN}$$

盖板与 Z 形连接件之间采用 2 条短焊缝，焊缝长度为 20mm，焊脚尺寸为 4mm。

$$V = h_e l_w f_f^w = 0.7 \times 2 \times 4 \times (20 - 8) \times 160 = 10.75 \text{kN} < 13.34 \text{kN}(8 \text{ 度罕遇地震作用})$$
$$N_y = h_e l_w \beta_f f_f^w = 0.7 \times 2 \times 4 \times (20 - 8) \times 1.22 \times 160 = 13.12 \text{kN} > 1.38 \text{kN}$$

2.2.2　有限元分析方法验证

为了验证所用有限元分析方法的有效性，本研究采用 ABAQUS 对日本建筑学会 2004 年完成的三维振动台试验试件进行有限元分析[79]。

（1）试验概况

如图 2-29 所示，试件由 6 块宽度为 600mm，高度为 2560mm，厚度为 100mm 的 ALC 板组成，ALC 板的上、下端分别采用直径为 12mm 的螺栓与钢梁固定，图中连接角钢的尺寸为∟50×6mm，与钢梁采用焊接连接。ALC 板可以螺栓为轴进行转动变形，以此来协调层间变形。受力角钢与 ALC 板的下端预留 4.5mm 的距离，这样当层间位移角小于 0.015rad 时，ALC 板与受力角钢不会发生接触。试验时采用的加载装置如图 2-30 所示。加载位置距柱脚为 1550mm。

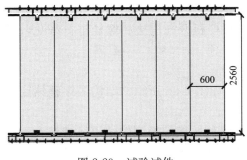

图 2-29　试验试件

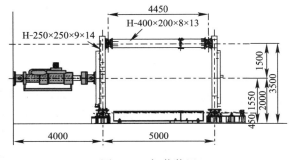

图 2-30　加载装置

（2）有限元模型建立

ALC 板的有限元建模过程严格按照试验试件尺寸建立，为了实现转动功能，螺栓建模时建成双螺头形式，各部位模型如图 2-31 所示。

焊接连接部位采用绑定约束连接将部件连接起来，螺栓孔部位采用接触相互作用来连接螺栓孔与螺栓部位。螺栓的预紧力大小为 10.9 级承压型螺栓的预紧力，查表可知为

10.8kN。钢材的应力-应变采用二折线型模型，ALC板的应力-应变采用颜雪洲采用的曲线[80]，两者的应力-应变曲线如图2-32和图2-33所示。

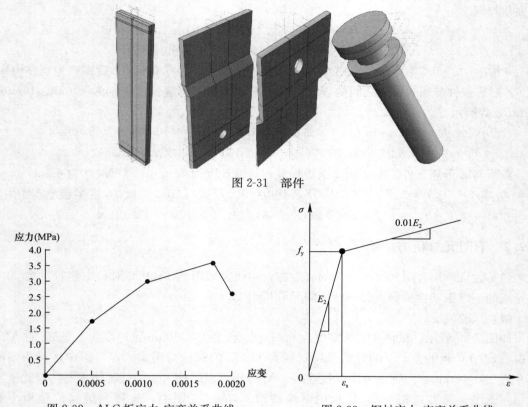

图2-31　部件

图2-32　ALC板应力-应变关系曲线　　　　图2-33　钢材应力-应变关系曲线

柱脚与地面采用铰接边界条件，柱顶与梁端的铰接采用耦合接触方式实现。模拟中加载位置与试验中加载位置相同，即距柱脚1550mm位置，为了接近试验中加载位移在柱子整个侧面的情况，模拟中将加载点与柱侧面耦合。

为了节省计算时间，划分网格时将安装金属、ALC板开孔周边、螺栓进行细化，其余部件网格划分较疏，如图2-34所示。

（3）结果对比

有限元模拟曲线与试验曲线对比的结果如图2-35和图2-36所示。结构最终整体变形对比如图2-37所示，主要破坏部位对比如图2-38所示。

由单调加载时有限元模拟结果与试验结果的对比可知，模拟得到的结果虽然稍大于试验的结果，但两者之间的差值很小，说明有限元模型比较准确。

由往复加载时有限元模拟结果与试验结果的对比可知，两者滞回环的形状以及包含的面积几乎相同，每一级加载的正向、负向最大承载力以及残余变形几乎相等，说明有限元模拟能够很好地反映出该试件的受力性能以及延性。

有限元模拟与试验试件抵御层间位移的方法均为转动，如图2-37所示。从图2-37可以看出，试验结果为框架随着加载位移的增大，呈平行四边形变形，模拟中得到的结果与要求相同。试验结果中钢框架不承受水平力，模拟结果与试验要求相同。

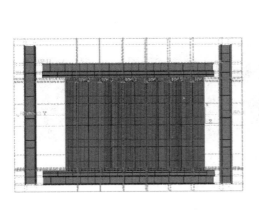

图 2-34　网格划分

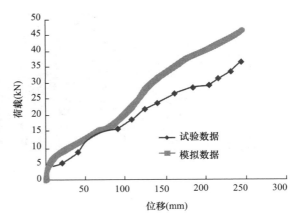

图 2-35　单调加载对比

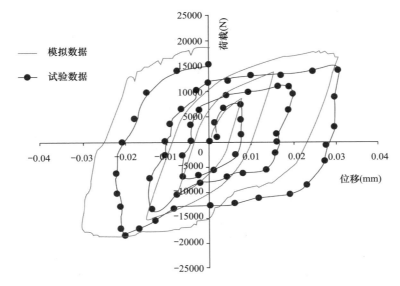

图 2-36　往复加载对比

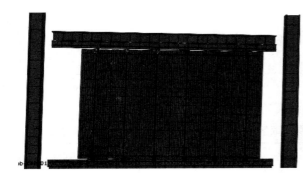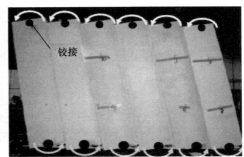

图 2-37　结构最终整体变形对比

由有限元模拟破坏结果与试验破坏结果的对比图可知，试验中发生严重破坏的位置为 ALC 板开孔处，模拟中可以明显地看到开孔处出现了较大的应力集中。

开口加强板

焊接过渡钢板

非承重金属连接件 连接角钢

图 2-38　主要破坏部位对比

2.2.3　新型连接节点的有限元分析

2.2.3.1　有限元模型建立

（1）模型建立

新型连接节点可以承受不同级别的地震作用，当中、小震作用时新型连接节点以高强度螺栓为轴旋转，罕遇地震作用时连接 ALC 板与框架的高强度螺栓可以沿着连接件的长螺栓孔转动并滑动，变形如图 2-39 所示。

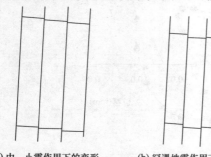

(a) 中、小震作用下的变形　　(b) 罕遇地震作用下的变形

图 2-39　变形示意图

采用 ABAQUS 有限元分析软件对以连接件孔径比 b/a、ALC 板厚度 t 为参数的 12 个模型进行单调和往复荷载作用非线性数值分析，分析模型简图如图 2-40 所示。由于新型连接节点需要适应不同级别的地震作用，连接件与螺栓连接处的螺栓孔设置为长螺栓孔。文中采用常用的楼层高度模数，即 ALC 板的长度为 3000mm，宽度为 600mm，厚度为 t，具体的参数取值见表 2-13。

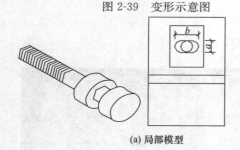

(a) 局部模型

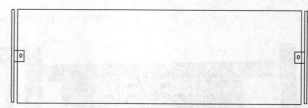

(b) 整体模型

图 2-40　模型示意图

参数取值　　　　　　　　　　　　表 2-13

孔径比 b/a	板厚度 t(mm)			
	75	100	125	150
1.0	√	√	√	√
1.5	√	√	√	√
2.0	√	√	√	√

注："√"表示取该组参数值；t 表示 ALC 板的厚度，b/a 表示连接件孔径长轴与短轴的比值。

（2）加载方式和边界条件

我国的《建筑抗震设计规范》GB 50011—2010（2016 年版）[76]中规定了框架结构最大层间位移角，中、小震作用的层间位移角的限值为 1/250，罕遇地震作用的层间位移角的限值为 1/50。为了研究新型连接节点的力学性能，单调加载时采用梁端施加单向水平位移的加载方式，位移的大小为 $h=0.1H$（H 表示 ALC 板的长度），边界条件如图 2-41（a）所示。往复加载时先施加较小的强制位移，然后以 10mm 为基数加载，最大加载位移为 100mm，如图 2-41（b）所示。边界条件均为一端所有约束全部固定，另一端仅释放沿水平方向位移。

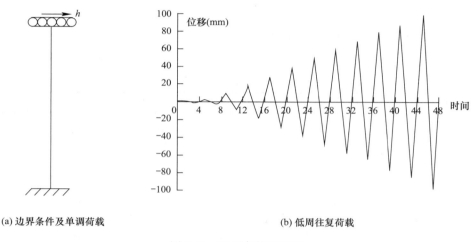

(a) 边界条件及单调荷载   (b) 低周往复荷载

图 2-41 边界条件及荷载

（3）材料选择

在有限元分析中，钢材的材性为 $\sigma_y=345$MPa，$E=2.06\times10^5$MPa，$\nu=0.3$，应力-应变关系采用二折线型模型，如图 2-33 所示，高强度螺栓的材性为 $\sigma_y=785$MPa，$E=2.06\times10^5$MPa，$\nu=0.3$，ALC 板的抗压强度 $\sigma_c=3.5$MPa，抗拉强度 $\sigma_s=0.35$MPa，弹性模量 $E=1.75\times10^3$MPa，$\nu=0.2$，ALC 板开裂后其抗拉强度为 0，应力-应变关系曲线如图 2-32 所示。

（4）单元选择与接触设置

模型中，ALC 板、螺栓、连接件均采用实体单元 C3D8R，代替框架的刚性板采用壳单元 S4R。焊接连接部分均采用 Tie 约束，即刚性板与 Z 形连接件间用 Tie 命令建立相互作用，由于螺栓的一部分是预先预埋在 ALC 墙板中的，这部分也采用 Tie 约束。由于 Z 形连接件与简化高强度螺栓的两个内表面之间是靠摩擦力来进行约束的，所以需要事先设定螺栓的预拉力，然后设置 Z 形连接件与简化高强度螺栓的两个内表面之间的摩擦系数，光滑钢材之间的摩擦系数为 0.4，ALC 外墙板与 Z 形连接件之间用表面与表面接触的命令建立相互作用。

摩擦力的设置通过螺栓的预拉力来实现。螺栓的预拉力就是在拧螺栓的过程中预先施加在螺栓轴与连接件之间的预紧力。

（5）网格划分

Z 形连接件、高强度螺栓、ALC 外墙板开孔处需要进行网格细化，ALC 外墙板中间部位不是重点研究部位，此部分网格划分较疏，网格划分如图 2-42 所示。

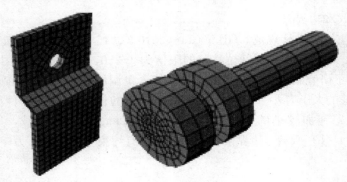

图 2-42　网格划分

2.2.3.2　单调荷载作用下有限元分析结果

共设计了 12 个模型，主要变化参数为孔径比和板厚，具体参数见表 2-14。

表 2-14

有限元模型参数

序号	模型编号	孔径比 b/a	板厚 t
1	MX-1	1.0	75
2	MX-2	1.5	75
3	MX-3	2.0	75
4	MX-4	1.0	100
5	MX-5	1.5	100
6	MX-6	2.0	100
7	MX-7	1.0	125
8	MX-8	1.5	125
9	MX-9	2.0	125
10	MX-10	1.0	150
11	MX-11	1.5	150
12	MX-12	2.0	150

（1）孔径比变化对破坏过程的影响

刚开始施加螺栓的预拉力时，ALC 外墙板开孔处会由于受到挤压而产生应力，螺栓施加预拉力处应力值较大，其余部分应力较小。

MX-1 的破坏过程：施加螺栓的预拉力后，ALC 板孔径边缘及孔径内部产生了应力，孔径边缘与 Z 形连接件接触部位应力值最大，为 2.076×10^{-3} MPa；固定端的 Z 形连接件接触开孔部位产生应力最大值为 3.593MPa；移动端 Z 形连接件接触开孔部位产生应力最大值为 3.504MPa，可移动端的应力略小于固定端；固定端的螺栓施加预拉力处的应力最大值为 1024MPa；移动端螺栓施加预拉力处的应力最大值为 1005MPa，固定端的应力仍大于可移动端；预拉力施加结束时的应力分布如图 2-43 所示。

当位移加载到 47.966mm 时，ALC 外墙板应力为 17.25MPa，加载点反力为 100.32N；当位移达到 92.97mm 时，ALC 外墙板开始破坏，加载点反力为 176.07N；位移增大到 137.98mm 时，Z 形连接件达到其自身材料的屈服强度，加载点反力为 218.46N；当加载点位移为 300mm 时，Z 形连接件开孔处已有大部分进入屈服，最薄弱部位为折形部位；高强度螺栓始终没有屈服，但是发生了相应的变形，如图 2-44 所示。

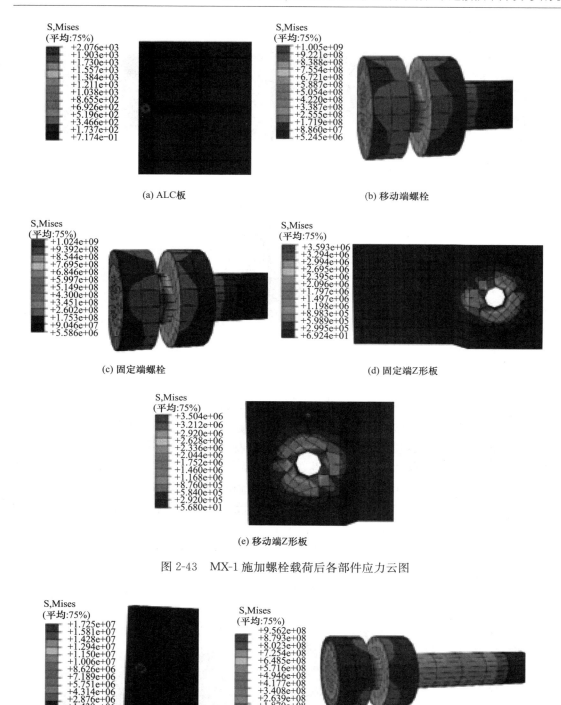

(a) ALC板　　　　　　　　　　　　(b) 移动端螺栓

(c) 固定端螺栓　　　　　　　　　　(d) 固定端Z形板

(e) 移动端Z形板

图 2-43　MX-1 施加螺栓载荷后各部件应力云图

(a) ALC板　　　　　　　　　　　　(b) 移动端螺栓

图 2-44　MX-1 加载结束后各部件应力云图（一）

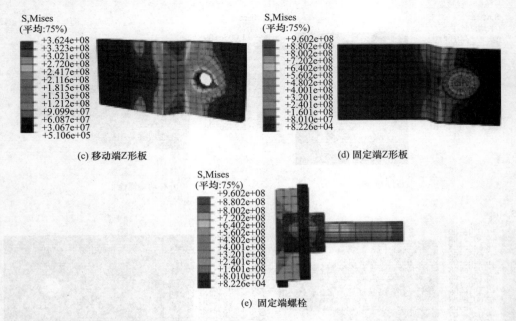

(c) 移动端Z形板　　　　　　　　　　(d) 固定端Z形板

(e) 固定端螺栓

图 2-44　MX-1 加载结束后各部件应力云图（二）

MX-2 的破坏过程：首先施加螺栓自身的预拉力并将所有构件间的相互作用施加到各规定截面上，此时 ALC 板孔径边缘及内部由于螺栓预拉力的作用会产生应力，其值为 7.527×10^{-4} MPa，小于 MX-1 中施加预拉力后产生的应力值，出现这种结果的原因是 MX-2 的 Z 形连接件开孔部位比 MX-1 的大，ALC 板受压面积小于 MX-1。

固定端的 Z 形连接件接触开孔部位产生的应力最大值为 1.128MPa，小于 MX-1 中的数值；移动端 Z 形连接件接开孔部位产生的应力最大值为 1.19MPa，移动端的应力略小于固定端，与 MX-1 的规律相同；固定端的螺栓施加预拉力处的应力最大值为 1024MPa，移动端螺栓施加预拉力处的应力最大值为 1005MPa，固定端的应力仍大于移动端，与 MX-1 的规律相同；预拉力施加结束时的应力分布如图 2-45 所示。

当位移加载到 45.35mm 时，ALC 外墙板的应力为 1.73MPa，加载点反力为 97.65N，与 MX-1 中的加载点反力相比减小了 0.0185%；当位移达到 93.285mm 时，ALC 外墙板开始破坏，加载点反力为 180.69N，与 MX-1 相比增大了 0.00337%。

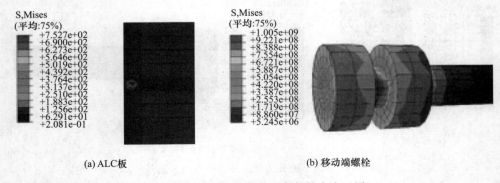

(a) ALC板　　　　　　　　　　　　(b) 移动端螺栓

图 2-45　MX-2 施加螺栓载荷后各部件应力云图（一）

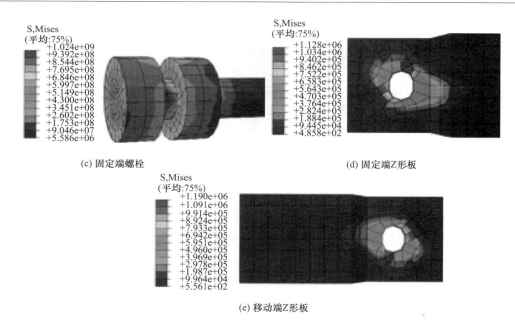

图 2-45　MX-2 施加螺栓载荷后各部件应力云图（二）

位移增大到 135.23mm 时，Z 形连接件屈服，该值仍小于 MX-1 中的屈服位移，原因是 Z 形连接件的切削面积增大，剩余受力面积小于 MX-1 中的受力面积，加载点反力为 219.32N，略大于 MX-1 中的反力值；当加载点位移为 300mm 时，Z 形连接件开孔处已大部分进入屈服，最薄弱部位为折形部位；高强度螺栓始终没有屈服，与 MX-1 相比变形较小。应力分布如图 2-46 所示。

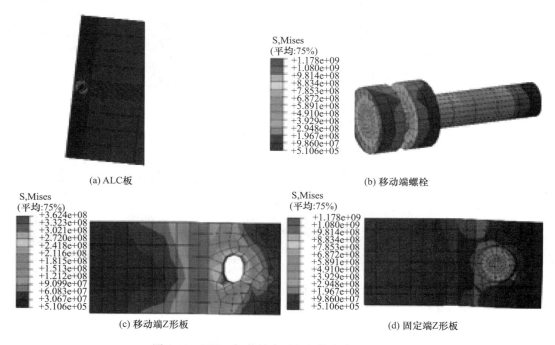

图 2-46　MX-2 加载结束后各部件应力云图（一）

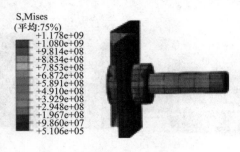

(e) 固定端螺栓

图 2-46　MX-2 加载结束后各部件应力云图（二）

MX-3 的破坏过程：施加螺栓自身的预拉力并将所有构件间的相互作用施加到各规定截面上后，ALC 板孔径边缘以及内部由于螺栓预拉力的作用会产生的应力，应力值为 2.894×10^{-3}MPa，是三种孔径比中产生的最大应力。

固定端的 Z 形连接件接开孔部位产生的应力最大值为 5.795MPa，大于 MX-1、MX-2 中的数值；移动端 Z 形连接件接开孔部位产生的应力最大值为 5.567MPa，移动端的应力略小于固定端，并大于 MX-1、MX-2 中的数值；固定端的螺栓施加预拉力处的应力最大值为 1146MPa，移动端螺栓施加预拉力处的应力最大值为 1133MPa，固定端的应力仍大于移动端，与 MX-1 的规律相同；预拉力施加结束时的应力分布如图 2-47 所示。

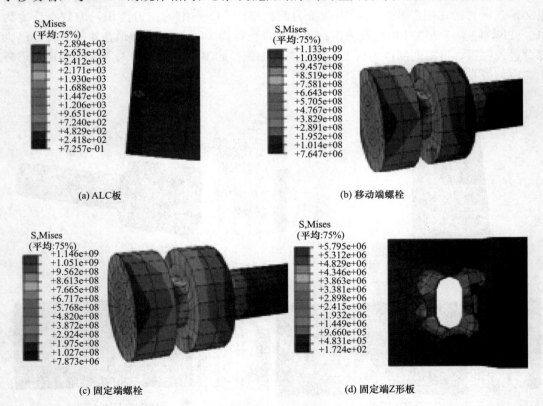

(a) ALC板　　　　　　　　　(b) 移动端螺栓

(c) 固定端螺栓　　　　　　　(d) 固定端Z形板

图 2-47　MX-3 施加螺栓载荷后各部件应力云图（一）

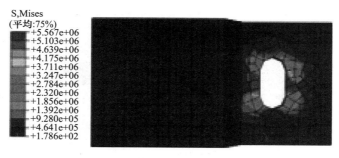

(e) 移动端Z形板

图 2-47　MX-3 施加螺栓载荷后各部件应力云图（二）

当位移加载到 45.15mm 时，ALC 外墙板的应力为 17.25MPa，加载点反力为 93.56N，与 MX-2 中的加载点反力相比减小了 0.0981%；当位移达到 93.12mm 时，ALC 外墙板开始破坏，加载点反力为 175.40N，与 MX-2 相比减小了 0.0298%；增大和减小的比例均很小。

位移增大到 132.10mm 时，Z 形连接件屈服，该值小于 MX-1 中的屈服位移，原因是 Z 形连接件的切削面积增大，剩余受力面积小于 MX-1 中的受力面积，加载点反力为 214.17N；当加载点位移为 300mm 时，Z 形连接件开孔处已大部分进入屈服，最薄弱部位为折形部位；高强度螺栓始终没有屈服，但是发生了一定的变形，与 MX-1 相比，变形的程度加重。应力分布如图 2-48 所示。

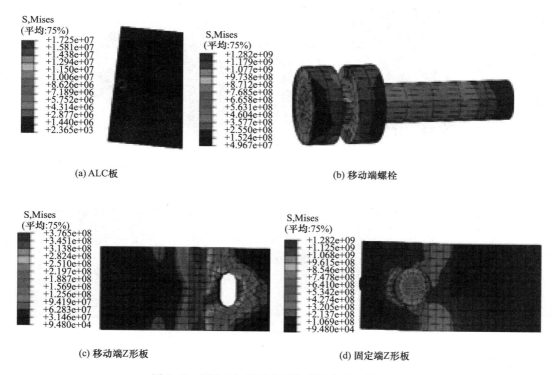

(a) ALC板

(b) 移动端螺栓

(c) 移动端Z形板

(d) 固定端Z形板

图 2-48　MX-3 加载结束后各部件应力云图（一）

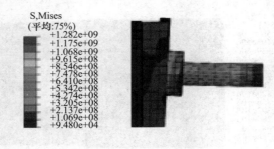

(e) 固定端螺栓

图 2-48 MX-3 加载结束后各部件应力云图（二）

（2）板厚变化对破坏过程的影响

MX-5 的破坏过程：螺栓施加预拉力，ALC 板孔径边缘及孔径内部会产生一定的应力值，由于板厚增大，孔径边缘与 Z 形连接件接触部位的应力最大值 0.315MPa，固定端的 Z 形连接件接触开孔部位产生的应力最大值为 3.566MPa；移动端 Z 形连接件接触开孔部位产生的应力最大值为 3.56MPa，移动端的应力略小于固定端；固定端的螺栓施加预拉力处的应力最大值为 1006MPa；移动端螺栓施加预拉力处的应力最大值为 1024MPa；预拉力施加结束时的应力分布如图 2-49 所示。

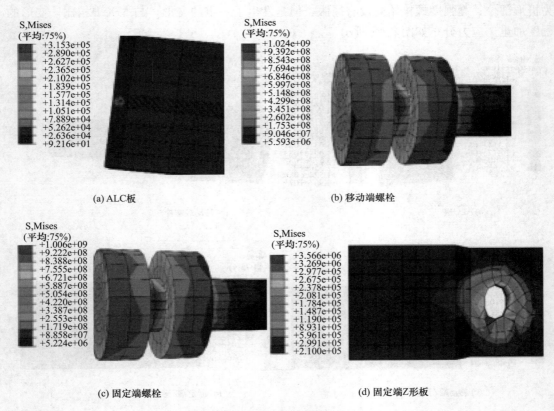

图 2-49 MX-5 施加螺栓载荷后各部件应力云图（一）

48

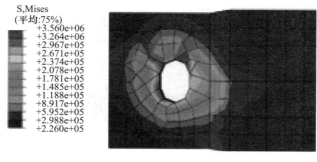

(e) 移动端Z形板

图 2-49   MX-5 施加螺栓载荷后各部件应力云图（二）

当位移加载到 47.97mm 时，ALC 外墙板的应力为 17.25MPa，加载点反力为 101.18N；当位移达到 92.97mm 时，ALC 外墙板开始破坏，加载点反力为 177.36N。达到屈服与破坏的位移稍大于 MX-1 模型，加载点反力大于 MX-1 模型中的反力值。

位移增大到 134.98mm 时，Z 形连接件达到其自身材料的屈服强度，加载点反力为 219.43N，与 MX-1 相比，位移减小加载点反力增大；当加载点位移为 300mm 时，Z 形连接件开孔处已大部分进入屈服，最薄弱部位为折形部位；高强度螺栓始终没有屈服。应力分布如图 2-50 所示。

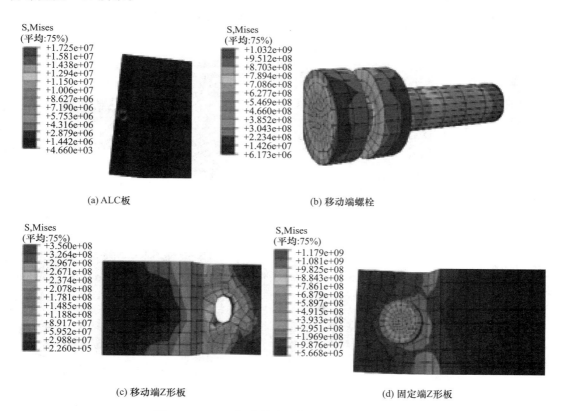

(a) ALC板

(b) 移动端螺栓

(c) 移动端Z形板

(d) 固定端Z形板

图 2-50   MX-5 加载结束后各部件应力云图（一）

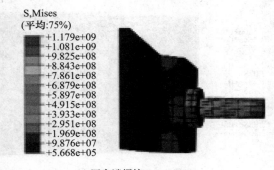

(e) 固定端螺栓

图 2-50　MX-5 加载结束后各部件应力云图（二）

MX-8 的破坏过程：螺栓开始施加预拉力时 ALC 板孔径边缘及孔径内部会产生一定的应力值，由于板厚增大，孔径边缘与 Z 形连接件接触部位的应力最大值 0.33MPa；固定端的 Z 形连接件接触开孔部位产生的应力最大值为 3.565MPa；移动端 Z 形连接件接触开孔部位产生的应力最大值为 3.559MPa，移动端的应力略小于固定端；固定端螺栓施加预拉力处的应力最大值为 1006MPa；移动端螺栓施加预拉力处的应力最大值为 1024MPa；预拉力施加结束时的应力分布如图 2-51 所示。

当位移加载到 47.97mm 时，ALC 外墙板应力为 17.25MPa，加载点反力为 101.52N；当位移达到 92.97mm 时，ALC 外墙板开始破坏，加载点反力为 177.84N。

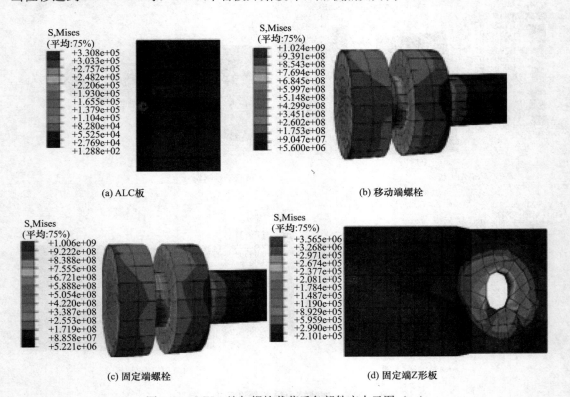

图 2-51　MX-8 施加螺栓载荷后各部件应力云图（一）

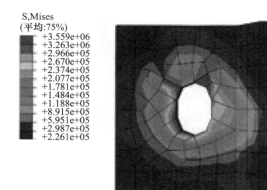

(e) 移动端Z形板

图 2-51　MX-8 施加螺栓载荷后各部件应力云图（二）

位移增大到 134.98mm 时，Z 形连接件屈服，加载点反力为 220.68N；当加载点位移为 300mm 时，Z 形连接件开孔处已大部分进入屈服，最薄弱部位为折形部位；高强度螺栓始终没有屈服。应力分布如图 2-52 所示。

MX-11 的破坏过程：螺栓开始施加预拉力时，ALC 板孔径边缘及孔径内部会产生一定的应力值，由于板厚增大，孔径边缘与 Z 形连接件接触部位的应力最大值 0.342MPa；固定端和移动端的 Z 形连接件接触开孔部位产生的应力最大值分别为 3.565MPa 和 3.559MPa；固定端的螺栓施加预拉力处的应力最大值为 1006MPa；移动端螺栓施加预拉力处的应力最大值为 1024MPa；预拉力施加结束时的应力分布如图 2-53 所示。

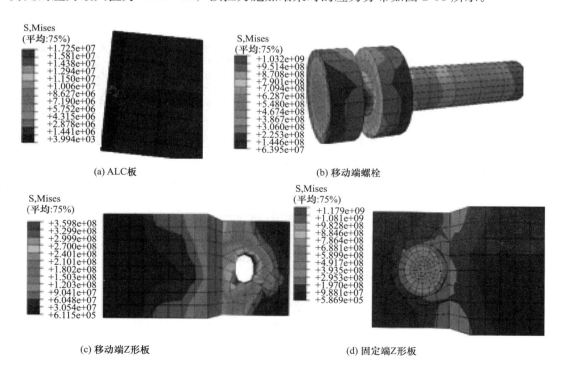

(a) ALC板　　　　　　　　　　　(b) 移动端螺栓

(c) 移动端Z形板　　　　　　　　　(d) 固定端Z形板

图 2-52　MX-8 加载结束后各部件应力云图（一）

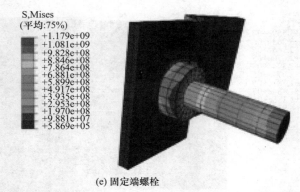

(e) 固定端螺栓

图 2-52　MX-8 加载结束后各部件应力云图（二）

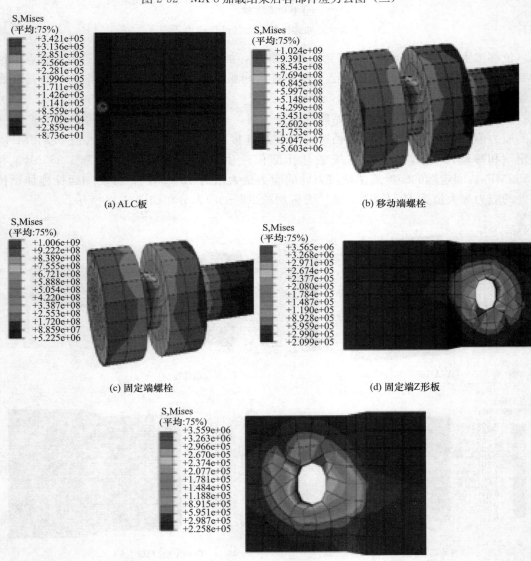

(a) ALC板

(b) 移动端螺栓

(c) 固定端螺栓

(d) 固定端Z形板

(e) 移动端Z形板

图 2-53　MX-11 加载结束后各部件应力云图

当位移加载到 47.97mm 时，ALC 外墙板应力为 17.25MPa，加载点反力为 101.64N；当位移达到 92.97mm 时，ALC 外墙板开始破坏，加载点反力为 177.97N。

位移增大到 134.98mm 时，Z 形连接件达到其自身材料的屈服强度，加载点反力为 220.79N；当加载点位移为 300mm 时，Z 形连接件开孔处已大部分进入屈服，最薄弱部位为折形部位；高强度螺栓始终没有屈服。应力分布如图 2-54 所示。

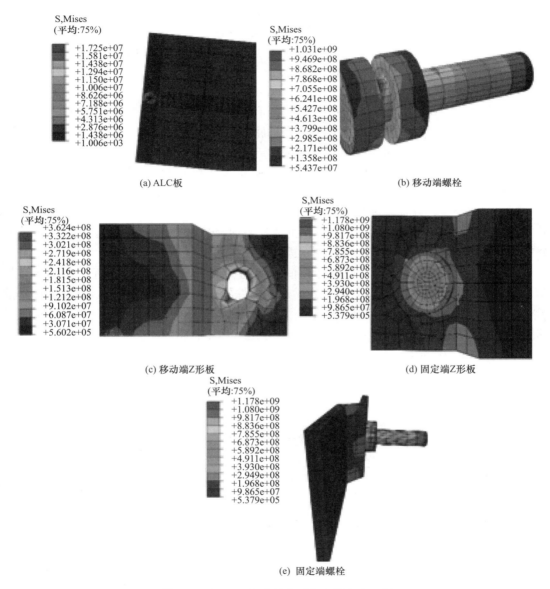

图 2-54　MX-11 加载结束后各部件应力云图

（3）孔径比变化对反力的影响

比较 MX-1、MX-2、MX-3 可以得到孔径比变化对承载力及破坏状态的影响。随着孔径比的增大，ALC 外墙板达到屈服极限的位移略有减小，承载力减小；ALC 外墙板达到的极限位移和极限承载力比较接近；Z 形连接件达到的屈服位移减小，屈服承载力减小。

孔径比变化对各构件的应力分布影响较明显。随着孔径比的增大，施加螺栓预拉力后，ALC外墙板孔径周边的应力值没有固定的变化规律，孔径比为1.5时产生的应力值最小，孔径比为2.0时产生的应力值最大；Z形连接处的应力最大值呈增大趋势，这是由于切削的体积增加、剩余体积减小的缘故；固定端的应力分布均大于移动端，即固定端先于移动端进入屈服状态。

不同孔径比下荷载-层间位移的关系曲线如图2-55所示，由结果可知b/a的值对承载力的影响不大。观察各构件的应力云图可以知道，当加载位移达到圆形点位置时，ALC外墙板进入塑性阶段；加载达到三角形点时，ALC外墙板达到了其极限承载力；加载达到方形点时，Z形连接件进入屈服状态。

（4）板厚变化对反力的影响

比较MX-2、MX-5、MX-8、MX-11可以得到板厚变化对承载力及破坏状态的影响。随着板厚的增大，试件的屈服位移几乎不变，屈服承载力增大；ALC外墙板达到的极限位移基本相同，板厚较小时极限承载力呈增加趋势，当板厚大于100mm后，其对承载力几乎没有影响；板厚较小时，Z形连接件达到的屈服位移较大，当板厚大于100mm后，达到屈服状态的位移值小于板厚较小时的位移值，板厚变化对承载力影响不明显。

随着板厚增大，施加螺栓预拉力后，ALC外墙板孔径周边的应力值减小；Z形连接处的应力分布最大值呈增大趋势，由于切削的体积增加剩余体积减小的缘故，固定端的应力分布均大于移动端，即固定端先于移动端进入屈服状态。

不同ALC外墙板的厚度下的荷载-层间位移的关系曲线如图2-56所示，由结果可知ALC外墙板的厚度增加，承载力增大。观察各构件的应力云图可以知道，当加载达到圆形点位置时，ALC外墙板达到其屈服承载力，加载达到三角形点时，ALC外墙板达到了其极限承载力，加载达到方形点时，Z形连接件进入屈服状态。

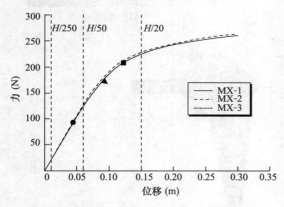

图2-55 b/a变化对承载力的影响

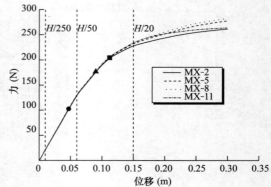

图2-56 板厚变化对承载力的影响

2.2.3.3 往复荷载作用下有限元分析结果

（1）荷载-位移滞回曲线

新型连接节点的承载力较小，在进行往复荷载作用时采用位移加载，初期以1mm为基数加载2次，然后以10mm为基数进行加载8次，最终加载位移为100mm。计算得到的荷载-位移滞回曲线如图2-57所示。

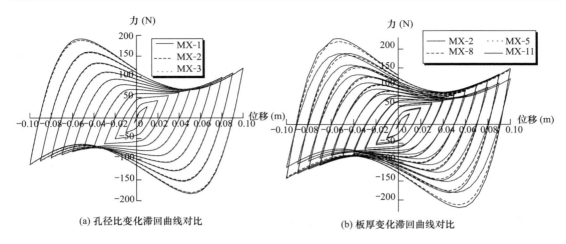

(a) 孔径比变化滞回曲线对比　　　　　　　(b) 板厚变化滞回曲线对比

图 2-57　荷载-位移滞回曲线

由图 2-57 可以得到连接节点滞回曲线几个共同特点：

1）在加载初期，滞回曲线为直线，说明此时新型连接节点各部位连接牢固，承载力增长速度很快，各构件处于弹性阶段。

2）随着加载位移的继续增大，滞回曲线包围的面积较小，曲线形状不再是直线而是接近梭形，说明此时新型连接节点各部位的连接比较牢固，承载力增长速度较快，连接节点有一定的残余变形，但变形值很小，加载和卸载过程不完全对称。

3）随着位移进一步增大，曲线呈 Z 形，此阶段位移增加速度较快，承载力增加速度缓慢，预埋螺栓杆处的墙板达到其极限承载力开始破坏，残余变形值增大，滞回曲线包含面积增大，新型连接节点通过摩擦、滑移、墙板破坏来扩散消耗吸收能量。

4）在整个加载过程中，滞回曲线有明显的"捏缩"效应，说明新型连接节点有一定的滑移变形，其主要出现在螺栓与 Z 形连接件之间、Z 形连接件与墙板之间。滑移的出现减小了墙板的破坏，并提高了连接节点的抗震性能。

5）滞回曲线的加载和卸载过程不完全对称，在后期这种现象更加明显，这是由于加载过程中墙板开孔处已经破坏，卸载过程中墙板无法与螺栓共同协调工作。

（2）荷载-位移骨架曲线

各模型的骨架曲线如图 2-58 所示。从图 2-58 可以看出，加载初期各模型均处于弹性阶段，随位移增大，荷载明显增加；加载初期骨架曲线很陡，说明连接节点在加载初期刚度退化快，因为此时连接节点各构件之间连接牢靠；随着加载位移增大，曲线逐渐变平缓，刚度退化变慢。

（3）应力-应变曲线

由图 2-59 可知，板厚为 75mm 时，ALC 板应力值最大；板厚大于 100mm 时，板厚变化对板应力无太大影响，应变达到 0.016 时 ALC 板达到最大应力，此后应力下降，板已经完全损坏。板厚度越小，达到相同应变时须承受的应力值越大。孔径比增大，使螺栓的运动范围变大，并与板的接触面积变大，所以 ALC 板的应力值增大。

由图 2-60 可知，任何参数的变化对螺栓的应力影响均不明显。随着应变增大，螺栓的应力值始终处于弹性阶段，满足连接节点所要求的破坏顺序。

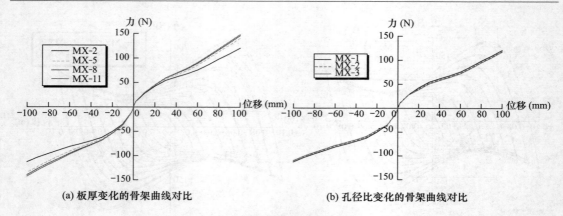

(a) 板厚变化的骨架曲线对比　　　　　　　(b) 孔径比变化的骨架曲线对比

图 2-58　荷载-位移骨架曲线

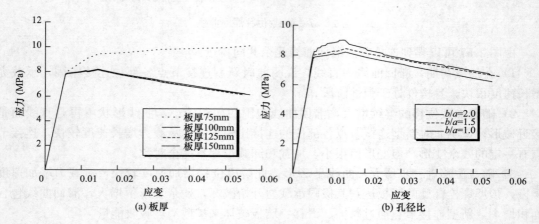

(a) 板厚　　　　　　　　　　　　　　(b) 孔径比

图 2-59　孔边缘应力-应变曲线

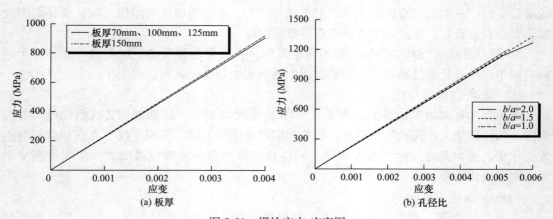

(a) 板厚　　　　　　　　　　　　　　(b) 孔径比

图 2-60　螺栓应力-应变图

　　由图 2-61 可知，孔径比等于 1.5 时，Z 形板的应力值最小，并处于弹性阶段；其余两种孔径比，Z 形板均进入塑性阶段。孔径比等于 1.0 时螺栓不能滑动，与 Z 形板之间的相互作用力最大；孔径比等于 2.0 时 Z 形板的削弱面积过大，遂造成了上述结果。图 2-61 (b) 为孔径比等于 1.0 时的应力-应变曲线，可知板厚变化对应力值影响不大，不同板厚作用时 Z 形板均进入了塑性阶段。

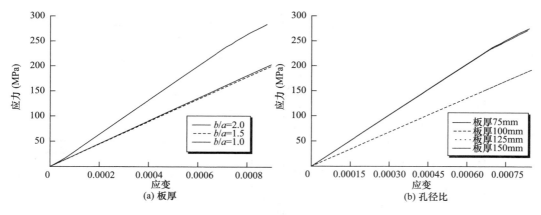

图 2-61　Z 形板应力-应变图

（4）刚度退化分析

模型的刚度退化曲线如图 2-62 所示。从图 2-62 可以看出，加载初期，随着加载位移的增加，结构的刚度退化明显，各连接部位产生一定的滑移，并且 ALC 板达到其自身屈服强度；模型初期的刚度下降相同，证明每种连接节点具有良好的工作能力；位移处于 20～50mm 期间刚度下降明显变缓慢，说明连接节点的转动有效地减小了刚度退化，之后 Z 形连接件达到屈服，迫使连接结构刚度继续退化；此后由于螺栓并未屈服，刚度退化几乎可以忽略。对比所有模型得知，孔径比变化对结构的刚度退化影响不大，板厚增加可在一定程度上延缓结构的刚度退化。

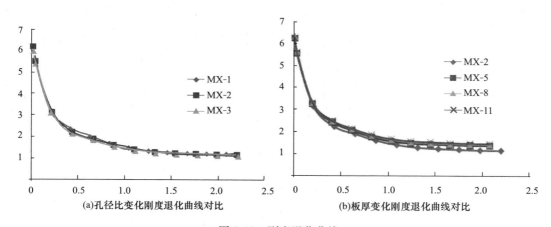

图 2-62　刚度退化曲线

2.2.4　Z 形连接的标准化

板厚不同的新型连接节点的上、下连接件的尺寸不同，高强度螺栓预埋在 ALC 板内的长度也会发生变化，具体数值见表 2-15 所示。但是焊接在钢梁上的角钢尺寸一直不变，不同板厚时高强度螺栓预埋在 ALC 板内的长度约为板厚的 1/2，开发连接件采用 Q345 级钢材制造，螺栓采用直径为 14mm 的高强度螺栓。接下来以与常用外墙板厚度相对应的连接件尺寸为例进行理论计算，连接件的详细尺寸如图 2-63 所示。

连接件具体参数

表 2-15

连接件	上节点	下节点	螺栓埋深（mm）	板厚（mm）
A			$A=50$	75
B			$A=50/60$	100/125
C			$A=70$	150

续表

连接件	上节点	下节点	螺栓埋深（mm）	板厚（mm）

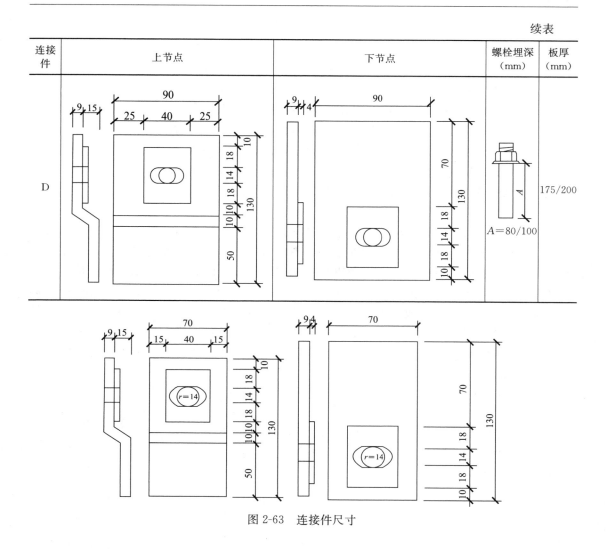

图 2-63　连接件尺寸

2.3　轻钢龙骨外墙与钢框架新型连接的开发及性能研究

2.3.1　轻钢龙骨复合墙体与主体钢框架新型连接节点的开发

2.3.1.1　墙体龙骨与主体框架连接的基本要求

墙板与主体连接是整个围护系统中的重要环节，除了考虑连接构造的安全可靠性、施工便利性外，同时也要考虑经济性，墙板与主体连接方式的设计应从以下几个方面考虑：

（1）足够的变形空间：由于钢结构本身有较好的变形性能，墙板在水平和垂直方向均有可能产生一定的移动。此外，墙板在制作和安装过程中可能产生一定的误差，这些误差将集中体现在连接的部位，这就要求连接处有适当的调整空间，以适应钢结构变形的随动性能。

（2）足够的强度：虽然外墙连接不受外力作用，但在地震作用时也须能承受一小部分地震作用及主体结构的挤压。

（3）耐腐蚀：连接件需进行防锈处理，避免出现安全隐患。

（4）隔声性：外墙对隔声性能有一定的要求，设计时一定注意连接处的隔声性能。

（5）制作简单：连接件形式及加工工序应尽可能简单，便于实现标准化、工业化生产。

（6）节省钢材：考虑经济性、材料成本，应尽量降低连接件耗钢量。

（7）安装方便：安装过程简单方便，可大大减少施工时间，提高施工效率，同时由于无复杂的施工工艺，对工人的技术要求不高，经培训即可操作。

为了能充分利用外挂墙板与连接件间的滑移，设计时对于连接与墙板间考虑预留一部分相对滑移，这种处理方式可以有效降低荷载增加的速度，避免了墙板的破坏。这种连接即为"柔性连接"，在连接件的摩擦滑移阶段就消耗了大部分的地震能。

2.3.1.2　轻钢龙骨复合墙体与主体钢框架新型连接形式

（1）墙体龙骨与钢框架梁的连接

国内外实际工程中的墙体龙骨与钢梁之间连接，基本都是通过不同形式的连接件实现的，而本书中提出的角钢形式的连接件，考虑可能发挥刚性连接的稳定性以及柔性连接的随动性，因此在设计中将连接角钢与钢梁进行焊接，同时连接角钢上设计沿孔壁进行冲孔，连接角钢与外墙龙骨采用螺栓连接，外墙结构板与轻钢龙骨使用自攻螺钉固定。角钢与钢梁的连接方式能够保证连接节点的刚度，可以在地震作用下最大限度地使外墙板消耗地震能。龙骨的布置方式采用竖龙骨作为主龙骨，横龙骨作为次龙骨，且设计次龙骨的时候要考虑从支撑角度出发提高墙架整体性为目的。连接节点示意如图 2-64 和图 2-65 所示。

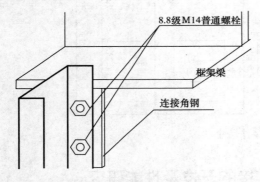

图 2-64　下翼缘连接节点示意图

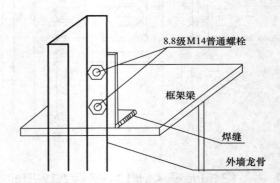

图 2-65　上翼缘连接节点示意图

该连接角钢上下翼缘安装形式对称，且为便于施工安装、工厂加工等，经过经济性能的分析，将其连接件材质、规格进行了统一化，以便于生产加工。连接角钢在工厂按照现行标准对其孔壁进行冲孔，一般要求冲孔长度在 1~2mm，本构件中建议采用 2mm 冲孔。考虑到工程的质量因素，建议在工厂内实现角钢连接件与钢框架梁焊接，同时在工厂完成竖龙骨单侧翼缘上端的开孔，其加工尺寸偏差应严格按照《钢结构工程施工质量验收标准》GB 50205—2020[81]进行控制，以保证角钢连接件与龙骨翼缘处螺栓孔能够在施工现场顺利进行连接。考虑到主龙骨在外荷载作用下的受力性能，将下翼缘连接角钢与上翼缘连接角钢进行区别，上翼缘进行"十字形"冲孔，冲孔宽度 2mm，下翼缘螺栓孔呈圆孔。因为连接角钢沿受力方向已预留部分空隙，所以这种新型连接构造在平面内对墙体没有约束作用，即墙体可以沿框架梁长度方向产生一定的滑动，可以减少主体结构变形对墙体的影响。在平面外，主体结构受外力作用，使墙体与钢梁底部产生相对位移，此时，连接件与竖龙骨接触处相互挤压，连接件对墙体起到约束作用防止墙体发生倾覆倒塌。墙体轻钢龙骨开孔示意见图 2-66（a），上下翼缘角钢连接件开孔示意见图 2-66（b）、（c）。

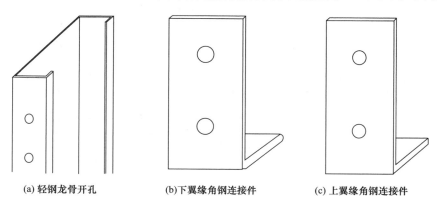

| (a) 轻钢龙骨开孔 | (b) 下翼缘角钢连接件 | (c) 上翼缘角钢连接件 |

图 2-66　龙骨开孔形式及角钢开孔形式示意图

（2）复合墙体龙骨与首层地面连接

底层轻钢龙骨外墙与地面主要通过沿地龙骨连接，地龙骨与地面用膨胀螺栓或射钉固定，与竖龙骨用自攻螺钉固定。本书中介绍的连接节点，采用两种抗拔连接件对地龙骨及墙龙骨进行固定，安装时先将竖龙骨与连接件用自攻螺钉连接固定形成一个整体，然后将竖龙骨和连接件一同安装于预设位置，用抗拔锚栓将其固定在地面上。有隔声要求时，连接件与地面铺设玻璃棉毡；有防水要求时，墙体底部按设计要求砌筑混凝土墙垫。底层墙龙骨与地面连接构造见图 2-67，抗拔连接件见图 2-68。

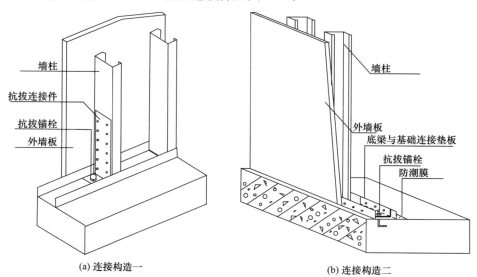

| (a) 连接构造一 | (b) 连接构造二 |

图 2-67　底层墙龙骨与地面连接

（a）厚度 t

连接件厚度确定，参考现有其他材料墙体连接件厚度，同时考虑焊接要求，取 3.0mm。

（b）高度 B、宽度 C

连接件对墙体的平面外稳定起到了约束作用，当墙体在平面外受力时，墙体底部会产生剪力和弯矩，即连接件的高度 B 与墙体平面外的受力大小有关。考虑统一制作要求有：

抗拔连接件1，高度 B 取为200mm，宽度 C 与墙龙骨同宽。

抗拔连接件2，高度 B 取为40mm，宽度 C 与墙龙骨同宽。

（3）墙体龙骨与结构板之间的连接

结构板一般选用 OSB 定向刨花板，OSB 作为覆面材料在房屋的屋顶和墙面应用时，常用厚度为12mm。自攻螺钉间距设定原则：结构面板板边自攻螺钉间距应不大于150mm，而结构板中间部位自攻螺钉间距应不大于300mm。钢拉条宽度应不小于50mm，厚度不小于0.85mm，沿高度800～1000mm 设置一道拉条，如图2-69所示。

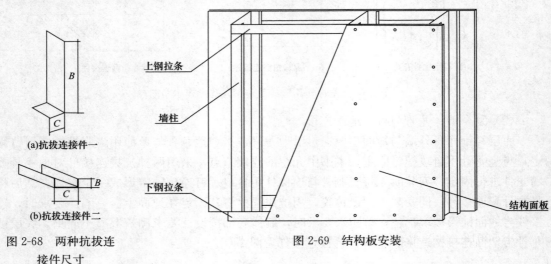

图 2-68　两种抗拔连

接件尺寸

图 2-69　结构板安装

（4）柱间支撑与剪力支撑体系

支撑体系的构成主要通过两种支撑构件，第一是扁钢加强带，第二是经弯折后的 U 形龙骨，龙骨弯折需按照《冷弯薄壁型钢结构技术规范》GB 50018—2002[15] 要求，对不同规格龙骨进行弯折，扁钢加强带宽度不宜小于40mm，且厚度不宜小于0.85mm，并对有结构的特殊性的部位进行加强。对于外墙结构板的安装，参照自攻螺钉布置原则，板边固定间距不大于300mm，板中自攻螺钉间距不大于150mm，如图2-70所示。

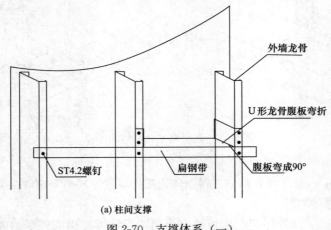

(a)柱间支撑

图 2-70　支撑体系（一）

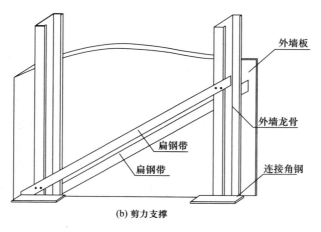

(b) 剪力支撑

图 2-70　支撑体系（二）

（5）墙体主龙骨组合形式

龙骨组合形式主要有两种，箱合式与背合式，龙骨组合的主要意义在于提高薄弱区域的整体性，如板缝、转角、不同材质结合处等部位，组合后的墙龙骨横截面等效截面变大，承载力将有所提高。背合式龙骨通过 ST4.2 自攻螺钉连接，间距不大于 300mm；箱合式龙骨采用拉条进行连接，拉条长度同组合龙骨截面，宽度 20mm，间距 600mm 布置。同时结构面板自攻螺钉的安装应沿两组合龙骨的长度方向且不大于间距 150mm 进行。墙架龙骨间距一般按照 400～600mm 设置，如遇特殊情况需按照《冷弯薄壁型钢结构技术规范》GB 50018—2002[15] 重新进行验算，如图 2-71 所示。

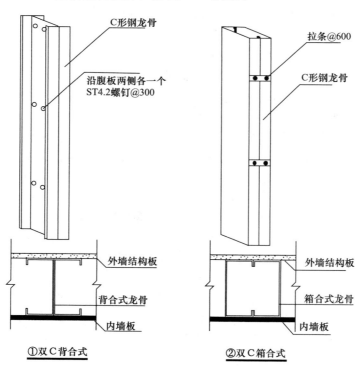

①双 C 背合式　　　　②双 C 箱合式

图 2-71　龙骨组合形式

63

（6）内外墙龙骨的连接

从构造措施角度考虑，每一个转角墙柱都必须设置抗拔锚栓，以保证外墙龙骨不会在风荷载或地震作用下被拔起而至倾覆。内外墙龙骨间固定采用 ST4.2 自攻螺钉，且间距不能大于 600mm，外结构板按照板边设置自攻螺钉的布置间距，如图 2-72 所示。

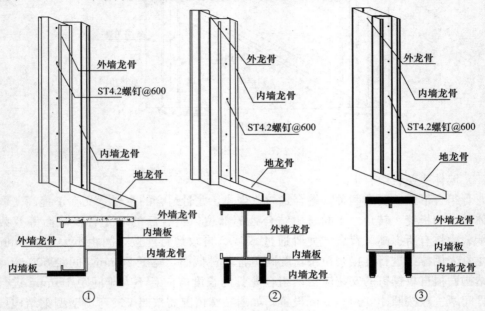

图 2-72　内外墙龙骨的连接

2.3.1.3　轻钢龙骨复合墙体与主体钢框架新型连接施工

（1）安装施工准备

（a）对于已加工好的墙体构件，在运输、储存过程中，应特别注意防止碰撞、污染、锈蚀、潮湿等，在室外存储时更要采取有效保护措施。

（b）为了墙体龙骨与主体结构连接的可靠性，连接件应在主体结构施工时按设计要求的位置和方法进行埋设。

（c）不合格的角钢连接件应予更换，不得安装使用。因为连接构件在运输、堆放、吊装过程中有可能变形、损坏等，所以安装施工单位应根据具体情况，对易损坏和丢失的构件、配件、密封材料、胶垫等，留有一定的更换贮备数量。

（2）连接节点安装要求

（a）竖龙骨的安装准确性和质量，影响整个轻钢龙骨外墙的安装质量，是整个安装施工的关键之一。通过连接件的墙体平面轴线与建筑物的外平面轴线距离的允许偏差应控制在 2mm 以内，特别是建筑平面呈弧形、圆形和四周封闭的墙体，其内外轴线距离影响到墙体的周长，影响结构板的封闭，应认真对待。

（b）横龙骨一般分段与立柱连接，横龙骨两端与主龙骨连接处可以留出空隙，也可以采用弹性橡胶垫，橡胶垫应有 20%～35% 的压缩变形能力，以适应和消除横向温度变形的影响。

（c）标准层龙骨螺栓安装时首先安装下翼缘螺栓，并对下翼缘螺栓进行初拧，而后安装上翼缘螺栓，并进行初拧，后上下翼缘螺栓有序进行紧固。对于大型接头应采用复拧，即两次紧固方法，保证接头内各个螺栓能均匀受力。底层龙骨安装时，待龙骨与地面部分连接完成后，进行下翼缘螺栓安装。

（d）底层龙骨安装时，预先于地面将膨胀螺钉位置标记出来，后以自攻螺钉将龙骨与抗拔连接件进行连接，再以合金钻头于螺钉位置打孔，膨胀螺钉装入孔内后把螺母拧紧2～3圈，待膨胀螺栓紧而不晃后再拧下螺母。

（e）防火、保温材料应可靠固定，铺设平整，拼接处不应留缝隙，应符合设计要求。如果冷凝水排出管及附件与水平构件预留孔连接不严密，与内衬板出水孔连接处不密封，冷凝水会进入墙体内部，造成内部浸水，腐蚀材料，影响墙体性能和使用寿命。

（f）外墙结构板采用自攻螺钉连接，并且安装时可能存在高空作业，需保证施工安全。实际工程中结构板应从墙体一侧尽头或门窗的位置开始，顺序安装；面板用自攻螺钉固定。自攻钉头陷入板面 0.5～1mm 为宜。沿板边缘螺钉间距不大于 200mm，中间部分螺钉间距不大于 300mm，螺钉距板边应不小于 10mm，距切割板板边应不小于 15mm。

（g）硅酮建筑密封胶的施工必须严格遵照施工工艺进行。夜晚光照不足，雨天缝内潮湿，均不宜打胶；打胶温度应在指定的温度范围，打胶前应使打胶面干燥、清洁无尘。

（h）结构板之间硅酮建筑密封胶的施工厚度，一般要控制在 3.5～4.5mm，太薄对保证密封质量和防止雨水渗漏不利，同时其热胀冷缩产生的变形对龙骨寿命也不利。当胶承受拉应力时，太厚也容易被拉断或破坏，失去密封和防渗漏作用。硅酮建筑密封胶的施工宽度不宜小于厚度的 2 倍或根据实际接缝宽度决定。

（3）一般规定

（a）为了保证墙体安装施工的质量，要求主体结构工程偏差应满足墙体安装的基本条件，特别是主体结构的垂直度和外表面平整度及结构的尺寸偏差，尤其是外立面很复杂的结构，必须同主体结构设计相符，并满足验收规范的要求。相关的主体结构验收规范主要包括：《建筑工程施工质量验收统一标准》GB 50300—2013、《混凝土结构工程施工质量验收规范》GB 50204—2015、《钢结构工程施工质量验收标准》GB 50205—2020、《砌体结构工程施工质量验收规范》GB 50203—2011 等。

（b）墙体构件及附件的材料品种、规格、色泽和性能，应在设计文件中明确规定，安装施工时应按设计要求执行。对进场构件、附件、玻璃、密封材料和胶垫等，应按质量要求进行检查和验收，不得使用不合格和过期的材料。对幕墙施工环境和分项工程施工顺序要认真研究，对会造成严重污染的分项工程应安排在幕墙安装前施工，否则应采取可靠的保护措施。

（c）墙体的安装施工质量，是直接影响墙体能否满足其建筑物理及其他性能要求的关键之一，同时墙体安装施工又是多工种的联合施工，和其他分项工程施工难免有交叉和衔接的工序。因此，为了保证墙体安装施工质量，要求安装施工承包单位单独编制墙体施工组织设计方案。

（d）施工脚手架应根据工程和施工现场的情况确定，宜进行必要的计算和设计，连接固定必须牢固、可靠，确保安全。

（e）墙体的施工测量，主要强调：分格轴线的测量应与主体结构的测量配合，主体结构出现偏差时，墙体分格线应根据主体结构偏差及时进行调整，不得积累；定期对墙体安装定位基准进行校核，以保证安装基准的正确性，避免因此产生安装误差；对高层建筑，风力大于 4 级时容易产生不安全或测量不准确问题。

（f）安装过程的半成品容易被损坏、污染，应引起重视，采取保护措施。

2.3.2 新型连接件的设计

2.3.2.1 计算简化模型

墙板受力计算需根据其实际边界条件进行约束假定,给出合理的计算简化模型。该新型连接节点分为两个组成部分,第一部分为层间的连接节点,即上下翼缘均为连接角钢连接,第二部分为底层的连接节点。为了方便计算,墙板受力计算均可忽略墙柱间连接件的约束作用,简化为上下两边约束。

墙板顶部通过连接角钢与钢梁连接,由于角钢在工厂已预制冲孔,因此连接件沿水平方向可产生滑动,受力主要通过连接件与竖龙骨间相互挤压传递,故可简化为铰接约束。

墙板底部通过专用固定件与地面相连,固定件与竖龙骨用射钉连接,固定件与地面用金属膨胀螺栓或射钉连接,膨胀螺栓可承受墙底剪力和弯矩,简化为固定端。

2.3.2.2 外荷载确定

外围护结构进行平面外受力计算时应考虑竖向荷载、水平荷载及支座位移荷载的作用。该轻钢龙骨复合墙体为非承重结构,且墙板与梁间设置缝隙钢梁弯曲变形不会对墙板产生挤压作用,故竖向应力主要由墙体自重引起,但轻钢龙骨内墙为轻质材料,自重轻,产生的竖向应力很小,故进行计算时,可忽略自重产生的影响,因此其计算简图如图 2-73 所示,F 为水平荷载。

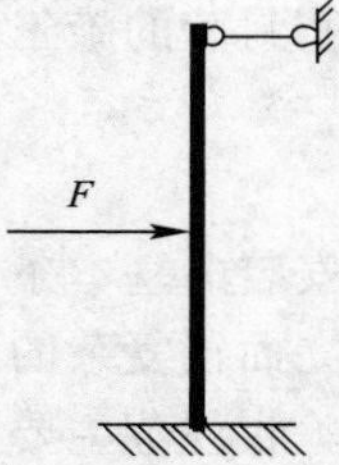

水平荷载考虑风荷载和地震作用,因自重而产生的地震惯性力是所要分析的重点。根据《建筑抗震设计规范》GB 50011—2010[76]规定"非结构构件在地震作用下的设计计算,在考虑由于自身质量因素产生一定的惯性力之外,还包括地震作用下支座间相对位移所导致的内力影响"。对于本研究中墙板连接构造,支座间的相对位移是指钢框架主体产生的侧移变形。

图 2-73 计算简图

2.3.2.3 荷载计算

（1）地震作用

轻钢龙骨复合墙体作为非结构构件,抗震计算按《建筑抗震设计规范》GB 50011—2010(2016 年版)[76]规定,采用结构力学中的等效侧力计算法则,计算方法与本章 2.1.1.2 节相同。

本研究所选墙体为厚度、自重较大的墙体,墙体高度取相应规格墙体高度最大限值进行计算,作为外墙的结构板,OSB 板（定向刨花板）应选用二级以上板材且厚度至少应选用 12mm 厚定向刨花板,内墙板一般采用双层石膏板,厚度在 8～12mm 范围,以 12mm 进行计算。具体数据见表 2-16,G 为竖向荷载、F 为水平荷载。

选用墙体规格　　　　　　　　　　　　　　　表 2-16

编号	板	尺寸（mm）				自重 (kg/m²)	G (kN)	F (kN)
		龙骨宽	间距	墙厚	墙高			
1	2+2	90	600	138	3000	52	1.21	3.25
2	2+2	140	600	188	3000	58	1.33	3.38
3	2+2	205	600	253	3000	65	1.61	4.52
4	2+2	255	600	303	3000	81	1.22	5.11

（2）支座位移产生的内力

简化模型后为超静定结构,上部为固定支座,下部为铰接。此类模型中,层间位移将引起内力作用。地震作用下，构件质量直接影响惯性力，地震作用惯性随质量增大而变大，但轻钢龙骨复合墙板质量较小、因此地震惯性力也小。故在抗震计算中，一般架设主体框架先于墙板变形，即应考虑层间位移对墙板内力的影响。层间位移可按多遇地震作用下的楼层内弹性层间位移限值取值。对多、高层钢结构弹性层间位移角限值取 1/250。《建筑抗震设计规范》GB 50011—2010（2016 版）[76] 中给出"非结构构件因支承点相对水平位移产生的内力，可按该构件在位移方向的刚度乘以规定的支承点相对水平位移计算。""非结构构件位移方向的刚度，应根据其端部的实际连接状态，分别采用刚接、铰接、弹性连接或滑动连接等简化的力学模型。"

（3）风荷载计算

计算模型选取层高 3m 的建筑为研究对象，外墙面积单元按 90m² 计算。计算方法与本章 2.1.1.2 节相同。风荷载作用下的剪力值如表 2-17 所示。

<table>
<tr><td colspan="5">风荷载作用下剪力计算　　　　　　　　　　　　　　　　　　　　　表 2-17</td></tr>
<tr><th>μ_{s1}</th><th>β_{gz}</th><th>ω_0</th><th>F_i(kN)</th><th>$F_i/2$(kN)</th></tr>
<tr><td>0.80</td><td>1.70</td><td>0.55</td><td>126</td><td>63</td></tr>
</table>

2.3.2.4 新型连接构造受力验算

（1）地震作用受力计算

进行抗震设计时，根据《建筑抗震设计规范》GB 50011—2010（2016 版）[76] 规定，·对支承于不同楼层或防震缝两侧的非结构构件，除自身重力产生的地震作用以外，尚应同时计入地震时支承点之间相对位移产生的作用效应。即抗震设计中，要考虑地震作用与支承点相对位移的组合效应。实际中，墙体地震作用为分布力，为简化计算，规范中将其简化为沿着任一水平方向、并作用于非结构构件重心上的集中力。计算简图见图 2-74（a）。

根据结构力学知识，可判断结构为一次超静定结构，可采用力法进行计算。力法基本结构见图 2-74（b），将构件底部固接替换为铰接。力法方程为：

$$M_B\theta_M + F\theta_F + \theta_\Delta = 0 \tag{2-8}$$

式中　M_B——集中地震作用下墙底部弯矩；

　　　θ_M——弯矩作用下产生的转角；

　　　F——简化的集中力；

　　　θ_F——杆件端部产生的转角；

　　　θ_Δ——底部产生的转角。

底部施加单位力矩时的弯矩图见图 2-75。

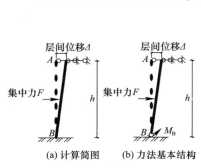

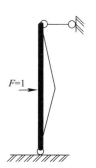

图 2-74　计算简图　　　　图 2-75　单位力矩作用下弯矩图　图 2-76　单位集中力作用下弯矩图

   轻钢龙骨墙体属于复合墙体，由不同材料组成，要分别求出墙体的弹性模量 E 和截面惯性矩 I 比较困难，通常是已知墙体刚度系数 EI 进行计算，这里 EI 值可由轻钢龙骨墙体高度限值计算公式推出。

   轻钢龙骨隔墙高度限值计算公式：

$$d = \frac{5qL^4}{384EI} \tag{2-9}$$

式中 d——构件在均布荷载作用下最大变形量，按公共场所取值为 $L/240$；

   q——均布荷载，单位 Pa，按住宅隔墙标准选取为 180Pa；

   L——构件长度，指外墙高度限值。

   由式（2-9）可计算出墙体刚度系数 EI：

$$EI = \frac{5qL^4}{384d} \tag{2-10}$$

   单位集中力作用下杆件弯矩分布见图 2-76，于杆件端部产生转角 θ_F 为：

$$\theta_F = \int \frac{M_1 M_2}{EI} dx + \int \frac{V_1 V_2}{GA} dx \tag{2-11}$$

$$\theta_F = \frac{h^2}{16EI} \tag{2-12}$$

式中 h——杆件的截面高度。

   对于静定结构，支座相对位移不会产生内力影响，只发生刚体变形，故支座相对位移作用时底部发生转角 θ_Δ：

$$\theta_\Delta = \frac{\Delta}{h} \tag{2-13}$$

   根据《建筑抗震设计规范》GB 50011—2010（2016 版）[76]规定，Δ 可取为多遇地震下结构弹性层间位移限值，但实际情况下小于该值。

   将相应系数代入公式（2-13）得：

$$M_B \theta_M - F \theta_F - \theta_\Delta = 0 \tag{2-14}$$

   集中地震作用下墙底部弯矩 M_B：

$$M_B = \frac{F \theta_F + \Delta/h}{\theta_M} \tag{2-15}$$

   由式（2-14）和式（2-15）可计算出，剪力 V_A，V_B：

$$V_B = \frac{Fh/2 + M_B}{h} \tag{2-16}$$

$$V_A = \frac{Fh/2 - M_B}{h} \tag{2-17}$$

   由上式可得计算结果，见表 2-18。

计算结果   表 2-18

墙体	$EI(kN \cdot m^2)$	θ_M	θ_F	$M_B(kN \cdot m)$	$V_A(kN)$	$V_B(kN)$
1	15.1	0.210	0.061	1.60	7.61	8.82
2	24.0	0.075	0.054	2.22	9.33	11.23
3	46.9	0.053	0.091	4.15	14.48	16.62
4	102.4	0.047	0.050	5.55	22.46	33.21

（2）新型连接件焊缝尺寸验算

按《冷弯薄壁型钢结构技术规范》GB 50018—2002[15]中喇叭形焊缝的强度计算公式计算。当连接件厚度大于 4mm 时，轴力 N 垂直于焊缝轴线方向作用的焊缝抗剪强度应按式（2-18）计算：

$$\tau = \frac{N}{l_w t} \leqslant 0.7f \tag{2-18}$$

计算完毕后需要再次用公式（2-19）对其进行补充验算：

$$\tau_f = \frac{N}{0.7h_f l_w} \leqslant f_f^w \tag{2-19}$$

式中　t——连接钢板的最小厚度；

　　　h_f——角焊缝焊脚尺寸；

　　　l_w——焊缝计算长度之和，每条焊缝的计算长度均取实际长度减去 $2h_f$；

　　　f——连接钢板的抗拉强度设计值，$f = 205 \text{N/mm}^2$。

由式（2-18）可推导出焊缝能承受的最大轴力 N：

$$N = 0.7f l_w t \tag{2-20}$$

计算时墙板按两根竖龙骨计算，即采用 2 个新型连接件，水平剪力与焊缝所能承受的剪力设计值通过计算可以得出，按式（2-20）计算 N 值，可得表 2-19，由表中数据可知焊缝的最大承载力远远大于地震组合作用下所受的剪力。

N 值　　　　　　　　　　　　　　　　　　　　　　　表 2-19

墙体	连接件规格（mm）	V(kN)	N(kN)
1	70×50×120	10.66	
2	70×50×120	13.10	
3	70×50×120	20.27	164.8
4	70×50×120	31.45	

（3）底部连接件验算

底部连接件与地面用膨胀螺栓固定，计算时将其简化为固接，即连接处要承受剪力、弯矩和墙体自重。在弯矩和墙体自重作用下，连接件底部与地面接触位置的压应力分布不均匀。底部应力分布可按下式进行计算：

$$\sigma_{max} = \frac{N}{AL} + \frac{6M}{AL^2} \tag{2-21}$$

$$\sigma_{min} = \frac{N}{AL} - \frac{6M}{AL^2} \tag{2-22}$$

式中　A——连接件宽度，按照最小截面验算 $A = 50 \text{mm}$；

　　　L——连接件长度。

故由表 2-19 数据和式（2-21）、式（2-22）可得表 2-20。连接件最小应力为压应力，说明连接件底部范围内无受拉区，无需对膨胀螺栓进行受拉计算。如果最小应力为拉应力，由于连接件与地面（一般为混凝土材料）的接触面无法承受弯矩作用产生的拉力，需由膨胀螺栓来承受该拉力，则须对膨胀螺栓进行验算。膨胀螺栓在实际使用过程中将承受剪力，故须对膨胀螺栓进行抗剪验算。计算时假定螺栓受剪面上的剪应力是均匀分布的，单个膨胀螺栓抗剪承载力设计值：

$$V_1 = \frac{\pi d^2}{4} f_v \tag{2-23}$$

式中 f_v——膨胀螺栓材料抗剪强度设计值；

     d——膨胀螺栓直径。

	σ 值	表 2-20
墙体	σ_{max}（MPa）	σ_{min}（MPa）
1	0.121	0.104
2	0.125	0.086
3	0.155	0.147
4	0.191	0.143

螺栓孔内实际承压应力分布情况难以确定，为简化计算假设混凝土和连接件孔壁应力在同一埋深处均匀分布。

连接件孔壁抗压承载力设计值为：

$$V_2 = \frac{\pi}{2} \times D \times t \times f_c \tag{2-24}$$

式中 f_c——连接件材料抗压强度设计值；

     D——膨胀螺栓胀管外径。

混凝土挤压破坏抗剪承载力计算可采用文献［10］中提出的膨胀螺栓抗剪承载力计算公式：

$$V_3 = \phi \times f_{ck} \times \frac{\pi}{2} \times h \times D \tag{2-25}$$

式中 f_{ck}——混凝土轴心抗压强度；

     h——膨胀螺栓胀管埋深；

     ϕ——受压一侧孔壁破坏程度指数，与混凝土强度等级有关，C25 混凝土时可取为 0.525。

本研究选取 M6×30 规格的普通镀锌膨胀螺栓（Q235 钢），胀管外径 8mm，楼板采用 C25 混凝土。膨胀螺栓连接抗剪承载力为 4.2kN。底部共有 2 个膨胀螺栓，对受力进行简化即平均分配给每个螺栓，计算结果符合设计要求。

（4）连接节点中螺栓的强度验算

节点设计中，采用了两个 M14，8.8 级普通螺栓，通过表 2-21 得到螺栓强度设计值。

螺栓连接的强度设计值			表 2-21
		A 级、B 级螺栓		
		抗拉 f_t^b	抗剪 f_v^b	抗压 f_c^b
普通螺栓	8.8 级	400MPa	320MPa	—

螺栓抗剪承载力设计值计算：

$$N_v^b = n_v \frac{\pi d^2}{4} f_v^b \tag{2-26}$$

$$N_v^b \approx 49.24\text{kN}$$

式中　$f_v^b = 320\text{MPa}$，$n_v = 1$。

2 个 8.8 级 M14 螺栓的设计强度约为 98.48kN，其值远远大于地震作用与风荷载带来的水平剪力，因此符合设计要求。

（5）连接角钢螺栓孔孔壁处强度验算

$$N_c^b = \frac{\pi d t}{2} f \tag{2-27}$$

连接角钢选用的是 Q235 材质，其设计值 $f = 215\text{MPa}$，最终得出：

$$N_c^b = 28.35\text{kN}$$

$$N = 56.7\text{kN}$$

连接角钢孔壁承载力设计值大于外荷载设计值，满足要求。

2.3.3　新型连接节点在单调荷载下的试验研究

2.3.3.1　试验概况

（1）试件的设计及制作

从新型连接节点的适用性以及工程实际角度出发，试验最终选取几种工程中常用的外墙龙骨构件与设计节点相组合，以分析比较几类组合节点在单调荷载作用下的受力性能、破坏模式的区别。试验将分别对五种外墙龙骨与连接角钢组合节点试件实施静力单调加载破坏试验，试件分类见表 2-22，试件样式见图 2-77。

试件分类　　　　　　　　　　　　　　　　　　表 2-22

试件	材质	厚度	数量
BM	Q345	2mm	5
BN	Q345	3mm	5
BO	Q345	4mm	5
BL	Q235	3mm	5
BP	Q235	6mm	3

将节点试件宽度设计为与加载端不同的尺寸，为保证拉伸试验机施加的外荷载不会在节点试件上产生应力集中现象，设计试件时对连接板材进行延长以削弱应力集中。

由于龙骨板材厚度较小，在拉伸作用下将发生较大变形，因此不能以龙骨板材直接连接

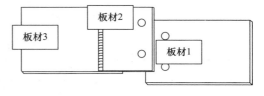

图 2-77　静力单调试验试件示意图

加载端，通过钢板双面搭接焊将龙骨板材接长，同时为了避免接长后节点发生偏心受力，所以选用接长板材时采用与连接角钢相同的材质。

本试件所需的钢材均需要由工厂完成切割、打孔，板材 1 为节点处连接角钢钢板，板材 2 为节点处龙骨钢板，板材 3 为龙骨板接长钢板。样式见图 2-78，尺寸见表 2-23。

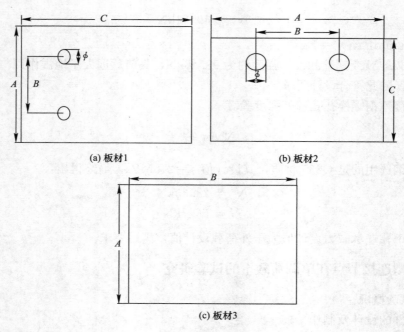

(a) 板材1 　　(b) 板材2

(c) 板材3

图 2-78　节点构件尺寸示意

节点构件尺寸　表 2-23

钢材编号	A(mm)	B(mm)	C(mm)	t(mm)	ϕ(mm)
板材 1	120	58	190	6	14
板材 2	120	58	92	—	14
板材 3	120	190	—	6	14

（2）材料力学性能

钢材材料力学特性由标准拉伸试验确定，为了保证试验结果的准确和可靠，本次试验每种厚度钢材全部是同一批生产出来的，试验前在所用轻钢龙骨钢材上各取 3 组试样制作成拉拔件，进行单轴拉伸试验。测试方法依据国家标准《金属材料拉伸试验　第 1 部分：室温试验方法》GB/T 228.1—2010[77] 的有关规定进行，测得屈服强度（f_y）、极限强度（f_u）、弹性模 E、泊松比 μ。其中连接角钢、3mm 厚龙骨均为 Q235 材质，其余几种龙骨板材为 Q345 材质，钢材性能指标如表 2-24 所示。

钢材性能指标　表 2-24

部位	材质	试件厚度	屈服强度（MPa）	极限强度（MPa）	弹性模量（MPa）	泊松比
BL	Q235	3mm	258.70	424.80	214721	0.28
BM	Q345	2mm	325.08	446.06	212234	0.34
BN	Q345	3mm	353.69	445.12	200415	0.21
BO	Q345	4mm	353.19	445.12	225874	0.19
角钢	Q235	6mm	261.70	417.30	236458	0.26

（3）加载装置、加载方案及测点布置

通过 150kN 拉伸试验机进行加载。为保证试验节点两端不产生滑移，与夹头接触的钢板在试验前进行特殊处理。加载由力控制，加载速率为 0.01mm/s。每级荷载 5kN，停留 1min，观察节点的试验现象并做好记录工作，直至荷载下降至极限承载力的 85％或节点处出现断裂为止。

在连接节点的连接角钢板与外墙龙骨板处分别布置了应变片，如图 2-79 所示。试验时，通过应变片 $A_1 \sim A_{12}$ 测得在竖向荷载作用下连接节点两板材的内力。同时要保证其符合受轴心荷载作用的要求，尽量减小加载时产生的平面内和平面外弯矩。

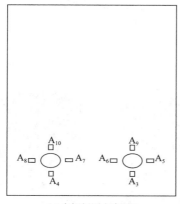

(a) 角钢板测点布置

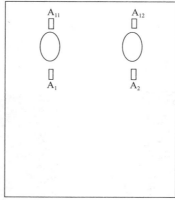

(b) 龙骨板测点布置

图 2-79　应变片布置示意

2.3.3.2　试验结果

（1）单调荷载作用下试验现象及破坏模式

1）龙骨连接板沿螺栓孔孔壁处被拉裂

试验加载中，BL、BN、BO、BM 试件试验现象及破坏模式大致相同，以 BL-1 为例进行试验过程描述，其余各节点破坏形式试件见表 2-25。BL-1 试件为 Q235 材质 3mm 厚外墙龙骨板材与 6mm 厚连接角钢连接节点。荷载加到 28.25kN 时，听见节点有响声，连接角钢板材处由于受到向上的轴向拉力作用出现了明显的向上位移，龙骨板材开始出现明显变形。继续加载外墙龙骨钢板的变形不断扩展，当荷载加至 43.5kN 时，龙骨钢板突然断裂。连接角钢钢板端部轴向拉力持续下降，卸载完毕后，龙骨钢板板材螺栓孔孔壁处被拉裂。BL-1 试件的破坏形态如图 2-80 所示。

节点破坏现象及对应荷载值　　　　　　　　　　　　　　表 2-25

试件编号	材质	厚度	试件明显上移，且有摩擦声时所施加荷载值	螺栓孔孔壁拉坏时施加荷载值
BL-2	Q235	3mm	28.22kN	43.05kN
BL-3	Q235	3mm	36.25kN	42.25kN
BM-1	Q345	2mm	34.80kN	43.75kN
BM-2	Q345	2mm	30.25kN	43.82kN
BM-3	Q345	2mm	37.55kN	45.20kN
BN-1	Q345	3mm	31.25kN	44.85kN
BN-2	Q345	3mm	38.75kN	44.87kN
BN-3	Q345	3mm	31.41kN	41.02kN

试件编号	材质	厚度	试件明显上移，且有摩擦声时所施加荷载值	螺栓孔孔壁拉坏时施加荷载值
BO-1	Q345	4mm	54.85kN	76.56kN
BO-2	Q345	4mm	60.75kN	79.24kN
BO-3	Q345	4mm	65.60kN	82.52kN

2）螺栓剪切破坏

BP-1 试件为 Q235 材质 6mm 厚钢板与 6mm 厚连接角钢连接节点。当荷载加到 92.84kN 时，试件向上位移明显递增，伴随有低沉的金属摩擦声。当加载至 122kN 时，听到一声巨响，螺栓断为两段。端部轴向拉力持续下降，卸载完毕后，螺栓被剪断。BP-2 现象与 BP-1 破坏现象基本相同，试件 BP-1 和 BP-2 的破坏形态如图 2-81 所示。

(a) 试件BP-1　　　　　　　　　　(b) 试件BP-2

图 2-80　试件 BL-1 的破坏形态　　　　图 2-81　试件 BP-1 和 BP-2 的破坏形态

（2）承载力影响因素分析

试件的荷载-位移关系曲线如图 2-82 所示，图中 F_y 为试件的屈服荷载，F_u 为极限荷载。

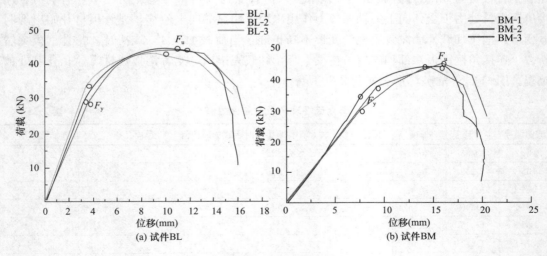

图 2-82　荷载-位移关系曲线（一）

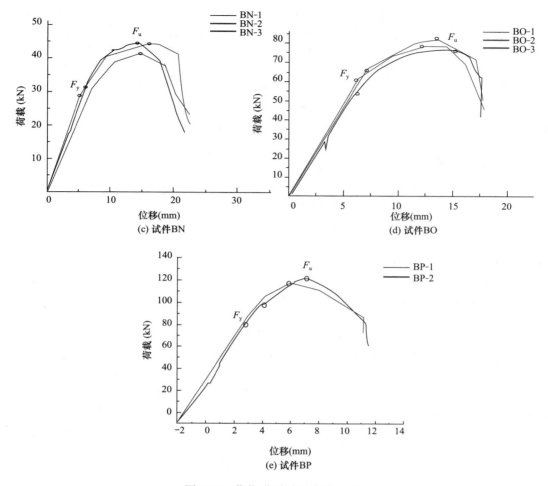

图 2-82　荷载-位移关系曲线（二）

1）外墙龙骨板不同材质的影响

表 2-26 为同种厚度情况下，外墙龙骨板不同材质的试件其屈服荷载和极限荷载。从表中可以看出，连接节点试件 BN 的屈服荷载与极限承载力均大于同种厚度不同材质的 BL 节点试件。

外墙龙骨板不同材质试件的屈服荷载和极限荷载　　　　表 2-26

试件	材质	厚度 t (mm)	屈服荷载 N_y (kN)	极限承载 N_u (kN)
BL	Q235	3	30.02	42.92
BN	Q345	3	33.8	43.44

2）外墙龙骨板不同厚度的影响

表 2-27 为同种材质情况下，外墙龙骨板不同厚度试件的屈服荷载和极限荷载。从表中可以看出，随着龙骨板材厚度的增加，同种材质不同厚度的外龙骨板材与角钢连接板的组合节点的屈服荷载与极限荷载均增大。

外墙龙骨板不同厚度试件的屈服荷载和极限荷载　　　　　表 2-27

试件	材质	厚度 t(mm)	屈服荷载 N_y(kN)	极限承载 N_u(kN)
BM	Q345	2	32.1	42.2
BN	Q345	3	33.8	43.44
BO	Q345	4	60.38	79.1

2.3.4　新型连接节点在往复荷载作用下的试验研究

2.3.4.1　试验概况

（1）往复荷载试件设计

本试验分别对 3 组 12 个龙骨与连接角钢组合节点试件进行低周往复加载，3 个试件的编号分别为：TN 试件节点、TO 试件节点、TL 试件节点，具体参数见表 2-28。

试件分类　　　　　表 2-28

试件	材质	厚度	数量
TN	Q345	3mm	6
TO	Q345	4mm	6
TL	Q235	3mm	6

将龙骨翼缘处切片与连接角钢进行安装固定，龙骨切片与 150mm×150mm×6mm 方钢管架进行焊接，方钢管的刚度远远大于翼缘切片的刚度，因此其在加载时产生的变化对试验数据的影响可忽略不计。壁厚最小的翼缘切片与方钢管焊接焊缝长度通过计算不小于 94mm，出于安全考虑取 150mm。

为了独立分析上、下翼缘连接节点的受力性能，试验中将钢管通过角焊缝与地梁连接，目的在于使钢管末端刚度足够大，钢管另一端的翼缘切片通过新型连接节点与移动梁连接。

工程实际应用中主龙骨布置间距应在 400~600mm 之间，且一个墙体框架体系中至少由两个主龙骨及连接节点构成，因此试验中以两个连接节点为一个试件单元进行分析。

方钢管支架示意图如图 2-83（a）所示，本试件所需的龙骨翼缘切片切割完成后，按照图 2-83（b）所示位置在加工厂进行打孔，尺寸见表 2-29。对于试验中采用的 900mm 长 H 形钢梁也提出制作要求，样式见图 2-83（c）。各构件实际试样见图 2-84。

节点构件尺寸　　　　　表 2-29

试件	A(mm)	B(mm)	t(mm)	直径(mm)
方钢管支架	600	100	6	14
龙骨切片	120	60	—	14

注：t 为试件厚度。

（2）加载装置、加载方案及测点布置

低周往复加载试验采用 250kN 的 MTS 作动器进行加载，加载装置整体平放于实验室地坪上。为移动钢梁能够在地面上无阻碍滑行，钢梁下设有滚轮；为保证钢梁不发生侧移，设置滑道保证钢梁直线位移。由 MTS 作动器在 H 形钢梁顶端提供轴向力。而试件另一端为自由端，前端设有位移计。试验加载装置如图 2-85 所示。

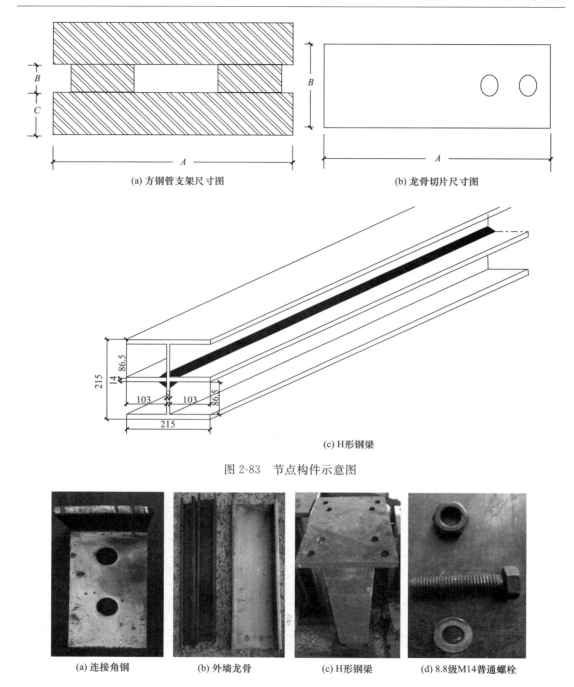

(a) 方钢管支架尺寸图　　　　　　　　　(b) 龙骨切片尺寸图

(c) H形钢梁

图 2-83　节点构件示意图

(a) 连接角钢　　　　(b) 外墙龙骨　　　　(c) H形钢梁　　　　(d) 8.8级M14普通螺栓

图 2-84　节点构件

　　本试验中梁端的加载方式采用位移加载，即在梁端施加往复的位移荷载。初始以 $\pm 3\mathrm{mm}$ 的位移控制，当位移加载循环两周后，每级以 $\pm 3\mathrm{mm}$ 逐级递增，$\Delta = \pm 3\mathrm{mm}$，$\pm 6\mathrm{mm}$，$\pm 9\mathrm{mm}$，$\pm 12\mathrm{mm}$，$\pm 24\mathrm{mm}$ 等（其中 Δ 为竖向位移），每级循环两次，直至构件承载力下降到 85% 极限承载力或构件破坏为止，其试验加载方式如图 2-86 所示。

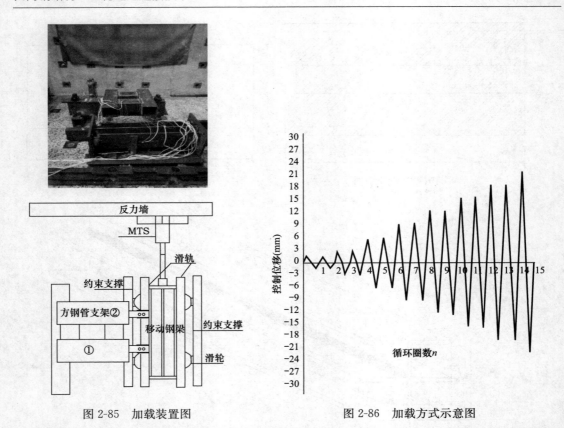

图 2-85 加载装置图　　　　　　图 2-86 加载方式示意图

在连接节点连接角钢与外墙龙骨翼缘切片处分别布置了应变片，见图 2-87，①号方钢管连接的应变片 $B_1 \sim B_{10}$，②号方钢管连接的应变片 $C_1 \sim C_{10}$。

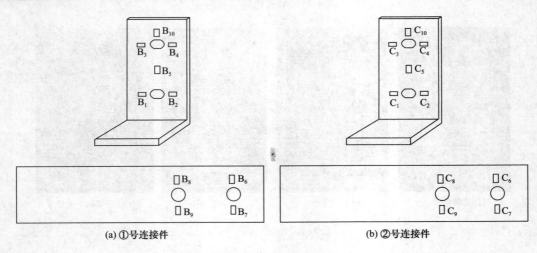

(a) ①号连接件　　　　　　(b) ②号连接件

图 2-87 应变片测点布置

在试验中，钢梁与角钢采用三面围焊，其焊缝强度保证了角钢与钢梁不存在相对位移，而角钢与龙骨翼缘一侧采用螺栓连接。当梁端施加位移时，移动梁所产生的行程即是角钢与龙骨翼缘组合节点的形变量。因此设置一个位移计 D_1，即可实现对节点形变量的监控，如图 2-88 所示。

2.3.4.2　试验结果

（1）往复荷载作用下试验现象及破坏模式

1）TN 试件

表 2-30 中给出了各个测点首次进入屈服时对应的荷载级别以及该荷载级别下这些测点的先后顺序。对 TN-1 试件，位移达到 ±8mm 时，发生屈服，节点在连接根部出现了明显的变形；加载至 ±10mm 时，连接龙骨根部开始出现裂隙；当加载至 ±12mm 时，龙骨板根部连接处开裂；加载至 ±14mm 时，承载力达到峰值，随后试件开始出现

图 2-88　试验时位移计布置情况

荷载下降。试验中，以 Q235 连接角钢接近钢梁翼缘一端的螺栓孔孔壁先发生屈服，随着位移增大，外墙龙骨翼缘切片接近钢管一端螺栓孔孔壁发生屈服。TN-1 试件的破坏现象如图 2-89 所示。TN-2 试件的破坏现象与 TN-1 类似。

TN 试件测点情况　　　　表 2-30

加载级别	TN-1		TN-2	
	连接①	连接②	连接①	连接②
$\Delta = +2mm(-2mm)$				
$\Delta = +4mm(-4mm)$		C_1、C_7		
$\Delta = +6mm(-6mm)$	B_3	C_8	B_3	C_1、C_2
$\Delta = +8mm(-8mm)$		C_3		C_8
$\Delta = +10mm(-10mm)$	B_8、B_9	C_8、C_9	B_8、B_9、B_{10}	
$\Delta = +12mm(-12mm)$	B_{10}			C_9、C_{10}

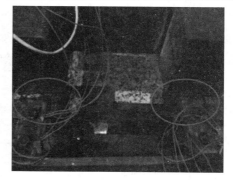

（a）龙骨板材与钢管连接处变形　　　　（b）龙骨板材与钢管连接处开裂

图 2-89　TN-1 试件的破坏现象

2）TO 试件

连接节点 TO 各个测点首次进入屈服时对应的荷载级别以及先后顺序如表 2-31 所示。对 TO-1 试件，当位移达到 ±12mm 时，节点在连接根部出现了明显的变形，进入屈服阶段；当加载至 ±21mm 时，承载力达到峰值，连接龙骨根部开始出现裂隙；当加载至 ±24mm 时，龙骨板根部破坏连接处开裂，荷载下降，最后随着板材拉断而结束试验。试验中，连接角钢以靠近型钢梁一端螺栓孔孔壁先发生屈服，随着位移递增，龙骨切片上靠近

钢管一端螺栓孔孔壁发生屈服。TO-1 试件的破坏现象如图 2-90 所示。TO-2 试件的破坏现象与 TO-1 类似。

TO 试件测点情况   表 2-31

加载级别	TO-1		TO-2	
	连接①	连接②	连接①	连接②
$\Delta=+3mm(-3mm)$				
$\Delta=+6mm(-6mm)$				
$\Delta=+9mm(-9mm)$	B_1、B_3	C_3、C_1	B_1	C_3、C_1
$\Delta=+12mm(-12mm)$	B_7		B_3、B_7	
$\Delta=+15mm(-15mm)$	B_8、B_9	C_8	B_8、B_9	C_8
$\Delta=+18mm(-18mm)$	B_{10}	C_{10}、C_9	B_{10}	C_9、C_{10}

图 2-90　TO-1 试件的破坏现象

3）TL 试件

TL 试件是外墙龙骨与 H 形钢梁常规连接节点试件。连接节点 TL 试件各个测点首次进入屈服时对应的荷载级别以及先后顺序如表 2-32 所示。

TL 试件测点情况   表 2-32

加载级别	TL-1		TL-2	
	连接①	连接②	连接①	连接②
$\Delta=+3mm(-3mm)$				
$\Delta=+6mm(-6mm)$		C_9		
$\Delta=+9mm(-9mm)$	B_7		B_8	
$\Delta=+12mm(-12mm)$	B_9	C_2、C_{10}	B_7、B_9	C_{10}
$\Delta=+15mm(-15mm)$	B_3	C_1	B_{10}、B_2	C_9、C_3
$\Delta=+18mm（-18mm)$	B_2	C_5、C_8	B_1	C_8、C_1
$\Delta=+21mm(-21mm)$				
$\Delta=+24mm(-24mm)$				
$\Delta=+27mm(-27mm)$				
$\Delta=+30mm(-30mm)$	B_5			
$\Delta=+32mm(-32mm)$		C_7		

当 TL-1 试件位移达到±12mm 时，节点在连接根部出现了明显的变形，正式进入屈服阶段；当加载至±15mm 时，连接龙骨根部开始出现裂隙；当加载至±21mm 时，试件

达到其极限承载力，同时龙骨板根部连接处开裂，试件承载力开始下降，最后随着板材拉断而结束试验。试验中以靠近钢管一端龙骨翼缘切片的螺栓孔孔壁先发生屈服，后随着位移不断增大，连接角钢靠近钢梁一端螺栓孔孔壁开始发生屈服。TL-1 试件的破坏现象如图 2-91 所示。TL-2 试件的破坏现象与 TL-1 类似。

图 2-91　TL-1 试件的破坏现象

（2）往复荷载作用下承载力及变形性能分析

1）荷载-位移滞回曲线

试验测得的荷载-位移（P-Δ）曲线如图 2-92 所示。从图中可以看出，在达到峰值荷载后，试件的荷载-位移曲线都呈现出明显的下降段；从滞回环的形状变化可以清楚地看出，结构进入非线性阶段后，荷载-位移曲线表现出明显的"捏拢"现象。滞回曲线出现一定的滑移，由于螺栓孔与螺栓直径之间存在 2.5mm 的孔径差值，导致了滑移现象的产生。

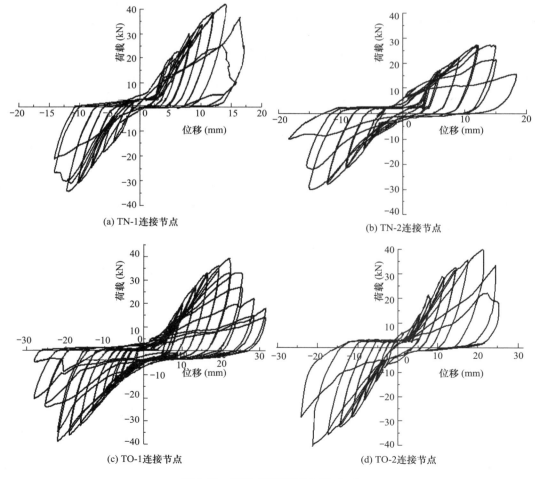

(a) TN-1 连接节点

(b) TN-2 连接节点

(c) TO-1 连接节点

(d) TO-2 连接节点

图 2-92　荷载-位移滞回曲线（一）

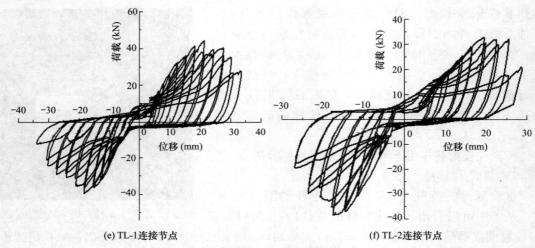

(e) TL-1连接节点   (f) TL-2连接节点

图 2-92 　荷载-位移滞回曲线（二）

　　从图 2-92（a）和图 2-92（e）中可以看出，材质不同的连接节点在荷载小于 25kN 时，荷载和位移基本呈线性关系，刚度无明显退化，残余变形很小。节点位移均随着荷载的逐渐增加，但滞回曲线在非线性阶段后逐渐呈"捏拢"现象，两类节点试件都具有较高的承载力。

　　从图 2-92（c）和图 2-92（e）中可以看出，板厚不相同，材质相同的连接节点在荷载小于 25kN 时，力和位移基本呈线性关系，在荷载往复的过程中，刚度无明显退化。节点位移均随着荷载的逐渐增加，但滞回曲线在非线性阶段后逐渐在亦呈"捏拢"现象，两类节点试件均呈现出良好的强度。

　　所有试件在正向加载到极限状态时，节点的域根部发生较大的剪切变形，节点龙骨板材根部开裂，承载力急剧下降，随着梁端位移的加大，节点域处的裂缝逐渐增大。在反向荷载的作用下，梁端沿加载方向位移的加大，龙骨板材裂缝弥合，此时节点域受力，承载力继续增加。

　　2）延性分析

　　图 2-93 给出了试件 TN、TO、TL 的荷载-位移骨架曲线，纵轴为节点梁端的支座反

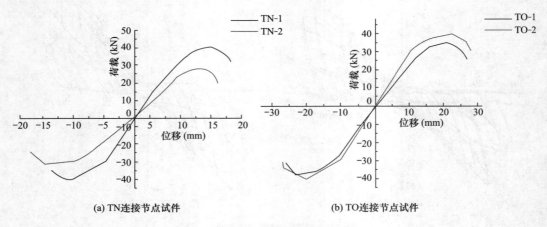

(a) TN连接节点试件   (b) TO连接节点试件

图 2-93 　骨架曲线（一）

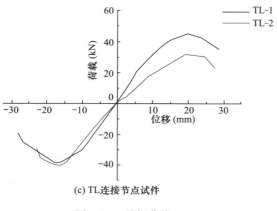

(c) TL连接节点试件

图 2-93　骨架曲线（二）

力；横轴为节点梁端位移。参考《建筑抗震试验规程》JGJ/T 101—2015[78]，可以确定连接节点屈服荷载与屈服位移，位移延性系数如表 2-33 所示。

位移延性系数　　　　　　　　　　　　　　表 2-33

节点	极限承载力（kN）	极限位移（mm）	屈服承载力（kN）	屈服位移（mm）	延性系数
TN-1	40.5	15.0	24.6	4.98	3.01
TO-1	35.2	20.8	25.8	6.88	3.02
TL-1	44.8	20.1	30.6	5.41	3.71

从表中可以看出，与 TN-1 试件相比，TO-1 和 TL-1 试件延性性能更好。根据李元齐等的研究成果表明，槽形冷弯薄壁型钢立柱组成的复合墙体延性系数应在 3～4 之间[82]，本试验中所得位移延性系数在该范围之内。

3）耗能分析

试件的耗能系数如表 2-34 所示。从表中可以看出，TL-1 试件耗能性能最好。

耗能指标结果　　　　　　　　　　　　　　表 2-34

节点编号	$S_{(ABC+CDA)}$	$S_{(OBE+ODF)}$	E	h_e
TN-1	502.47	492.615	1.02	0.16
TO-1	976.55	723.369	1.35	0.21
TL-1	1264.60	780.620	1.62	0.26

4）刚度退化

通过试验可以看出，试件均是在剪切作用下达到屈服承载力后，继续加载引起的试件破坏。各个试件的等效刚度和等效刚度系数如表 2-35 所示。

节点的等效刚度系数　　　　　　　　　　　表 2-35

试件		Δ_y	$2\Delta_y$	$3\Delta_y$	$4\Delta_y$	$5\Delta_y$	$6\Delta_y$	$7\Delta_y$	$8\Delta_y$	$9\Delta_y$
TN-1	等效刚度	8.3	6.11	5.28	4.32	4.04	3.77	2.89	2.07	—
	等效刚度系数	1	0.74	0.64	0.52	0.48	0.45	0.38	0.25	—

试件		Δ_y	$2\Delta_y$	$3\Delta_y$	$4\Delta_y$	$5\Delta_y$	$6\Delta_y$	$7\Delta_y$	$8\Delta_y$	$9\Delta_y$
TO-1	等效刚度	4.98	4.33	3.10	2.78	2.47	2.02	1.63	0.996	0.11
	等效刚度系数	1	0.87	0.62	0.56	0.50	0.41	0.33	0.20	0.02
TL-1	等效刚度	6.94	5.98	4.56	3.96	3.54	3.03	2.77	2.62	2.45
	等效刚度系数	1	0.86	0.66	0.57	0.51	0.44	0.40	0.38	0.35

从表中可以看出：①对比 TO 与 TL，所有试件的刚度降低率较小，说明滞回曲线较稳定，试件耗能能力好，而 TN 试件刚度降低明显快于前两者。②当加载到 $2\Delta_y$ 时，TN 与 TL 试件节点刚度退化不大，刚度退化在 4%～14%，节点处于弹性阶段。③当加载到 $4\Delta_y$ 时，TN 与 TL 试件节点刚度退化明显，降低了 43%～48%。④当加载到 $6\Delta_y$ 时，节点刚度退化又趋于缓慢，大约降低了 9%。从刚度退化的总体趋势可以看出，节点刚度随着位移的增加一直呈退化趋势，导致刚度退化的根本原因是节点域屈服后的弹塑性性质和累积损伤，这种损伤主要表现为钢材的屈服及塑性发展等原因。

比较 TN 试件与 TO 试件，TN 试件割线刚度较大，但刚度退化速度较快。说明 Q345 材质龙骨板材与新型连接节点的抗震性能及其耗能能力随着板厚减少而降低。

比较 TN 试件与 TL 试件，TN 试件等效刚度较大，但刚度退化速度较快，TL 试件割线刚度降低较慢，说明 Q235 材质龙骨板材与新型连接节点的抗震性能及其耗能能力上优于 Q345 板材龙骨连接节点。

5）强度退化分析

强度退化是指在位移幅值不变的情况下，结构构件的承载力会随着往复加载次数的递增而降低的一种特性。常用承载力降低系数来表示试验结构构件的强度退化，其承载力的退化程度和构件的受力状态有着密不可分的关系。承载力降低系数的计算公式如式（2-28）所示。

$$L_j = \frac{P_{j,\min}^i}{P_{j,\max}^1} \tag{2-28}$$

式中　$P_{j,\min}^i$——是指位移延性系数为 j 时，第 i 次加载循环的峰值点的荷载值；

　　　$P_{j,\max}^1$——是指位移延性系数为 j 时，第一次加载循环的峰值点的荷载值。

为研究节点试件在整个加载过程中荷载的降低情况，用总体荷载退化系数 λ_j 分析试件在整个加载过程中的荷载退化特点，见公式（2-29）。

$$\lambda_j = \frac{p_j}{p_{\max}} \tag{2-29}$$

式中　p_j——第 j 次加载循环时对应的峰值荷载；

　　　$p_{\max}$——所有加载过程中所得最大峰值点荷载，即试件极限承载力。

图 2-94 所示为 TN-1、TO-1、TL-1 节点的总体荷载退化系数 λ_j 随 Δ/Δ_y 的变化情况。从图中可以看出，几种节点在屈服后都有较长的水平段，即使达到破坏荷载仍能继续承受一定荷载。

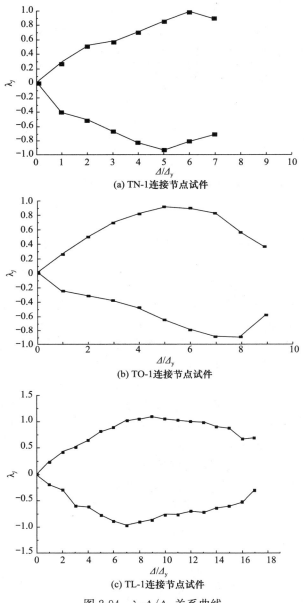

(a) TN-1连接节点试件

(b) TO-1连接节点试件

(c) TL-1连接节点试件

图 2-94　λ_j-Δ/Δ_y 关系曲线

2.3.5　新型连接的标准化

2.3.5.1　螺栓连接选用

考虑到新型节点在实际工程应用中主要以承受水平剪力为主，而从受力性能上考虑，普通螺栓以其较高的抗剪性能更适用于该连接节点。因此，该节点设计时考虑采用普通螺栓连接，根据《钢结构设计标准》GB 50017—2017[56]中提及的设计要求进行计算，并参照《六角头螺栓》GB/T 5782—2016[83]中标准件尺寸，最终确定选用 M14、8.8 级普通螺栓。在确定 $A=60\text{mm}$，$B=46\text{mm}$，其无螺纹段长 26mm 时，需考虑到两种板材厚度及垫片布置方式，普通螺栓对垫片并无过多要求。螺栓示意图见图 2-95。

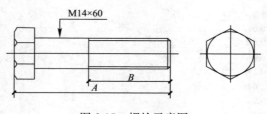

图 2-95　螺栓示意图

2.3.5.2　连接角钢设计

（a）材质

通过分析实际计算数据、工程中可应用性以及经济指标，最终确定选用 Q235 钢材作为角钢材料。

（b）厚度 t

连接件厚度参考现有其他材料墙体连接件厚度，并通过设计计算以及施工中的焊接要求，最终确定取 6.0mm。

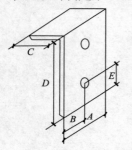

图 2-96　角钢连接件尺寸

（c）宽度 A、B、E

连接角钢中间有开孔，开孔尺寸见图 2-96。按照《钢结构设计标准》GB 50017—2017 中给出的构造要求，且保证工程应用中的成本合理性，按照以 d_0 为公倍数的最小构造要求取值：$A=70$mm，$B=35$mm，$E=31$mm。

（d）肢长 C、D

C 值的确定通过验算与钢梁的焊缝强度来确定，D 值在保证螺栓孔尺寸的同时，按照钢结构构造要求以 d_0 倍数确定，最终确定，$C=50$mm，$D=120$mm。

（e）长条孔长度的确定

考虑到层间主龙骨在外荷载作用下的受力性能，将下翼缘连接角钢与上翼缘连接角钢进行区别，即上翼缘进行"十字形"冲孔，宽度 2mm。

2.3.5.3　龙骨选用规格

按照《钢结构设计标准》GB 50017—2017 中给出的构造要求，且参照图集《钢结构住宅（一）》05J910-1[84]中常用外墙龙骨，总结归纳出现行轻钢龙骨复合墙体所用主材规格，龙骨样式种类如图 2-97 所示，常用规格见表 2-36、表 2-37。

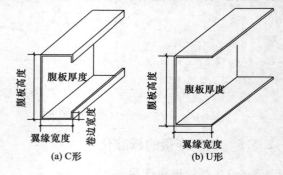

图 2-97　C 形与 U 形龙骨

常用龙骨尺寸（mm）　　　　　　　　　　　　　　表 2-36

构件型号	腹板高	翼缘宽	构件型号	腹板高	翼缘宽
U90×35×t	90	35	U205×40×t	205	40
U140×35×t	140	35	C90×40×卷边×t	255	40
U205×35×t	205	35	C140×40×卷边×t	90	40

续表

构件型号	腹板高	翼缘宽	构件型号	腹板高	翼缘宽
U255×35×t	255	35	C205×40×卷边×t	140	40
U305×35×t	305	35	C255×40×卷边×t	205	40
U155×40×t	155	40	C305×40×卷边×t	255	40

卷边的最小宽度（mm） 表 2-37

翼缘宽厚比	20	30	40	50	60
卷边最小宽度	6.3	8	9	10	11
卷边最大宽度			12		

2.4　本章小结

2.4.1　ALC 外墙与钢框架角钢连接技术的开发及性能研究

本研究开发了一种装配式钢结构建筑 ALC 外墙与主体结构角钢连接形式，并通过理论计算和试验的方式对开发连接可行性进行了验证，得到了以下结论：

（1）缠有碳纤维布墙板的连接，在连接破坏时连接螺杆发生较大变形，从而得到了开发连接的最大承载力，这对以后开发连接与其他轻质墙板连接时提供了理论依据；不缠有碳纤维布墙板的连接，墙板破坏严重，裂缝较多，进而得到了开发连接与 ALC 墙板连接的最大承载力，这对以后建筑中采用 ALC 墙板提供了试验依据。

（2）开发连接的上、下节点受力情况均匀，传力路径明确，荷载通过连接角钢传递到连接螺栓，进而荷载再通过连接螺栓传递到墙板上。

（3）结构的滞回曲线呈梭形，说明结构具有良好的抗震性能。连接的延性系数较高，在 3.954～7.843 范围内；该结构具有良好的耗能性能，能量耗散系数 E 为 0.81～1.83，等效黏滞阻尼系数 ζ_{eq} 为 0.129～0.293。

（4）连接的最大承载力和对应的位移，分别都满足《建筑抗震设计规范》GB 50011—2010（2016 版）计算非结构构件的地震作用、风荷载和对于多高层钢结构建筑，弹性层间位移角限制不超过 1/250 的要求。

2.4.2　ALC 外墙板与工字钢梁新型连接技术的开发和理论计算

本研究通过对新开发的 Z 形连接节点进行理论分析、有限元模拟研究了新型连接节点的力学性能，可以得到以下结论：

（1）通过对静力荷载作用下的单个节点有限元分析，可知 Z 形连接当层间位移角小于 17/1000rad 时，所有构件均处于弹性阶段，满足规范要求；当层间位移为 1/25rad 左右时各构件均未达到其极限承载力但处于各自弹塑性阶段，也满足规范要求；并且当层间位移达到 300mm 即层间位移角为 1/10rad 时，除 ALC 板开孔处部分混凝土被压碎外其余连接结构均未达到极限承载力。

（2）对往复荷载作用下单个节点的有限元分析表明，得到的滞回曲线有一定的滑移变形，非常饱满，说明该新型连接节点各部位连接牢固，在整个加载过程中，耗能性较好。

（3）Z 形连接节点在中、小地震作用下可实现转动功能；在罕遇地震作用下可实现转动并滑动功能，且满足规范要求的力学性能。

2.4.3　轻钢龙骨外墙与钢框架新型连接的开发及性能研究

本研究在借鉴国内外现有的轻钢龙骨复合墙体与主体钢框架间的连接基础之上，开发了新的连接节点，并通过静力和往复荷载试验对其受力性能进行了研究，可以得到以下结论：

（1）在单调荷载作用下，连接节点与不同材质同种厚度的外墙龙骨组合时，Q345 材质龙骨比 Q235 材质龙骨能使连接节点发挥更强的受力性能。

（2）往复荷载试验下，该组合节点试件的滞回曲线基本饱满，该类型节点在一定范围内的塑性工作是安全的。连接角钢螺栓孔孔壁受力较大，个别部位发生屈服，但未达到极限承载力，而外墙龙骨以越靠近柱间支撑位置受力越大，其受力性能的体现同时也可以说明构件的设计是可行的、可靠的。

（3）试件的延性系数在 3.0～3.5 之间，证明了此类节点能够充分发挥其塑性变形能力，还能保证节点具有足够的承载力和刚度，因此本研究提出的新型连接节点具有良好的延性。

第3章 装配式钢结构围护内墙与钢框架连接技术开发与研究

3.1 轻质内墙条板与钢框架新型连接技术的开发及性能研究

3.1.1 轻质内墙条板与钢框架新型连接构造的开发

3.1.1.1 轻质内墙条板与钢框架连接

内嵌式安装墙体，在钢结构内墙与钢框架连接中很常见。对于内嵌式的墙体，有许多的优点：首先是对于生产原料及加工工艺的要求比较低，其次，轻质墙板的选择面广、构造相对简单，并且内嵌式墙体对于钢结构整体的性能影响很大。在钢结构住宅中，增加钢结构的刚度很有必要，但是不能完全地依靠支撑，墙体也要有一定的刚度的贡献。在荷载的作用下，纯钢构件的挠度变形比混凝土结构构件大，这样会对轻质的墙体产生一定的破坏，所以要考虑钢梁挠度变形对墙体的影响，还需要有效的连接件来传递，连接件在连接的过程中，尽量避免发生破坏。

轻质内墙条板与钢梁的连接现有多种连接件，现有的第一种连接件如图3-1、图3-2所示。通过图3-1可以看出，轻质内墙条板与钢梁的连接主要通过条板内预埋螺栓，利用小型连接件（轻质的Z形板）和角钢现场焊接在钢梁下面。对于这个过程，完全满足装配式的要求，连接构造简单方便，有利于施工。但在实际连接件的设计加工过程中，对于Z形板的设计要求很高，所以生产相对复杂。在现场装配的时候，必须把直螺栓预埋在轻质内墙条板内，这个过程可以在工厂完成，但是对技术要求相对较高。直螺栓要和Z形板焊接好，然后通过Z形板和角钢焊接。

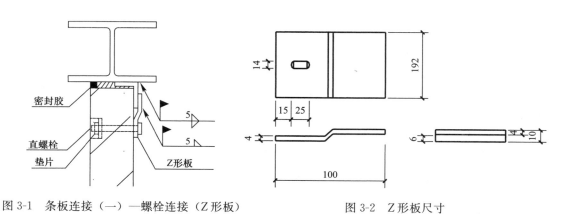

图3-1 条板连接（一）—螺栓连接（Z形板）   图3-2 Z形板尺寸

　　轻质条板的第二种连接形式如图 3-3 所示，图 3-4 和表 3-1 给出连接中勾头螺栓的尺寸，这种连接与前一种连接类似。

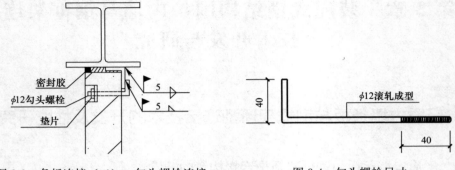

图 3-3　条板连接（二）—勾头螺栓连接　　　　　图 3-4　勾头螺栓尺寸

勾头螺栓具体尺寸

表 3-1

型号	L(mm)	型号	L(mm)
勾头 65	65	勾头 135	135
勾头 70	70	勾头 140	140
勾头 80	80	勾头 160	160
勾头 90	90	勾头 165	165
勾头 95	95	勾头 180	180
勾头 110	110	勾头 185	185
勾头 115	115	勾头 210	210
勾头 130	130	勾头 215	215

　　第二种条板连接主要是通过勾头螺栓来实现的，相比第一种连接，勾头螺栓起到了 Z 形板的作用，通过与角钢的焊接，完成了轻质条板与钢梁的连接。在实际工程中，对于勾头螺栓要比图 3-3 的连接要求高，两者也都需要把螺栓预埋到轻质条板内，相对复杂一些。但有勾头螺栓的作用就可以不用 Z 形板的连接件，减少了现场焊接的工作量。在螺栓预埋到轻质条板之后，要将勾头和角钢焊接好，要确定后勾头螺栓的位置，这给预埋提出了更多的要求。

　　图 3-5、图 3-6 给出了第三种通长 U 形卡的连接形式。这种连接形式主要通过常用的连接件 U 形卡来完成，目前应用比较多。通过一个通长的 U 形卡，夹住轻质内墙条板，U 形卡与钢梁现场焊接。这种 U 形卡连接件应用起来要比前面介绍的两种连接方便，不需要工厂安装预埋件。但是这种连接焊接量比较大，需要对 U 形卡进行通长的焊接。

　　在现有的几种连接件的基础上，本研究设计了一种新型的连接形式，如图 3-7～图 3-10 所示。钢框架结构轻质内墙板与钢梁的新型连接件包括轻质内墙板、工字形钢梁、L 形卡、角钢。把 L 形卡通过侧面角焊缝焊接在工字形钢梁的下面，然后安装轻质内墙板，使轻质内墙板一侧紧贴 L 形卡，另一侧通过角钢卡紧，这样轻质内墙板就被 L 形卡和角钢夹紧。角钢和 L 形卡之间通过焊接连接。L 形卡可按照表 3-2 选用。

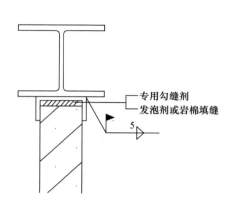

图 3-5　条板连接（三）—U 形卡连接正视图

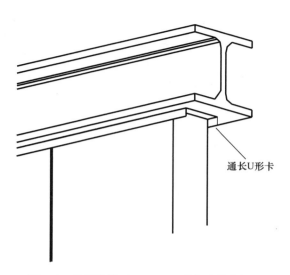

图 3-6　条板连接（三）—U 形卡连接主视图

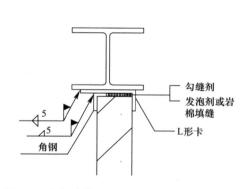

图 3-7　条板连接（四）—L 形卡连接正视图

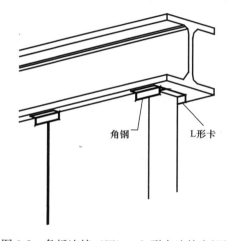

图 3-8　条板连接（四）—L 形卡连接主视图

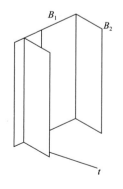

图 3-9　连接件立体图

图 3-10　连接件俯视图

L 形卡选用表（mm） 表 3-2

长 B_1	角钢	厚度 t	内墙厚度	宽 B_2
120	50×3	2	60	50
150(160)	63×3	2	90(100)	50
180	63×5	2	120	50
220	63×5	2	150	50
270	63×5	2	200	50

对于连接件的个数，根据构造要求和实际钢梁长度以及轻质内墙板的宽度决定。通常情况，轻质内墙板取 600mm 宽，有利于模数化和标准化，在工字形钢梁的下面，板与板的连接处设置连接件，连接件既保证了板与板的连接，又保证了钢梁与轻质内墙板的连接，提高了整体稳定性。假设钢梁长 4.8m，则取墙宽 600mm，需要 8 块板，有 7 个连接，需要 7 个 L 形卡，7 个角钢。在现有图集中，也有类似的连接件，如图 3-11 所示。

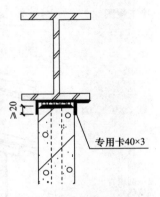

图 3-11 现有图集中的 L 形卡图

图集中现有的虽然都是 L 形卡的连接形式，但和图 3-7 对比，图集中的 L 形卡以及角钢更薄，摆放的方式也不一样。图集中的角钢在确定轻质板材位置之后安装困难，而本研究开发的新型连接却很方便，先确定 L 形卡的位置，然后放置轻质条板，最后用角钢卡紧轻质条板即可。图 3-11 中，现场施工的时候对焊接有更高的要求。焊接厚度为 3mm，所以需要用特殊焊接的方法，比如稀有气体保护焊。虽然能够焊接上，但是由于焊接过薄，焊接不容易完成，并且焊接的质量得不到保证。

所以本连接与现有的其他钢结构连接件相比的优点是：

构造简单，比现有勾头螺栓连接安装省时快捷，装配化程度高，现场湿作业少。连接与已有的 L 形卡连接相比，本研究的 L 形卡长度更短，更省材料，角钢另一侧与 L 形卡通过焊接夹紧，这样组合连接件，可以使焊缝更厚，施工更方便，能承受更大的承载力，使连接更加牢固，钢梁下看起来更加美观。

对于 L 形卡的安装，图 3-7 给出的是采用焊接完成的情况，现场安装还可以通过高强度自攻螺钉连接，如图 3-12 所示，但相对焊接，在现场施工相对复杂一些，对施工人员的钻孔技术有更高的要求。

图 3-12 在现场安装时，先用自攻螺钉固定一侧的 L 形卡。对于 L 形卡，与图 3-8 的焊接一段不同，要选择通长的，然后安装内墙板，之后用角钢夹紧内墙板，最后用自攻螺钉固定角钢。安装时，必须使用手枪钻或者自攻螺钉钻，要从钢梁下翼缘的轻质条板一侧钻孔，如图 3-13 所示，加强型自攻螺钉必须穿透连接件，然后自攻螺钉需要穿透钢梁的下翼缘，施工时对钻孔要求很高。但相比图 3-1、图 3-3、图 3-5 的连接，使用自攻螺钉的 L 形卡具有一定的优势，不需要在轻质条板里锚固预埋连接件，L 形卡连接的一大优势就是能够夹紧轻质条板，轻质条板与连接的缝隙小，受力更直接。使用的加强型自攻螺钉直径不小于 5.5mm，长度为 25mm，要保证钉子完全打透钢梁的下翼缘。按照内墙的构造要求，自攻螺钉一般每隔 300mm 打一个钉，打钉时候左右两侧各一个。所以相比图 3-7 的安装会复杂一些，但是效果还是不错。

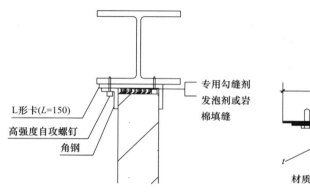

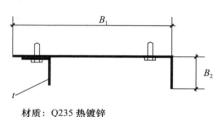

材质：Q235 热镀锌

图 3-12　条板连接（五）—自攻螺钉连接　　　图 3-13　自攻螺钉和 L 形卡连接

3.1.1.2　轻质内墙条板与地面连接

对于连接件的施工安装，图 3-14～图 3-16 的连接类似轻质条板与钢梁的连接，利用通长的 U 形卡，然后通过自攻螺钉打入地面，一般每隔 250～300mm 打一个钉，钉子直径 5～6mm，钉子长度至少 20mm。U 形卡与地面固定好以后再放置轻质条板。表 3-3 给出了轻质 U 形卡具体选用表。

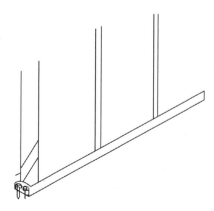

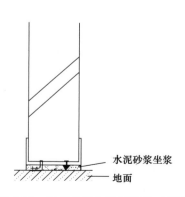

图 3-14　轻质条板与地面连接（一）—主视图　　　图 3-15　轻质条板与地面连接正视图

93

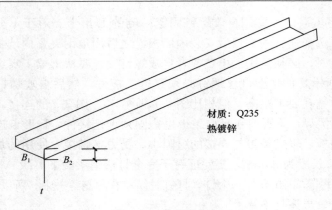

材质：Q235
热镀锌

图 3-16　连接件详图

轻质 U 形卡选用表（mm）　　　　　　　　　　　　　　　表 3-3

U 形卡 B_1	角钢	厚 t	内墙厚度	宽 B_2
110	50×3	3	60	50
140	50×3	3	90	50
170	56×3	3	120	50
220	56×3	3	150	50
260	65×3	3	200	50

　　图 3-17、图 3-18 给出了条板连接主视图、底面图，图 3-19 给出条板连接侧视图。管板连接件的具体尺寸见图 3-20。

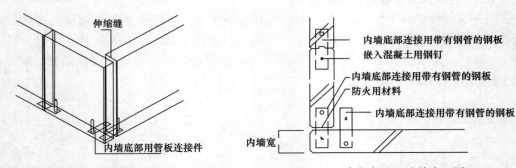

图 3-17　轻质条板与地面连接（二）—主视图　　　　图 3-18　条板与地面连接底面图

　　管板连接件是一种轻质的连接件，使用方便，适用于轻质条板与地面的连接，以及轻质条板与轻质条板在底侧的连接。对于管板连接件的使用，一般将其预埋到轻质条板内，然后连接件通过嵌入混凝土钢钉与地面连接。连接件与 U 形卡连接相比，相对复杂。

　　角钢连接与 U 形卡连接类似，不过用的是通长的角钢。在施工安装的时候，先在角钢下面抹一层水泥坐浆，然后用自攻螺钉钉上通长的角钢，双角钢都要打钉，每条角钢每隔 300mm 打一个钉。

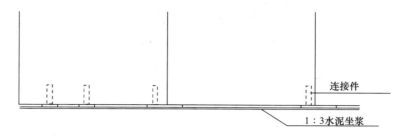

图 3-19　条板与地面连接侧视图

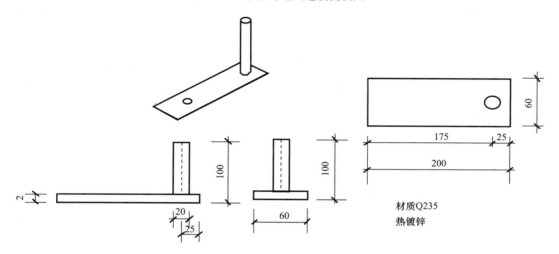

图 3-20　管板连接件具体尺寸

图 3-21 给出的是角钢连接件图，表 3-4 给出角钢连接件的具体尺寸。

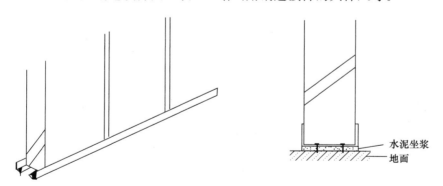

图 3-21　轻质条板与地面连接（三）—主视图

角钢连接件尺寸（mm）

表 3-4

角钢长度	角钢	厚度	内墙厚度	宽
通长	50×3	2	60	50
通长	50×3	2	90	50
通长	56×3	3	120	50
通长	56×3	3	150	50
通长	65×3	3	200	50

图 3-22 给出勾头钢板连接主视图，图 3-23 给出勾头钢板连接底面图。图 3-24 及图 3-25 给出勾头钢板连接的具体构造。

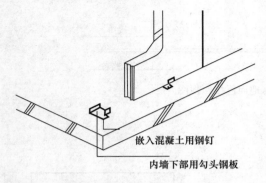

图 3-22 轻质条板与地面连接（四）—主视图

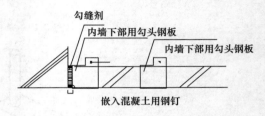

图 3-23 勾头钢板连接底面图

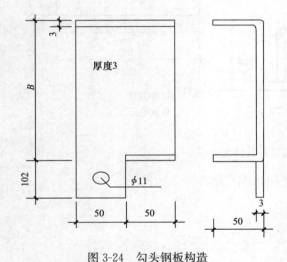

图 3-24 勾头钢板构造

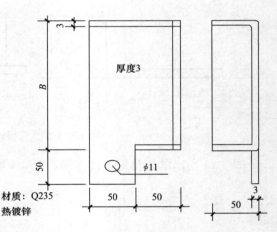

图 3-25 勾头钢板构造（墙端）

表 3-5 给出了勾头钢板的标准化尺寸。

勾头钢板标准化尺寸（mm） 表 3-5

内墙板厚	B	内墙板厚	B
90(100)	98(108)	175	183
120	128	200	208
150	158	250	258

勾头钢板的连接件有用于轻质墙板中间连接部位的，也有用于墙端连接部位的。勾头钢板的连接件类似于 U 形卡，施工安装时，首先通过侧面的直径 10mm 左右的混凝土用钢钉钉入地面，每隔 300mm 钉一个，将连接与地面固定，之后通过两侧竖向的卡槽夹住轻质条板。连接件轻巧简单，传力直接，施工方便。

3.1.1.3 新型连接受力计算

水平地震作用计算与 2.1.1.2 节相同。平面外受力验算方法与 2.3.2.4 新型连接构造受力验算相同。

L 形卡连接件的计算如下：

当连接板件的最小厚度小于或等于 4mm 时，轴力 N 垂直于焊缝轴线方向作用的焊缝抗剪强度 τ 应按下式计算：

$$\tau = \frac{N}{l_w t} \leqslant 0.8f \tag{3-1}$$

式中　t——钢板最小厚度取值；

l_w——实际焊缝计算长度；

f——连接钢板的抗拉强度设计值，$f = 205\text{N/mm}^2$。

由式（3-1）可推导出焊缝能承受的最大轴力 N：

$$N = 0.8 f l_w t \tag{3-2}$$

计算时轻质条板与钢梁连接及与地面连接采用 2 个连接件，共四条焊缝，每条焊缝所受剪力为 V/4。

连接件与地面用自攻螺钉固定，计算时将其简化为固接，即连接处要承受剪力、弯矩和墙体自重。在弯矩和墙体自重作用下，连接件底部与地面接触上的压应力分布不均匀。底部应力分布可按下式进行计算：

$$\sigma_{\max} = \frac{N}{AL} + \frac{6M}{AL^2} \tag{3-3}$$

$$\sigma_{\min} = \frac{N}{AL} - \frac{6M}{AL^2} \tag{3-4}$$

式中　A——连接件宽度，一般取 90mm；

L——连接件长度，一般取 150mm。

通过计算可知，连接件最小应力为压应力，说明连接件底部范围内无受拉区，不需要对连接件与地面的连接进行受拉计算。与地面连接一般使用自攻螺钉或者膨胀螺栓，为了计算方便，本研究以膨胀螺栓为例。

膨胀螺栓主要受剪力作用，所以要对膨胀螺栓进行抗剪验算。膨胀螺栓受剪时破坏形式可能有以下几种：膨胀螺栓被剪断；受膨胀螺栓挤压一侧地面被压坏；受膨胀螺栓挤压一侧连接件板材被挤坏。故对膨胀螺栓抗剪连接须计算螺杆抗剪和孔壁承压。

单个膨胀螺栓抗剪承载力设计值计算见第 2 章式（2-23），连接件孔壁抗压承载力设计值计算见式（2-24），混凝土挤压破坏抗剪承载力计算见式（2-25）。

本研究选取 M8×60 规格的普通镀锌膨胀螺栓（Q235 钢），胀管外径 12mm，楼板采用 C25 混凝土。由下式计算可得：

$$V_1 = \frac{\pi d^2}{4} f_v = \frac{3.14 \times 8^2}{4} \times 125 = 6280\text{N} \approx 6.3\text{kN}$$

$$V_2 = \frac{\pi}{2} \times D \times t \times f_c = \frac{3.14}{2} \times 12 \times 2 \times 215 = 8101.2\text{N} \approx 8.1\text{kN}$$

$$V_3 = \phi \times f_{ck} \times \frac{\pi}{2} \times h \times D = 0.525 \times 16.7 \times \frac{3.14}{2} \times 60 \times 12 = 9910.9\text{N} \approx 9.9\text{kN}$$

膨胀螺栓连接抗剪承载力应取三者中的最小值，即取 6.3kN。底部一块轻质条板在它的 2 角共计有 4 个膨胀螺栓，为简化计算将底部剪力 V_B 平均分配给每个膨胀螺栓，经验算均满足要求。

条板隔墙与顶板、结构梁的接缝处，不同连接件按照构造要求间距应不大于 600mm。条板隔墙与主体墙、柱的接缝处，钢卡可间隔布置，间距应不大于 1m。条板隔墙长度超过 6m，应采取加强防裂措施。根据工程设计要求，板与板、板与主体结构间设局部钢筋加强。竖向连接件设置 4 个，每隔 1000mm 设置一个。

3.1.2 轻质内墙条板与钢梁连接的有限元分析

3.1.2.1 有限元模型的建立

（1）材料本构关系的确定

模型选择的轻质墙板是 ALC 轻质条板，其本构关系与 2.2.3.1 节相同，钢材的本构关系模型与 2.2.3.1 节相同。

（2）有限元模型的建立

利用 ABAQUS 有限元软件建立有限元模型，然后考虑实际受力情况，对模型施加边界条件和外部荷载，对构件施加静力荷载。表 3-6 给出了模型设计参数，图 3-26 所示的是模型网格划分。

轻质条板用壳单元 S4R 模拟。连接件采用实体单元 C3D8R（8 节点六面体线性减缩积分单元）。该单元支持类似于混凝土性质的脆性材料，并且具有开裂与压碎的功能。单元网格划分的质量直接影响到计算结果的准确性和计算速度，钢框架采用 SWEEP 扫掠网格划分，墙体网格划分采用 STRUCTURED 网格划分。网格划分情况如图 3-26 所示。对于轻质条板与主体连接的接触，法向属性可设为硬接触。

模型设计参数表　　　　　　　　　　　　　　　　　　　　　　　表 3-6

模型编号	条板高（mm）	条板宽（mm）	条板厚（mm）	连接件厚度（mm）	连接件摩擦系数
L_1	3000	600	100	5	0.23
L_2	3000	600	100	5	0.30
L_3	3000	600	100	5	0.50
L_4	2000	600	100	5	0.30
L_5	2500	600	100	5	0.30
L_6	3000	600	100	5	0.30
L_7	3500	600	100	5	0.30
L_8	3000	600	100	4	0.30
L_9	3000	600	100	5	0.30
L_{10}	3000	600	100	6	0.30

（3）荷载及边界条件

采用位移加载控制，加载点处会产生应力集中，而模型中轻质条板底部并不是理想刚接的，简化计算模型忽略复杂的约束条件，仅在模拟中限制了轻质条板底部的六个自由度。对于平面位移，取层间位移 12mm。

3.1.2.2 分析结果

（1）应力分析

图 3-27 是有限元分析得到的连接件在极限状态下的应力云图。从图中可以看出，最大应

力为 123MPa，小于屈服强度 235MPa，处
于承载力范围之内。可见，设计的连接件
适合轻质内墙板，连接件的性能能够得到
利用，在最大位移状态下没有破坏，仍处
于使用状态。

　　通过图 3-28 可见，轻质条板的最大应
力为 3.02MPa，轻质条板能承受的最大应
力为 3.6MPa，满足应力的要求。在位移
加载下，轻质条板性能良好，虽接近极限
应力，但是条板仍处在安全范围内。

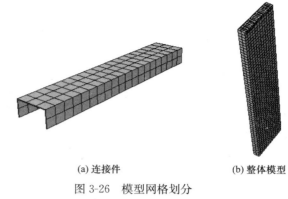

(a) 连接件　　　　　(b) 整体模型

图 3-26　模型网格划分

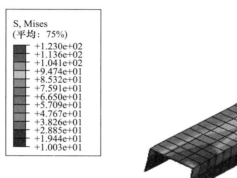

图 3-27　极限状态下连接件应力云图

（2）连接件接触分析

　　连接件与轻质条板接触变形过程中，在接触处会有相互挤压。这里主要分析连接件与
轻质条板连接的 3 个接触面，包括连接件和条板接触的 2 个面，以及连接件内部与条板上
面的 1 个接触面。根据有限元分析结果，可以得到连接件与条板的接触反力变化曲线和接
触面积变化曲线。连接件的接触面如图 3-29 所示。

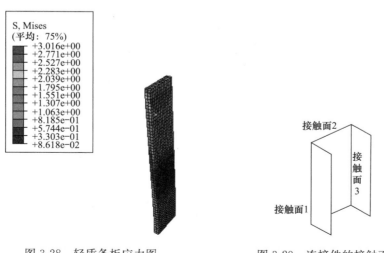

图 3-28　轻质条板应力图　　　　　图 3-29　连接件的接触面

图 3-30 和图 3-31 是接触反力和接触面积随位移的变化曲线。随着位移的增加，接触反力呈不断上升的趋势，接触面 3 在轻质条板的上侧，受到的接触反力相对于接触面 1 和接触面 2 受到的接触反力要小。开始加载时，接触面 3 受到的接触反力上升趋势很明显，说明在开始时连接件处于弹性状态；当力增加到 2874.35N 时，接触反力增长相对缓慢，曲线慢慢地趋于平稳，说明连接件进入了弹塑性状态；之后随着时间的变化，接触面 3 受到的接触反力也趋于平稳地增长。对于接触面 3 的接触面积，在开始时呈线性变化，当达到 $13007.6mm^2$ 时，曲线变化趋于平缓。由于接触面 3 是与轻质条板的上部接触，它的接触反力没有接触面 1 和接触面 2 的接触反力大，最终的接触反力为 3420.06N，比接触面 1 的接触反力 4557.34N 及接触面 2 的接触反力 5407.34N 小很多。

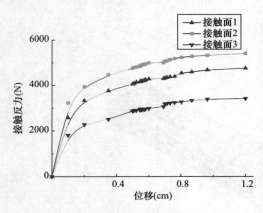

图 3-30   接触反力变化曲线图   图 3-31   接触面积变化曲线图

分析表明，连接件在一定位移加载的范围内，接触面开始处于弹性阶段，随着位移的增加，进入了弹塑性阶段，但是连接件没有达到极限承载力，尽管发生了变形，但是没有破坏，连接件仍然处于安全状态。

3.1.3 参数分析

3.1.3.1 摩擦系数的影响

连接件与轻质条板之间发生了接触，在相互接触面的位置一般传递切向力及法向力。在分析时，就要考虑阻止表面之间的摩擦力。摩擦系数用 μ 代表，表示轻质条板和连接件之间的摩擦行为。切向的接触剪应力可由下式计算得到：

$$\tau = \mu p \qquad (3-5)$$

μ 是摩擦系数，p 是接触压力。μ 通常是小于单位 1 的。具体的曲线如图 3-32 所示。

从图 3-32 中可以看出，开始接触时，粘结状态的剪应力小于 μp，接触面之间不会有滑移的产生，滑移为零。模拟时的理想摩擦行为通过罚摩擦公式来实现，如图 3-32 中的虚线所示。不同的摩擦因子影响连接

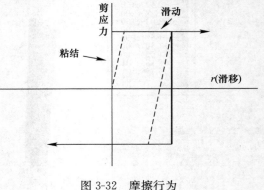

图 3-32   摩擦行为

件的摩擦程度，对连接件的受力及承载能力有影响，会影响连接件与墙板的随动性，从而影响了钢框架整体的随动性。

图 3-33 是摩擦系数为 0.30 的应力云图。L_2 模型的最大应力为 116MPa，小于屈服强度 235MPa，所以在最大层间位移的情况下，连接件是安全的。轻质条板的应力为 2.696MPa，没有达到最大的板材的极限强度 3.6MPa。说明满足要求，连接件是安全可靠的。

图 3-34 是摩擦系数取 0.50 的应力云图。L_3 模型的最大应力为 86MPa，小于屈服强度 235MPa，所以在层间最大位移加载的情况下，连接件是安全的。轻质条板的应力为 2.844MPa，没有达到最大的板材的极限强度 3.6MPa。说明满足要求，连接件是安全可靠的。摩擦系数为 0.50 的模型比前面的 0.23 及 0.30 摩擦系数的模型的应力值都要小，说明连接件在连接的时候更紧密，摩擦系数大，说明连接件和轻质条板连在一起能够承受更大的应力。摩擦系数在 0.30～0.35 之间，对连接来说，它既能保证一定承载力，又有很好的延性。

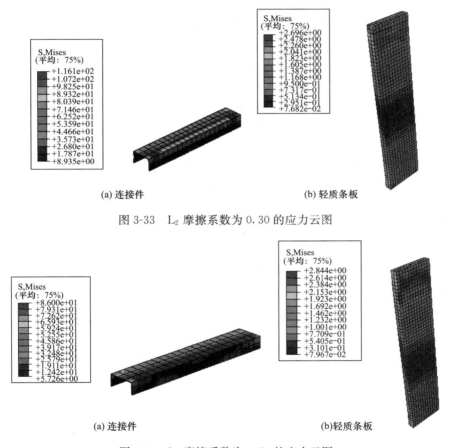

(a) 连接件　　　　　　　　　　　　　(b) 轻质条板

图 3-33　L_2 摩擦系数为 0.30 的应力云图

(a) 连接件　　　　　　　　　　　　　(b) 轻质条板

图 3-34　L_3 摩擦系数为 0.50 的应力云图

图 3-35 及图 3-36 给出 L_2 及 L_3 连接件的 3 个接触面的接触面积。通过接触面积可以看出，在不同摩擦系数情况下，连接件的 3 个接触面积的变化趋势是相同的。

表 3-7 给出了不同摩擦系数的单个接触面的最大接触面积。从表中可以看出，摩擦系数大的接触面积大，在受力时接触紧密，但是需要根据实际情况选用，本研究选取了摩擦系数为 0.23、0.30、0.50 的三组，其中 0.30 的摩擦系数能够保证连接时候的最佳性能。

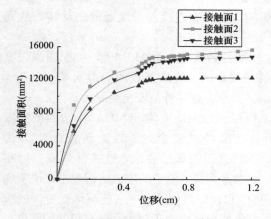

图 3-35 L_2 摩擦系数为 0.30 的接触面积

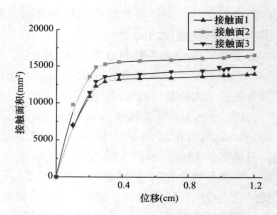

图 3-36 L_3 摩擦系数为 0.50 的接触面积

不同摩擦系数的最大接触面积　　　　　　　　　　　表 3-7

摩擦系数	0.23	0.30	0.50
单个接触面最大接触面积	15019.6mm²	15660.0mm²	16560.0mm²

图 3-37 给出了摩擦系数不同模型的最大接触反力的比较。表 3-8 给出了不同摩擦系数的最大接触反力。通过前面的比较可知，最大接触反力应该在接触面 2 上，因为接触面 2 直接受到力的作用，并且起着主要的抵抗作用。最大接触反力的位置出现在接触面 2 和接触面 3 的交界处，就是连接件外侧的棱角处。在实际中这个位置一般是上部与钢梁连接的面，受力最直接，所以受到的接触反力也是最大的。在开始阶段，接触反力处于弹性阶段，基本呈线性变化，摩擦系数 0.23 的模型在力达到 4758.46N 的时候才进入弹塑性阶段，而摩擦系数为 0.30 的模型在接触反力 4076.3N 的时候就进入了弹塑性阶段，摩擦系数为 0.50 的模型接触反力达到 3452.24N 的时候曲线就慢慢变平缓，但是仍然有增长的趋势，最终接触反力达到了 3757.54N，而摩擦系数为 0.30 的模型最终接触反力能够达到 4859.13N。类似于摩擦系数 0.50，力在拐点之后又增长，增长势头明显放慢。而摩擦系数为 0.23 的模型接触反力也是在达到拐点 4758.46N 时候变化变得缓慢，曲线也是呈上升趋势，但是比摩擦系数为 0.30 及 0.50 的模型的反力大很多，最终达到了 5407.34N。

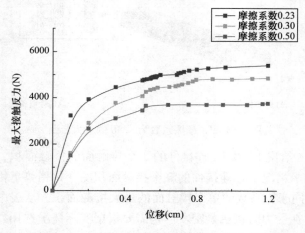

图 3-37 摩擦系数不同模型的最大接触反力比较

不同摩擦系数的最大接触反力			表 3-8
摩擦系数	0.23	0.30	0.50
单个接触面最大接触反力	5407.34N	4859.13N	3757.54N

摩擦系数越小的模型最大受力接触面受到的反力越大，因为连接件与轻质条板之间摩擦小，相互的约束作用力小，所以受到外力直接加载在连接件上的时候，连接件要受到更大的力的作用，而摩擦系数大的模型受到的力会与轻质条板共同作用，这样接触面受到的反力就小，但是摩擦系数过大会造成连接件与轻质条板之间的刚度增大，两者结为一体，这样两者的层间最大位移将会变小，不利于构件及整个结构的延性。

3.1.3.2　轻质条板高度的影响

在实际中，轻质条板的高度对连接的性能也有一定影响，下面给出了当板高为 2.0m、2.5m、3.0m、3.5m 时的模型，此时摩擦系数取 0.30，其他因素都相同。

通过图 3-38 可以看出，接触面的最大接触反力随着板高的增加反而减小。在板高比较小的时候，接触面比较早地进入了弹塑性阶段，说明受到的力的作用大，而在板高为 3.5m 的时候，在快到加载时间的末端的时候，接触面才刚刚进入弹塑性阶段，由弹性阶段到弹塑性阶段的拐点出现的比较晚，而且接触反力的数值比较小。

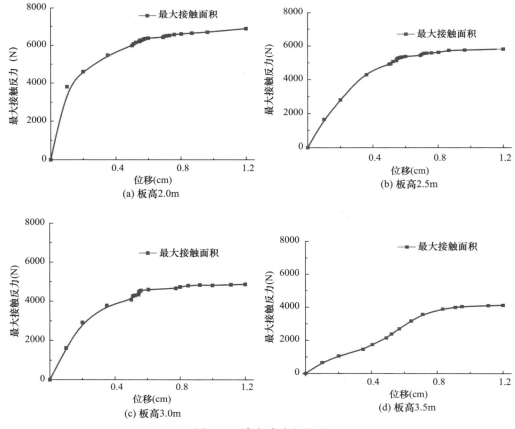

图 3-38　条板高度的影响

把轻质条板看成两端固定，固端支座在一定位移加载的情况下，可以看成在模型一端进行支座沉降。要求的接触面的最大接触反力可以看成求等截面超静定杆件一端的剪力。

模型（图 3-39）的杆端剪力公式为 $\dfrac{12EI}{l^3}$。由剪力公式可以看出，剪力跟刚度及条板的长度有关，在其他条件一样的情况下，刚度一样，轻质条板长度越长的，剪力越小，对于构件来说可以得到更大的层间位移。所以，高度为 3.5m 的轻质条板受到的接触面最大接触反力最小，而高度为 2.0m 的轻质条板在相同的位移加载情况下，受到的接触面的最大接触反力最大。

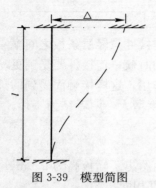

图 3-39　模型简图

根据上面的结论，在实际中，轻质条板的高度受到了钢框架层高的限制，在层高允许的范围内，层高越高越好，对于连接件的受力有利。但是根据实际的轻质条板情况，在一般情况下，轻质条板模数化的极限高度在 3m，超过了 3m 需要接板，但接板的受力性能远没有直接竖装一条轻质条板的性能好，所以在允许范围内选用 3m 的轻质条板，对于连接受力最有利，能够产生比板长小于 3m 时构件更大的层间位移。再结合实际中的住宅层高情况，在其他条件不变的前提下，一般选用 2.7～3.0m 的轻质条板，能够使连接件产生更好的性能。

3.1.3.3　连接件厚度的影响

连接件厚度不同时连接件受到的最大反力的曲线如图 3-40 所示。

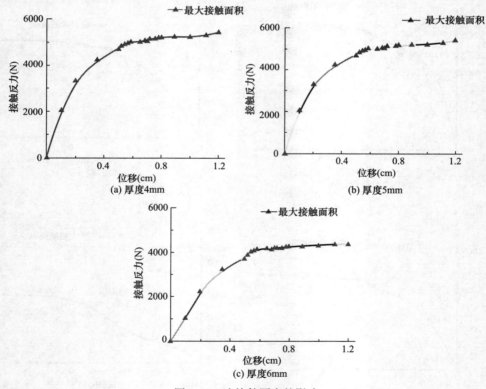

图 3-40　连接件厚度的影响

不同厚度连接件的最大接触反力如表 3-9 所示。可以看出在最大层间位移的加载下，连接件越厚，受到的最大接触反力越小。对于连接的单侧最大接触反力，不同厚度的连接件均满足要求。

不同厚度连接件的最大接触反力　　　　　　　　　　　　表 3-9

不同厚度的连接件	4mm	5mm	6mm
单个接触面最大接触反力	5420.00N	4859.13N	4370.00N

将轻质条板与连接件之间的摩擦系数取 0.30，除了轻质条板厚度以及连接件的厚度不同外，其他条件均相同。取板长 3000mm，板宽 600mm，板厚为 100mm、200mm、150mm，连接件同上面的模拟，取厚度为 4mm、5mm、6mm，得出不同厚度轻质条板的承载力见表 3-10，不同厚度连接件的承载力见表 3-11。

不同厚度轻质条板的承载力　　　　　　　　　　　　　表 3-10

板厚（mm）	板长（mm）	板宽（mm）	承载力（N）
100	3000	600	16706.25
150	3000	600	26059.38
200	3000	600	33412.50

不同厚度连接件的承载力　　　　　　　　　　　　　　表 3-11

连接件厚度（mm）	连接件长度（mm）	沿条板竖向的高度（mm）	承载力（N）
4	600	50	25800
5	600	50	32250
6	600	50	38700

在连接件厚度为 4mm 时，连接件的承载力 25800N 大于条板厚度为 100mm 的轻质条板承载力 16706.25N，小于 150mm 的轻质条板承载力 26059.38N。因此，4mm 厚的连接件只能用于 100mm 厚的轻质条板。5mm 厚的连接件承载力 32250N 大于 150mm 板厚的轻质条板承载力 26059.38N，因此，5mm 厚的连接件可以用于 150mm 厚的轻质条板，但小于 200mm 板厚的轻质条板承载力 33412.50N，所以 5mm 厚的连接件不能用于 200mm 厚的轻质条板。厚度为 6mm 的连接件承载力 38700N 大于厚度为 200mm 板的承载力 33412.50N，所以 6mm 厚的连接件在板厚为 100mm、150mm、200mm 时都可以用。不同板厚对应不同连接件厚度的数据见表 3-12。

不同板厚对应不同连接件厚度　　　　　　　　　　　　表 3-12

板厚（mm）	板长（mm）	板宽（mm）	连接件厚度（mm）
100	3000	600	4，5，6
150	3000	600	5，6
200	3000	600	6

在实际中，一般焊接的情况下，都要求焊缝宽度不小于 5mm。如果是 100mm 的轻质条板，连接件厚度如果取 4mm，尽管承载力满足要求，但施工时会带来一些不便，需要使用一些特殊的焊接方法，比如特殊气体保护焊，焊缝宽度也会受到限制。故 100mm 轻质条板选择连接件时，一般选择 5mm 厚的连接件。当轻质条板厚度为 150mm 时，选用 5mm 厚的连接件。而轻质条板为 200mm 厚时，根据承载力大小，可选择 6mm 厚的连接件。

3.1.4 L形卡连接的标准化

对于连接件而言，要根据轻质条板的标准化来设计。对于轻质内墙，一般用于住宅的轻质内墙板最小厚度为90mm，分户墙板的最小厚度为120mm，所以连接件的宽度一般较内墙板的厚度增加2mm，增加的2mm是为了施工方便，便于连接件和轻质条板完全安装。即90mm的内墙板连接件为92mm，120mm的内墙板连接件为122mm。连接件的厚度与施工的方法有关，如果是自攻螺钉连接，那么可以相对薄一些，2～3mm即可，如果是焊接连接，那么还要保证焊接的质量及施工的方便性，焊缝的宽度 h_f 和连接件的厚度直接相关，$h_f \leqslant 1.2t_1$（t_1 为较厚焊件尺寸），$h_f \geqslant 1.5t_2$（t_2 为较薄焊件尺寸）。由此推算，要满足焊缝要求，并且还要保证施工方便及施工质量，则连接件厚度最小为5mm。连接件的长度一般可以取120mm或150mm。连接件的间距跟轻质条板的构造要求有关，轻质条板的宽度按照标准化设计，一般是600mm，根据轻质条板的构造要求，在两片轻质条板的连接处必须设置连接件。

3.2 轻钢龙骨内墙与钢框架新型连接的开发及性能研究

3.2.1 轻钢龙骨内墙与钢框架新型连接构造开发

3.2.1.1 轻钢龙骨内墙新型连接构造

轻钢龙骨内墙传统的连接方法是通过沿顶横龙骨连接，本研究设计一种采用U形连接件连接的新型连接构造。U形连接件在工厂内完成与钢梁的焊接和对竖龙骨上端的开槽，使U形连接件两翼缘垂直插入细槽并与细槽紧密配合，每根竖龙骨上配一个连接件。竖龙骨上端开槽及U形连接件见图3-41、图3-42。

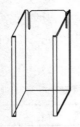　　　　

图3-41　竖龙骨上端开槽　　　　图3-42　U形连接件

该U形连接构造在平面内对墙体没有约束作用，墙体可以沿U形连接件产生一定的滑动，这样可以减少主体结构变形对墙体的影响，为加强竖龙骨之间的连接可以在U形连接件下方一定距离设一道横龙骨。在平面外，主体结构受外力作用，使墙体与钢梁底部产生相对位移，此时，U形连接件与竖龙骨接触处相互挤压，U形连接件对墙体起到约束作用防止墙体发生倒塌。采用这种连接方式时，墙体面板与两侧边龙骨不能采用自攻螺钉固定。轻钢龙骨内墙与钢梁、楼板新型连接构造如图3-43所示。

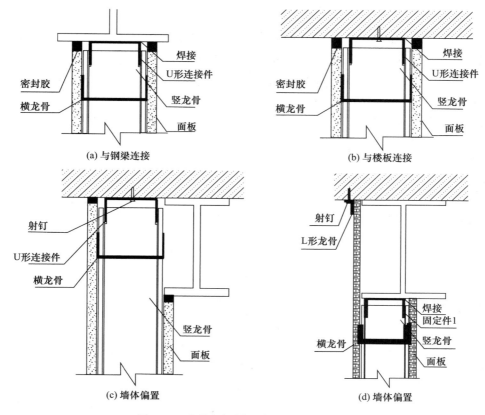

图 3-43　内墙与钢梁、楼板新型连接构造

本研究设计的新型连接不仅适用于现场装配式轻钢龙骨内墙还适用于预制式轻钢龙骨内墙，但两种的安装方式不同，具体施工工艺如下：

（1）现场装配式轻钢龙骨内墙节点安装

（a）按照设计确定墙体的位置，在梁底、楼板、地面放线，标出 U 形连接件和底部连接件的位置。

（b）将 U 形连接件和底部连接件分别安装在梁底或楼板和地面上。将 U 形连接件与钢梁底焊接（U 形连接件与钢梁的焊接可在工厂完成）、与楼板用膨胀螺栓连接，底部连接件与地面用膨胀螺栓连接，每根竖龙骨配一个 U 形连接件和一个底部连接件。

（c）将加工完成的竖龙骨，从墙的一端开始排列安装，竖龙骨的间距宜与面板宽度相匹配，一般取 300mm、400mm 或 600mm，且不宜大于 600mm。

（d）校正竖龙骨的垂直度。

（e）加强横龙骨与竖龙骨的固定，可随一侧面板的安装同时进行，龙骨位置可根据面板的允许误差进行局部调整。

（f）面板安装及板缝处理。

（2）预制式轻钢龙骨内墙节点安装

（a）按照设计确定墙体的位置，在梁底、楼板放线，标出 U 形连接件的位置。

（b）将 U 形连接件安装在梁底或楼板上。将 U 形连接件与钢梁底焊接（U 形连接件与钢梁的焊接可在工厂完成)。

（c）从一侧开始排板（包括门、窗顺序），将墙板下端置于工字槽内，推墙板套住边龙骨或墙板一侧龙骨，将撬棍塞进工字槽底部并撬起，墙板竖龙骨上端缺口对准 U 形连接件，用线坠吊线使墙板呈垂直状态。用两组木楔将工字槽底部塞紧。将底部连接件塞进墙板竖龙骨底端并垂直楼地面，用膨胀螺栓固定。用钢钉横穿硅酸钙板、竖龙骨及底部连接件。撤去木楔、工字槽。

（d）板缝处理。

3.2.1.2　柔性连接缝宽设计

柔性连接设计要点是墙体与钢框架梁、柱间设置缝隙。设置缝隙目的在于改变墙体与钢框架主体之间的相互作用关系，改善因钢框架主体变形对墙体产生的挤压作用，适应钢框架主体构件的自由变形。但目前国内，对缝宽的研究较少，一般情况下，在工程实践中缝宽均为按经验取值，缺乏科学的理论依据。

（1）墙板与钢框架梁缝宽设计

缝隙设置可以消除墙体对钢框架梁的支承约束作用，避免在梁端产生附加剪力，同时避免因梁变形对墙体造成挤压破坏。所以，柔性连接墙体与钢框架梁的缝宽取值应满足钢框架梁的自由弯曲变形。

为了保证内墙隔声性能，墙体与钢框架主体结构缝隙内应填充弹性密封材料。地震作用时，由于弹性密封材料被压缩，可以阻止结构的部分层间位移，以消耗部分地震能，减小水平地震作用。

综上所述，墙体与钢框架梁柔性连接缝宽取值与梁跨间挠度限值和弹性材料性能有关。此外，考虑建筑表面接缝允许的偏差，可得计算公式：

$$\Delta = f/M + T \tag{3-6}$$

式中　Δ——墙板与梁间的缝宽；

　　　f——钢框架梁跨间挠度限值；

　　　M——密封材料的位移能力，即密封材料的位移大小与密封材料原始尺寸（大小与接缝宽度相等）的百分比（高性能的密封剂能够达到 25% 到 50%）；

　　　T——建筑表面接缝允许的偏差。

（2）墙板与钢框架柱缝宽设计

墙体与钢框架柱设置缝隙保证墙体不受框架主体变形的影响。新型柔性连接构造设置缝隙目的是使墙体在多遇地震或框架主体弹性阶段不参与受力，而在框架主体结构体系进入弹塑性状态后参与受力。在弹性阶段，框架主体单独受力，缝隙使墙体适应主体变形，随着变形增大缝隙逐渐减小，当进入弹塑性阶段，墙体与框架柱已贴合相互挤压，墙体与框架主体共同受力。这样设置，可充分利用墙体的耗能效应，墙体平面外受力破坏后可起到地震耗能作用，减轻地震作用对主体构件的影响，同时主体构件震害减轻可对墙体起到约束作用，外加设置可靠的连接件，即可保证墙体"小震不坏，大震不倒"的设防要求。综上所述，缝宽应以多遇地震中框架最大弹性层间位移为限值，同时考虑缝内填充弹性材料的压缩性能，可得计算公式如下：

$$\Delta = \Delta u_e/M + T \tag{3-7}$$

式中　Δ——墙板与柱间的缝宽；

Δu_e——多遇地震作用标准值下楼层内最大弹性层间位移；

　　　M——密封材料的位移能力（用百分比表示）；

　　　T——建筑表面接缝允许的偏差。

根据《建筑抗震设计规范》GB 50011—2010（2016 版）[76]可知：

$$\Delta u_e \leqslant [\theta_e]h \tag{3-8}$$

式中　Δu_e——多遇地震作用标准值下楼层内最大弹性层间位移；

　　　$[\theta_e]$——弹性层间位移角限值，对多、高层钢结构取 1/250；

　　　h——计算楼层层高。

3.2.1.3　新型连接受力计算

平面外受力计算简化模型、荷载确定方法见 3.1.3 节。由于轻钢龙骨内墙规格变化多样，本研究无法对其一一进行计算，从《轻钢龙骨内隔墙》03J111-1[85]中的墙体选用表中按龙骨规格不同选取四种规格墙体进行计算。所选墙体为采用同规格龙骨中墙体较厚、自重较大的墙体，墙体高度均取相应规格墙体高度最大限值进行计算，具体数据见表 3-13。

选用墙体规格　　　　　　　　　　　　　　　　　表 3-13

编号	尺寸（mm）						自重（kg/m²）	G(kN)	S(kN)
	板厚	排板方式	龙骨宽	龙骨间距	墙厚	墙高			
1	12	2+2	50	600	98	3000	46	0.81	1.28
2	12	2+2	75	600	123	4250	43	1.07	1.68
3	12	2+2	100	600	148	5500	46	1.49	2.34
4	12	2+2	150	600	198	7600	44	1.97	3.10

注：G——墙体的重力；S——水平地震作用标准值。

地震作用受力计算、U 形连接件和底部连接件验算计算方法见 3.1.3 节，计算结果分别见表 3-14～表 3-16。

由表 3-16 可知最小应力为压应力，说明连接件底部范围内无受拉区，无需对膨胀螺栓进行受拉计算。

计算结果　　　　　　　　　　　　　　　　　　　表 3-14

墙体编号	EI(kN·m²)	θ_M	θ_F	M_B(kN·m)	V_B(kN)	V_A(kN)
1	9.1	0.110	0.062	0.76	0.89	0.39
2	25.9	0.055	0.044	1.40	1.17	0.51
3	56.2	0.033	0.034	2.48	1.62	0.72
4	148.2	0.017	0.024	4.47	2.14	0.96

注：EI—墙体的刚度；θ_M—弯矩作用下产生的位移角；θ_F—集中力作用下的位移角；M_B—集中地震作用下墙底部弯矩；V_B，V_A—墙体在地震作用下的剪力。

N 值　　　　　　　　　　　　　　　　　　　　表 3-15

墙体编号	连接件规格（mm）	$V_A/4$(kN)	N(kN)
1	80×30×60	0.097	26.24
2	100×55×60	0.128	32.8
3	100×80×60	0.180	32.8
4	120×130×60	0.240	39.36

注：V_A—墙体在地震作用下的剪力；N—焊缝能承受的最大轴力。

墙体编号	σ_{max}(N/mm²)	σ_{min}(N/mm²)
1	0.113	0.093
2	0.118	0.094
3	0.135	0.107
4	0.131	0.103

最大应力和最小应力值　　　　　　　　　　表 3-16

注：σ_{max}，σ_{min}——连接件底部所受的应力。

本研究选取 M6×30 规格的普通镀锌膨胀螺栓（Q235 钢），胀管外径 8mm，楼板采用 C25 混凝土。计算可得：

$$V_1 = \frac{\pi d^2}{4} f_v = \frac{3.14 \times 6^2}{4} \times 125 = 3532.5\text{N} \approx 3.5\text{kN}$$

$$V_2 = \frac{\pi}{2} \times D \times t \times f_c = \frac{3.14}{2} \times 8 \times 2 \times 215 = 5401\text{N} \approx 5.4\text{kN}$$

$$V_3 = \phi \times f_{ck} \times \frac{\pi}{2} \times h \times D = 0.525 \times 16.7 \times \frac{3.14}{2} \times 30 \times 8 = 3304\text{N} \approx 3.3\text{kN}$$

膨胀螺栓连接抗剪承载力应取三者中的最小值，即取 3.3kN。底部共有四个膨胀螺栓，为简化计算将底部剪力 V_B 平均分配给每个膨胀螺栓，经验算均满足要求。

3.2.2　U 形连接件与竖龙骨连接的有限元分析

3.2.2.1　有限元模型建立

（1）材料本构关系的确定

钢框架钢材均为 Q235，本构关系与 2.2.3 节相同。墙体中轻钢龙骨和连接件所采用的材料为镀锌冷弯薄壁型钢 Q235，采用理想弹塑性模型，龙骨和连接件的屈服强度为 211.5MPa，弹性模量 $E=2.06\times10^5$MPa，泊松比 $\nu=0.3$。

模型中墙板选用石膏板，实际中石膏板的纵横向抗张拉强度不同，为正交异性材料。分析时将石膏板考虑成各向同性材料，弹性模量为 $E=1587$MPa，泊松比 $\nu=0.23$，极限强度为 6.35MPa。

（2）有限元模型的建立

为分析本研究设计 U 形连接件的性能，建立了一个三维有限元模型，如图 3-44（a）所示。模型由一个 U 形连接件、一个 C 形竖龙骨、两侧单层面板组成。为简化模型，墙体仅选取与 U 形连接件连接的一部分。模型中连接件采用 U80×30×60×2.0，墙体 C 形竖龙骨为 C50×50×6×1.0，两侧各贴一层 12mm 厚石膏板。

模型中 U 形连接件和竖龙骨都采用实体单元 C3D8R 进行模拟。墙板采用壳单元 S4R 模拟。竖龙骨与连接件连接法向属性设为硬接触。面板和竖龙骨采用自攻螺钉连接，利用 Tie 命令将两者连接在一起，约束处具有相同的位移。

对模型中的 U 形连接件和竖龙骨采用扫略网格划分技术，网格划分较密。因面板为次要非分析对象，故对其网格划分粗略，可缩短运算时间，提高效率，加速材料非线性收敛。具体网格划分见图 3-44（b）。

（3）边界条件和加载方式

对模型 U 形连接件上部施加 Y、Z 方向的位移约束，在 X 方向施加位移，模拟墙板与主体结构之间的层间相对位移，位移大小为 12mm，见图 3-45（c）。约束竖龙骨底端 X、Y、Z 三个方向的位移。模型边界条件见图 3-44（d）。

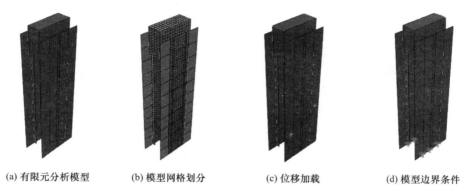

(a) 有限元分析模型　　　(b) 模型网格划分　　　(c) 位移加载　　　(d) 模型边界条件

图 3-44　模型建立

3. 2. 2. 2　分析结果

（1）破坏形态分析

本研究利用有限元软件 ABAQUS 对单向荷载作用下 U 形连接件与竖龙骨连接的工作状态进行了模拟分析。图 3-45（a）为 U 形连接件与竖龙骨连接变形前模型，图 3-45（b）为 U 形连接件与竖龙骨连接变形后模型，通过对比图 3-45（a）和图 3-45（b）可以看出，在加载结束后，U 形连接件与竖龙骨连接处发生了明显的变形。图 3-46（a）为竖龙骨变形图，从中可以看出，竖龙骨上部发生了较大的变形，最大位移为 11mm。图 3-47 为 U 形连接件的变形图，从中可以看出，U 形连接件发生了较大变形，右侧角部位移最小，以此为中心逐渐扩大，这是因为 U 形连接件下部插入竖龙骨凹槽内，竖龙骨对 U 形连接件的变形有一定的约束。

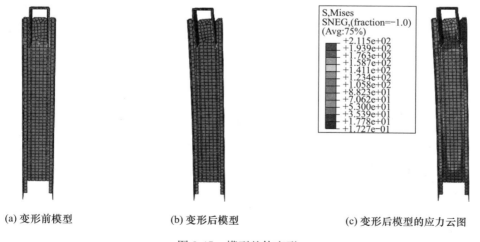

(a) 变形前模型　　　　　(b) 变形后模型　　　　　(c) 变形后模型的应力云图

图 3-45　模型整体变形

图 3-45（c）为变形后模型的应力云图，图 3-46（b）为变形后竖龙骨的应力云图，图 3-47（b）为变形后 U 形连接件的应力云图。从图 3-45（c），图 3-46（b）及图 3-47（b）中可以观察到，竖龙骨先于 U 形连接件破坏，施加位移后竖龙骨最大应力处已达到

屈服强度，而 U 形连接件最大应力处还未达到屈服强度，竖龙骨应力较大处发生在 U 形连接件两翼缘所夹竖龙骨部分的底部，即竖龙骨上部竖向凹槽底部。

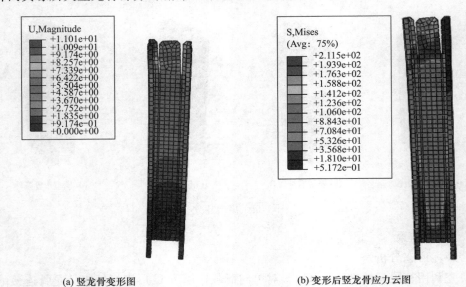

(a) 竖龙骨变形图　　　　　　　　　　(b) 变形后竖龙骨应力云图

图 3-46　竖龙骨变形

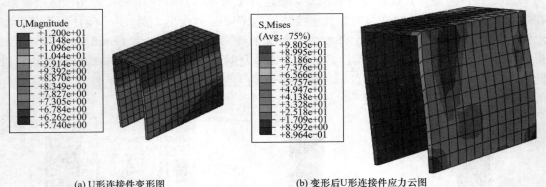

(a) U 形连接件变形图　　　　　　　　(b) 变形后 U 形连接件应力云图

图 3-47　U 形连接件变形

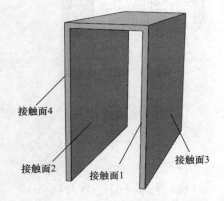

图 3-48　U 形连接件的接触面

（2）接触分析

模型变形过程中竖龙骨与 U 形连接件接触处相互挤压产生了力的作用。竖龙骨与 U 形连接件处共有四个接触面，如图 3-48 所示。根据有限元模拟分析得出各接触面接触反力变化曲线，见图 3-49，接触面积变化曲线如图 3-50 所示。

由图 3-49 可以看出，接触面 1 的接触反力远远大于另外三个接触面的接触反力，接触反力随着位移的增加逐渐增大；当位移达到 4.14mm 时，接触反力增加幅度明显减小，曲线趋于平缓，此时的接触反力为

1040.23N，竖龙骨最大应力处已达到屈服强度，而 U 形连接件最大应力处未达到屈服强度，应力大小为 43.67MPa，面板最大处的应力大小为 1.41MPa。同时由图 3-50 发现，接触面 1 的接触面积在加载初期有一些波动，之后都处于较稳定的状态且接触面积不大，这就说明接触面 1 上的接触压应力相对较大。

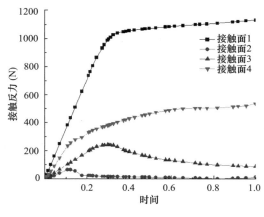

图 3-49　接触反力变化曲线图

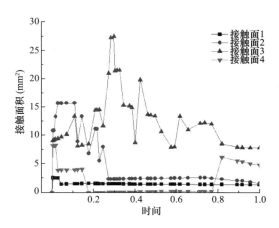

图 3-50　接触面积变化曲线图

接触面 2 的接触反力很小，这是由于随着层间位移的增大，U 形连接件和竖龙骨都产生了变形，接触面 2 接触不再紧密贴合逐渐分开，接触面 2 的接触面积在加载前期有较大波动，而后慢慢趋于稳定。接触面 2 的接触反力在位移为 1.31mm 时达到最大值 66.85N，之后有一段下降段，当位移达到 3.28mm 时，接触反力曲线开始呈平缓状，增减幅度不大。

接触面 3 的接触反力随着位移的增加逐渐增大，当位移达到 3.58mm 时，接触反力到达最大值 243.20N，此时竖龙骨最大应力处已达到屈服强度，而 U 形连接件最大应力处未达到屈服强度，应力大小为 36.51MPa，面板应力最大处的应力大小为 1.28MPa，之后随位移继续增大接触反力逐渐减小。而接触面 3 的接触面积随着加载不断变化。

接触面 4 的接触反力较接触面 1 小，但大于接触面 2 和接触面 3，同样随着位移的增加接触反力逐渐增大；当位移为 1.48mm 时接触反力增加幅度明显减小，曲线趋于平缓且较接触面 1 先趋于平缓，此时的接触反力为 257.98N。接触面积在加载初期有一些波动，之后一段时间内处于较稳定的状态且接触面积为四个面中最小，到达某一时刻接触面积突然增大，然后又趋于稳定。

（3）应力分析

图 3-51 为模型各个组成部分的应力-位移曲线，由于面板的应力与竖龙骨和 U 形连接件的相比很小，在图 3-51 中无法体现面板应力-位移曲线的变化趋势，故单独绘制面板的应力-位移曲线，如图 3-52 所示。

由图 3-51 和 3-52 可知，竖龙骨应力-位移曲线可分为两个阶段，第一个阶段为弹性阶段，第二个阶段为屈服阶段。在位移作用下，竖龙骨应力最大处的应力要远远大于 U 形连接件应力最大处的应力；当位移为 2.96mm 时，竖龙骨应力最大处的应力达到屈服强度，此时 U 形连接件的应力为 27.09MPa，未达到屈服强度，面板的应力为 0.91MPa，也远远未达到极限强度。之后随着位移的增加，U 形连接件和面板的应力继续增加，直到加载结束 U 形连接件和面板的应力仍未达到屈服强度，故可知 U 形连接件与竖龙骨连接处的破坏主要集中在竖龙骨上。

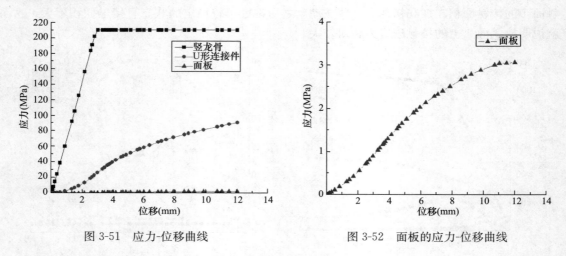

图 3-51　应力-位移曲线　　　　　图 3-52　面板的应力-位移曲线

3.2.3　新型连接下轻钢龙骨内墙平面外受力的有限元分析

3.2.3.1　有限元模型建立

建立一榀框架内填轻钢龙骨内墙模型，钢框架柱、梁均采用热轧 H 型钢，截面尺寸分别为 H250×250×9×14 和 H200×150×6×9，墙体高宽尺寸为 3000mm×2400mm，龙骨间距 600mm，C 形竖龙骨为 C50×50×6×1.0，横龙骨为 U50×40×1.0，两侧单层面板厚 12mm。U 形连接件采用 U80×30×60×2.0，地面连接件采用 87×45×35×2.0。顶部 U 形连接件为可滑动连接，墙体安装时面板不能与边龙骨用自攻螺钉固定。墙体龙骨布置方式如图 3-53 所示。

模型的网格划分，钢梁柱按照 150mm 的尺寸划分，面板采用 150mm×150mm 的网格大小划分，所有龙骨均采用 50mm 的尺寸划分，连接件均采用 10mm 的尺寸划分，划分总单元数约为 9751。网格划分如图 3-54 所示。

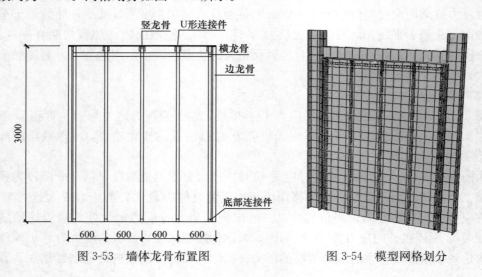

图 3-53　墙体龙骨布置图　　　　　图 3-54　模型网格划分

3.2.3.2　分析结果

对模型进行有限元非线性分析后，得到了如表 3-17 所示的整体模型随荷载变化的最大位移和最大应力，图 3-55～图 3-57 分别是在平面外均布荷载作用下模型的荷载-位移曲线、荷载-应力曲线和刚度变化曲线。

模型的最大位移和最大应力　　　　　　　　表 3-17

荷载(kN/m²)	位移（mm）	应力（MPa）
0.022	0.272	8.06
0.044	0.543	16.08
0.078	0.952	28.17
0.128	1.564	46.22
0.156	1.908	56.33
0.199	2.426	71.51
0.262	3.204	94.24
0.326	3.983	116.90
0.423	5.151	150.70
0.569	6.912	201.30
0.787	9.514	211.50
1.100	13.350	211.50
1.271	15.520	211.50

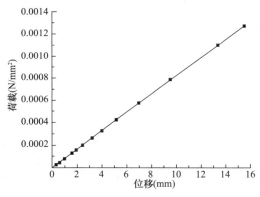 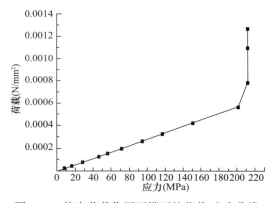

图 3-55　均布荷载作用下模型的荷载-位移曲线　　图 3-56　均布荷载作用下模型的荷载-应力曲线

（1）位移分析

图 3-58 为均布荷载作用下位移沿墙高变化曲线，曲线呈拱形，最大位移为 15.2mm，发生在墙高 1650mm 处，墙体底部未产生位移，墙体顶部发生约 1.78mm 的微小变形。图 3-59 为模型整体的变形图，图 3-60 为龙骨的变形图。从图 3-59 和图 3-63 可以观察到，墙体的中心区域变形最大，向四周逐渐变小，在支撑位置处变为零。竖龙骨变形最大的是中间竖龙骨的中间部分。

（2）应力分析

图 3-61 为整体模型的应力云图，图 3-62 为龙骨的应力云图。从图 3-61 和图 3-62 中可以看出，整个模型的应力较大处发生在中间竖龙骨的中部和底部连接处。

图 3-63 为 5 个 U 形连接件应力云图（从左侧开始编号），图 3-64 为 5 个底部连接件应力云图（从右侧开始编号），图 3-65 为面板的应力云图。从图 3-63～图 3-65 中可以看出，当竖龙骨和底部连接件最大应力处达到屈服强度时，其他部分最大应力还未达到屈服强

度，底部连接件应力较大处在底部连接件和竖龙骨连接处，面板应力较大处在面板四角，故模型的主要破坏应在底部连接件和竖龙骨连接处或中间竖龙骨处。

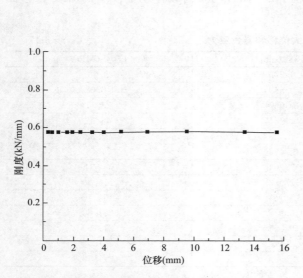

图 3-57　均布荷载作用下模型的刚度变化曲线　　　图 3-58　均布荷载作用下模型的位移沿墙高变化曲线

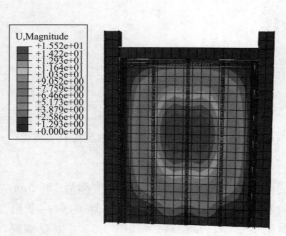
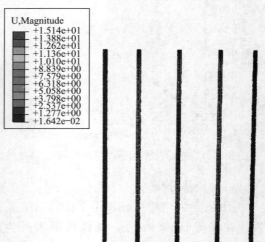

图 3-59　均布荷载作用下模型的模型变形图　　　图 3-60　均布荷载作用下模型的龙骨变形图

　　图 3-66（a）为 1～5 号 U 形连接件的应力-荷载曲线。从图中可以看出 5 个 U 形连接件的应力-荷载曲线都近似直线状，但在相同荷载作用下，应力大小并不相等，即力不是平均分配到每个 U 形连接上的，处于中间位置的 3 号 U 形连接件的应力始终大于其他几个 U 形连接件，其最大应力为 28.06MPa；1 号、4 号和 5 号 U 形连接件的应力比较接近，最大应力约为 3 号 U 形连接件的 60%；2 号 U 形连接件最大应力为 3 号连接的 71.4%。

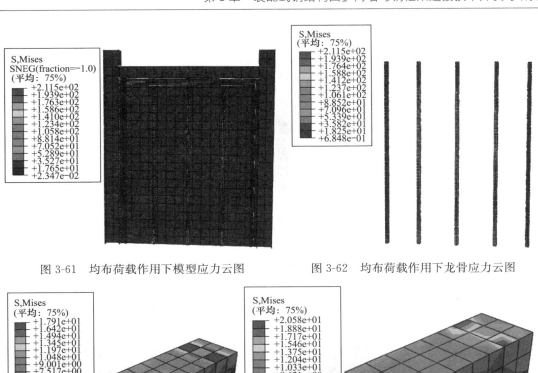

図 3-61　均布荷载作用下模型应力云图　　图 3-62　均布荷载作用下龙骨应力云图

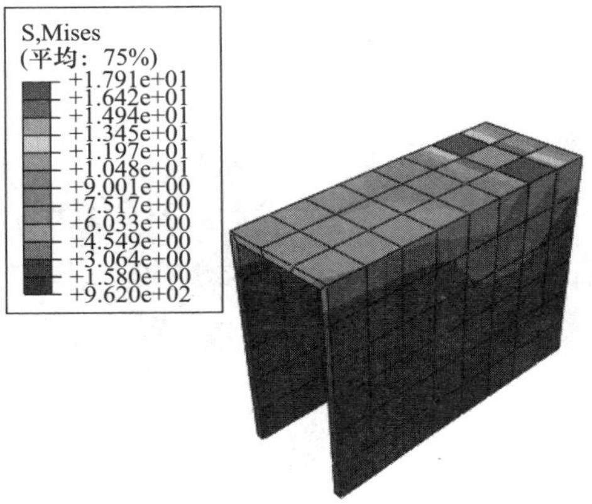

(a) 1号U形连接件 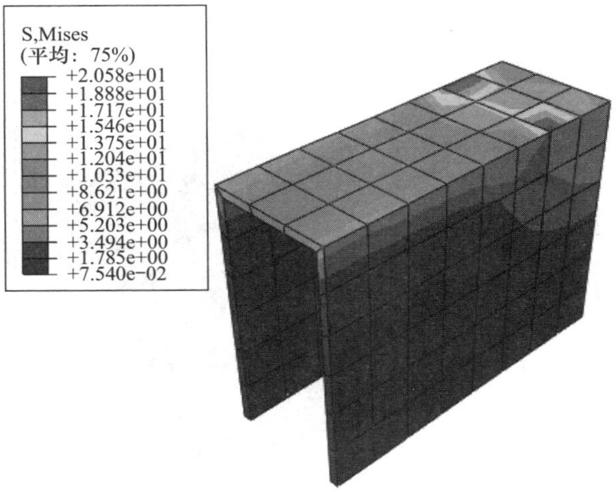　　　　　　　　　　　　　(b) 2号U形连接件

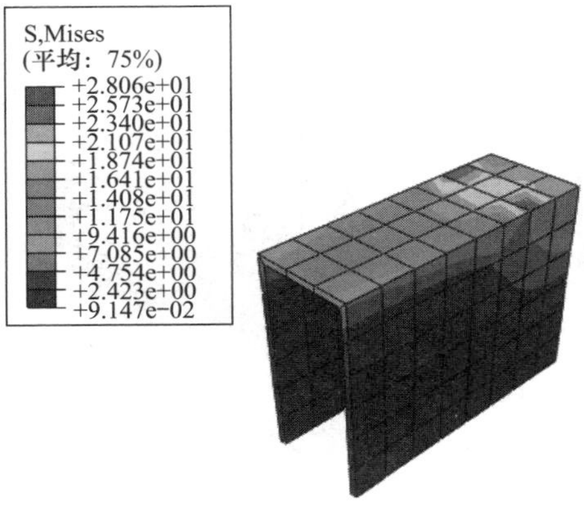

(c) 3号U形连接件 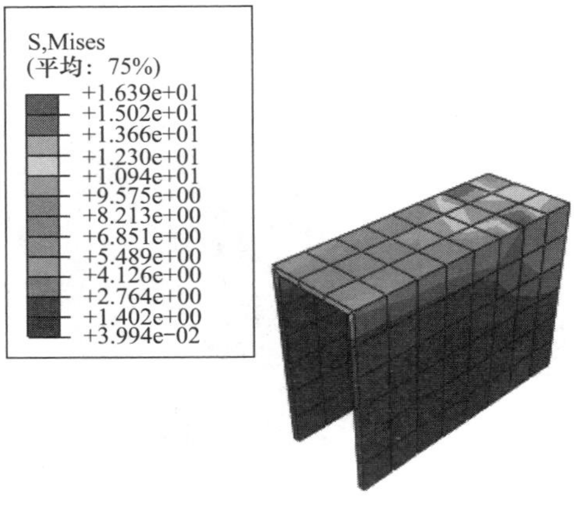　　　　　　　　　　　　　(d) 4号U形连接件

图 3-63　均布荷载作用下 U 形连接件应力云图（一）

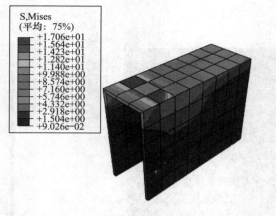

(e) 5号U形连接件

图 3-63　均布荷载作用下 U 形连接件应力云图（二）

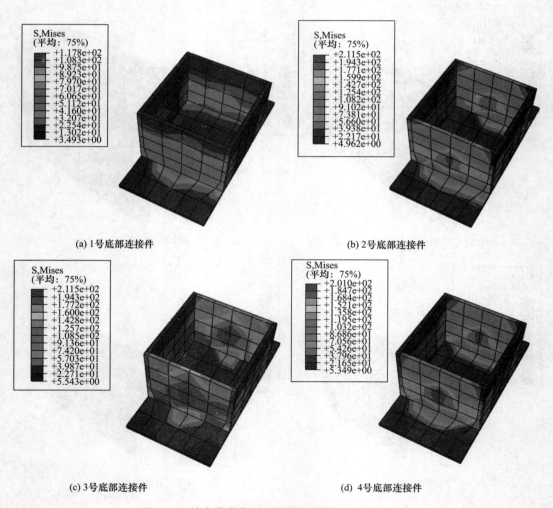

(a) 1号底部连接件

(b) 2号底部连接件

(c) 3号底部连接件

(d) 4号底部连接件

图 3-64　均布荷载作用下底部连接件应力云图（一）

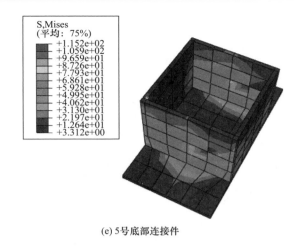

(e) 5号底部连接件

图 3-64　均布荷载作用下底部连接件应力云图（二）

图 3-66（b）为 1～5 号底部连接件的应力-荷载曲线。从图中可以看出，同 U 形连接件类似，力也不是平均分配到每个底部连接件上的，同样是处于中间位置的 3 号连接件的应力最大，在荷载为 0.787kN/m² 时应力达到屈服强度 211.5MPa，此时 4 号底部连接件的应力为 156.1MPa 约为 3 号底部连接件的 74%，在荷载为 1.1kN/m² 时应力到达屈服强度 211.5MPa。2 号底部连接件在 3 号底部连接件应力达到屈服强度时的应力为 116.4MPa，为 3 号底部连接件的

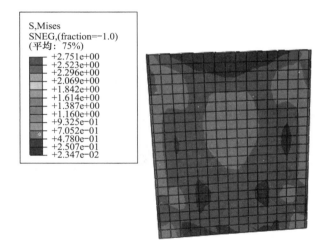

图 3-65　均布荷载作用下面板应力云图

55%，为 4 号连接件的 75%；在 4 号底部连接件应力达到屈服强度时的应力为 169.75MPa。1 号和 5 号底部连接件的应力变化曲线十分接近，在 3 号底部连接应力达到屈服强度时，1 号和 5 号底部连接件的应力分别为 71.2MPa 和 68.6MPa，分别为 3 号连接件的 33.6% 和 32.4%，为 4 号连接件的 46.2% 和 43.9%，为 2 号连接件的 61.2% 和 58.9%；在 4 号底部连接件应力达到屈服强度时的应力分别为 100.4MPa 和 96.6MPa，分别为 2 号底部连接件的 59.1% 和 56.9%。

（3）承载力分析

按《钢结构住宅设计规范》CECS 261—2009[86] 规定"装配式内隔墙的承载力和允许水平变形尚无标准，参照德国工业标准 DIN 4103 的规定，可用在 0.3kN/m² 的均布荷载下不破坏且水平变形不大于 $H_0/240$，同时检验承载力和刚度。"故由表 3-17 可知，当荷载为 0.326kN/m² 时，墙体最大变形为 3.983mm，小于 12.5mm（$H_0/240$）且未屈服，满足规定要求。

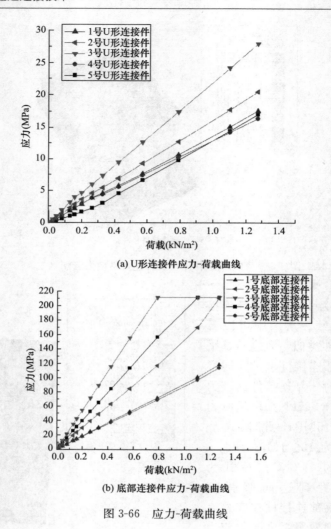

(a) U形连接件应力-荷载曲线

(b) 底部连接件应力-荷载曲线

图 3-66 应力-荷载曲线

（4）刚度分析

在加载初期阶段和整个加载过程中刚度曲线无明显下降，在加载后期有小幅度的下降。

（5）层间位移作用下承载力及变形性能分析

对模型进行非线性有限元分析后，得到图 3-67 所示的应力-层间位移曲线，以及模型整体及各个部分的变形图和应力图。

1）位移分析

图 3-68 为模型变形图，图 3-69 为龙骨变形图。从图中可以看出，墙体随层间位移发生变形，变形沿墙高逐渐增大。图 3-70 为位移沿墙高变化曲线，曲线呈弯曲形。

2）应力分析

图 3-71 为模型应力云图，图 3-72 为龙骨应力云图。从图 3-71 和图 3-72 中可以看出，整个模型的应力较大处发生在中间竖龙骨和底部连接件的连接处；竖龙骨最大应力处应力始终大于钢框架最大应力处的应力，直到竖龙骨和底部连接件最大应力处达到屈服强度，而其他部分最大应力还未达到屈服强度，这时随着层间位移继续增大框架柱底部应力

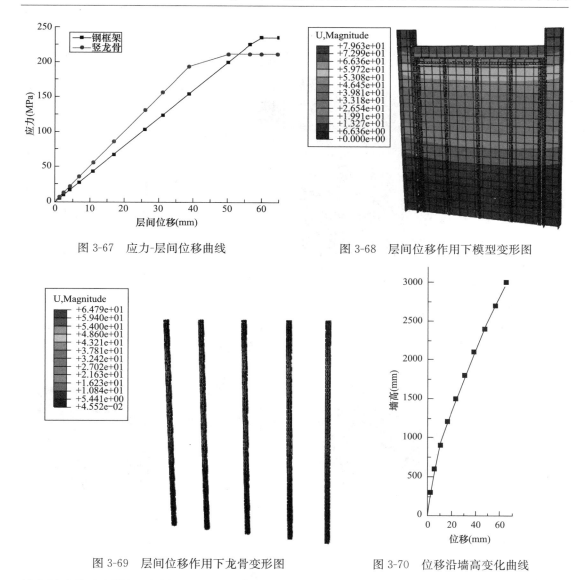

图 3-67　应力-层间位移曲线　　　　　图 3-68　层间位移作用下模型变形图

图 3-69　层间位移作用下龙骨变形图　　　图 3-70　位移沿墙高变化曲线

最大处也发生屈服；由图 3-73 的 U 形连接件应力云图中可以看出，加载完成后 U 形连接件没有达到屈服强度，即当层间位移为 60mm 时 U 形连接件仍未发生破坏；由图 3-74 底部连接件的应力云图中可以观察到，底部连接件的应力较大处发生在其与竖龙骨连接的部位；由图 3-75 面板应力云图中可知，面板应力较大处在底部两角，应力沿墙高逐渐减小。

图 3-73 为 1～5 号 U 形连接件的应力云图，图 3-76 为 1～5 号 U 形连接件的应力-位移曲线。从图 3-73 和图 3-76 中可以看出，处于两侧的 1 号和 5 号 U 形连接件应力随层间位移变化趋势十分接近，在位移达到 65mm 时应力分别为 159.6MPa 和 159.4MPa，均未到达屈服强度；处于中间位置的 2 号、3 号及 4 号 U 形连接件应力随层间位移变化趋势比较接近，在位移达到 65mm 时应力分别为 37.7MPa、31.8MPa 和 39.5MPa，远远小于 1 号和 5 号 U 形连接件，约为 1 号和 5 号 U 形连接件的 24.6%、19.9% 和 24.7%，故可知在层间位移作用下墙体顶部的 U 形连接件受力并不均匀，主要是由两侧的 U 形连接件受力。

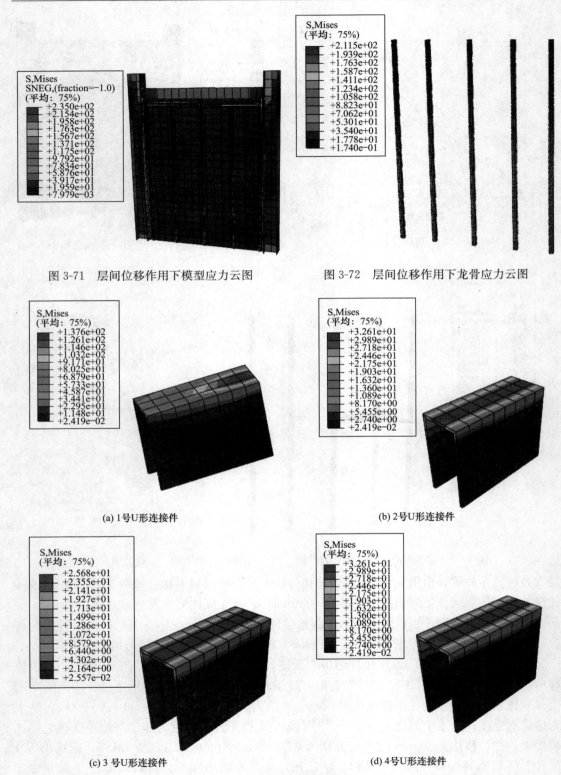

图 3-71　层间位移作用下模型应力云图　　　图 3-72　层间位移作用下龙骨应力云图

(a) 1号U形连接件　　　　　　　　　　　　(b) 2号U形连接件

(c) 3 号U形连接件　　　　　　　　　　　(d) 4号U形连接件

图 3-73　U 形连接件应力云图（一）

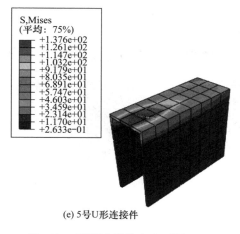

(e) 5号U形连接件

图 3-73　U 形连接件应力云图（二）

　　图 3-74 为 1～5 号底部连接件的应力云图，图 3-77 为 1～5 号底部连接件应力-位移曲线。从图 3-74 和图 3-77 中可以看出，2 号和 3 号底部连接件的应力变化趋势十分接近，在位移达到 60mm 时，2 号底部连接件应力为 207MPa，未达到屈服强度，3 号底部连接件应力为 211.5MPa，达到了屈服强度；1 号和 5 号底部连接件的应力变化趋势十分接近，

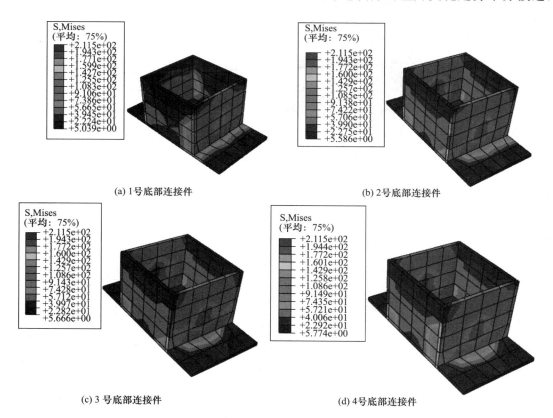

图 3-74　底部连接件应力云图（一）

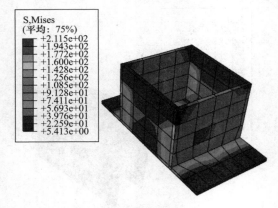

(e) 5号底部连接件

图 3-74　底部连接件应力云图（二）

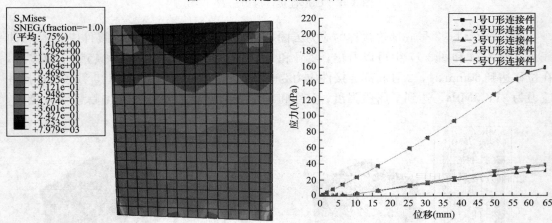

图 3-75　层间位移作用下面板应力云图

图 3-76　U 形连接件应力-位移曲线

在位移为 60mm 时，应力分别为 184MPa 和 180MPa，分别为 2 号底部连接件应力的 88.9% 和 86.9%，在位移为 65mm 时，应力均达到屈服强度 211.5MPa。3 号底部连接件的应力随层间位移增加呈直线上升，应力大于 1 号和 5 号底部连接件，小于 2 号和 3 号底部连接件，

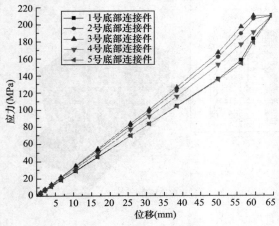

图 3-77　底部连接件应力-位移曲线

在位移为 65mm 时达到屈服强度 211.5MPa。整体上，5 个底部连接件中 2 号和 3 号应力最大，1 号和 5 号应力最小，应力大小最大相差约 40MPa，在位移为 65mm 时，均达到屈服强度。

3）抗震性能评价

本研究中墙高 3000mm，对多、高层钢结构弹性层间位移角限值取 1/250，即层间位移限值为 12mm；弹塑性层间位移角限值取 1/50，即层间位移限值为 60mm。

由图 3-77 可知，在层间位移为 12mm 时，模型未达到屈服，说明新型连接下墙体能满足"小震不坏"的抗震设防标准。在层间位移 60mm 时竖龙骨最大应力处达到屈服强度，但屈服范围很小，并没有发生大面积的屈服，没有发生整体的破坏，说明新型连接下墙体能满足"大震不倒"的抗震设防标准，即新型连接下墙体能适应小震下框架结构的层间弹性位移限值和大震下框架结构的弹塑性位移限值。

3.2.4　新型连接的标准化

3.2.4.1　连接件标准化

图 3-78 所示的是连接件尺寸图。连接件厚度参考现有其他材料墙体连接件厚度，同时考虑焊接要求，取 2.0mm。安装时 U 形连接件插入竖龙骨凹槽内，故 U 形连接件的宽度 A 与竖龙骨宽度 A 有着密切关系，连接件尺寸应与竖龙骨相互配套，宽度 A 值应小于 C 形竖龙骨宽度与 C 形竖龙骨两侧卷边长度的差值。表 3-18 中给出连接件与竖龙骨相互配套宽度 A 值。

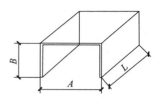

图 3-78　连接件尺寸

U 形连接件宽度 A　　　　　表 3-18

竖龙骨宽（mm）	50	75	100	150
A(mm)	30	55	80	130

地震作用下主体结构将产生一定的变形，竖龙骨和连接件之间将产生相对滑动，滑动时为保证竖龙骨不脱离 U 形连接件，连接件应满足一定的长度，一般为：$L \geq B + 2\Delta u_e$，其中 B 为竖龙骨宽度。

此种方法是采用层间位移值来确定连接件长度，实际上应取连接件与竖龙骨之间的水平位移差值，但其值难以确定。实际中层间位移限值大于连接件与竖龙骨之间的相对位移，按层间位移限值取得的连接件长度偏于保守，同时考虑施工统一要求，按层高变化范围设定连接件长度 L，见表 3-19。

U 形连接件长度 L　　　　　表 3-19

层高（mm）	$h \leq 3600$	$3600 < h \leq 6000$	$h > 6000$
L(mm)	80	100	120

U 形连接件两翼缘对墙体的平面外稳定起到了约束作用，当墙体在平面外受力或墙体发生平面外的变形时，竖龙骨与 U 形连接件接触处将相互挤压产生生力的作用，即连接件的高度 B 与墙体平面外的受力大小有关。同时考虑墙体与钢框架主体连接时，墙体顶部与钢梁底部预留缝隙宽度。此外，U 形连接件为冷弯薄壁型钢的受弯构件，宽厚比应不超过规定的限值，当超过限值时，只考虑一部分宽度有效（称为有效宽度），参考《冷弯薄壁型钢结构技术规范》GB 50018—2002[15]，连接件采用 Q235 钢，宽厚比限值为 45。参考《轻钢龙骨石膏板隔墙、吊顶》07CJ03-1[87] 中连接用高边横龙骨规格，并考虑统一制作要求，B 统一取为 60mm，此时宽厚比为 30，满足宽厚比限值。

竖龙骨凹槽设置为喇叭形，两侧坡角为 45°，坡高 4mm。竖龙骨上端开槽宽度与 U 形连接件厚度保持一致。竖龙骨上端开槽的深度设计时考虑按设计要求规定的 U 形连接件插入凹槽的长度，同时还要预留一定的变形空间。如未设置预留空间连接件与凹槽底部完全接触，钢梁在竖向荷载作用下会产生向下的弯曲变形，连接件将跟随钢梁一起变形，墙体对钢框架梁产生支承约束作用，梁端将产生附加剪力，同时梁变形也将对墙体造成挤压破坏。此外，预留空间还便于墙体安装和现场误差调整。

3.2.4.2 墙体与地面连接构造标准化

轻钢龙骨内墙与地面主要通过沿地龙骨连接，沿地龙骨与地面用膨胀螺栓或射钉固定，与竖龙骨用自攻螺钉固定。本研究设计一种新型连接方式，采用一种连接件与竖龙骨用自攻螺钉连接，连接件与地面用射钉或金属膨胀螺栓连接，金属膨胀螺栓的螺栓孔沿墙板长度方向为长条形，这就保证墙板伸缩时免受楼地面约束，见图3-79。安装时先将竖龙骨与连接件连接固定形成一个整体，然后将竖龙骨和连接件一同安装就位，用膨胀螺栓将其固定在地面上。有隔声要求时，连接件与地面铺设玻璃棉毡；有防水要求时，墙体底部按设计要求砌筑混凝土墙垫。内墙与地面新型连接构造如图3-80所示。

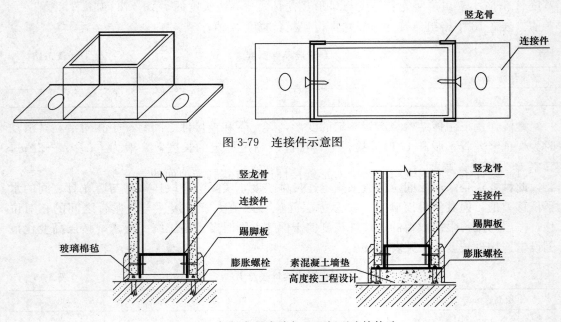

图 3-79 连接件示意图

图 3-80 轻钢龙骨内墙与地面新型连接构造

这种新型连接方式施工简单，连接件形式简单易于生产加工，与地面连接紧密，可以抵抗由墙体平面外受力而引起的底部剪力及弯矩，在平面内可以适应钢结构主体和墙体的变形。

连接件厚度参考现有其他材料墙体连接件厚度，同时考虑焊接要求，取为 2.0mm。连接件对墙体的平面外稳定起到了约束作用，当墙体在平面外受力时，墙体底部会产生剪力和弯矩，即连接件的高度 B 与墙体平面外的受力大小有关。参考《预制轻钢龙骨内隔墙》03J111-2[27]中墙板固定连接件的尺寸，并考虑统一制作要求，高度 B 统一取为 35mm。

连接件总长度 L 包括上部方形管长度 L' 和底部两侧各伸出的 20mm［参考《预制轻钢龙骨内隔墙》（03J111-2）中墙板固定连接件的尺寸］，具体值见图3-81和表3-20。

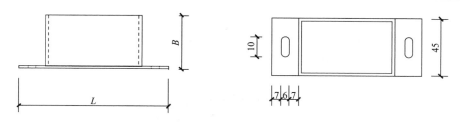

图 3-81　连接件尺寸

连接件总长度 L				表 3-20
竖龙骨宽（mm）	50	75	100	150
L'（mm）	47	72	97	147
L（mm）	87	112	137	187

3.3　本章小结

3.3.1　轻质内墙条板与钢框架新型连接技术的开发及性能研究

本研究开发了轻质内墙板与钢梁连接及轻质内墙板与地面连接两种形式，给出了连接件标准化、模数化尺寸及形式。通过有限元模拟软件 ABAQUS 对轻质连接件在层间位移作用下的性能进行了有限元分析，从而得出：

（1）设计了轻质内墙与框架梁 L 形连接件连接方式和与地面的新型连接方式，确定了两种连接件的具体尺寸，并对顶部 L 形连接件焊缝抗剪承载力进行验算，对顶部连接固定用膨胀螺栓进行了抗剪承载力验算，均满足要求。

（2）考虑了层间相对位移对轻质连接件与轻质内墙板的影响，利用有限元软件对其进行位移加载，从而得出连接件的应力云图以及连接件与轻质条板接触处的接触反力和接触面积变化的曲线。

（3）研究了轻质条板与连接件之间的摩擦系数、轻质条板的高度的影响以及连接件厚度对连接件受力性能的影响。分析结果表明，在实际计算中，摩擦系数取 0.30～0.35 比较理想；轻质条板高度在 2.7～3.0m 之间，能够使连接件产生更好的性能；并对不同的板厚给出了相应的连接件尺寸。

3.3.2　轻钢龙骨内墙与钢框架新型连接的开发及性能研究

本研究主要从安装施工、结构设计及钢框架变形等方面考虑，对轻钢龙骨内墙与钢框架主体结构间的连接构造进行设计与计算，并通过 ABAQUS 有限元分析软件对 U 形连接件与竖龙骨连接处的接触力和接触面积进行分析，了解这种连接件的受力形式，并对新型连接下轻钢龙骨内墙在均布荷载和层间位移作用下的变形和应力变化进行有限元分析研究，得出以下主要结论。

（1）设计了轻钢龙骨内墙与框架梁 U 形连接件连接方式和与地面的新型连接方式，确定了两种连接件的具体尺寸，并对顶部 U 形连接件焊缝抗剪承载力进行验算，对顶部连接固定用膨胀螺栓进行了抗剪承载力验算，均满足要求。

127

（2）考虑层间相对位移对 U 形连接件与竖龙骨连接处的影响，得出 U 形连接件与竖龙骨连接处接触反力变化曲线、接触面积变化曲线和各部分的应力变化。竖龙骨应力最大处的应力要远远大于 U 形连接件应力最大处的应力，U 形连接件与竖龙骨连接处的破坏主要集中在竖龙骨上。

（3）在平面外均布荷载作用下，墙体的中心区域变形最大，向四周逐渐减小；位移沿墙高变化曲线呈拱形；整个模型的应力较大处发生在中间竖龙骨的中部和底部连接处；5 个 U 形连接件和 5 个底部连接件应力大小不同且相差较大，但变化趋势相同，都是处于中间位置的连接件应力最大；承载力满足《钢结构住宅设计规范》CECS 261—2009[86] 规定。

（4）在平面外层间位移作用下，墙体随层间位移发生变形，变形沿墙高逐渐增大，位移沿墙高变化曲线呈弯曲形；整个模型的应力较大处发生在中间竖龙骨和底部连接件的连接处；新型连接下的墙体能适应小震下框架结构的弹性层间位移限值和大震下框架结构的弹塑性层间位移限值。

第4章 装配式剪力墙与主体框架连接技术开发与研究

4.1 装配式钢板剪力墙与钢框架连接构造的开发及性能研究

4.1.1 装配式钢板剪力墙与钢框架连接构造的开发

4.1.1.1 现有连接构造形式

钢板剪力墙与钢框架梁的连接构造形式主要包括螺栓连接和焊缝连接。

（1）螺栓连接

螺栓连接主要包括双角钢螺栓连接、T型钢螺栓连接、T型钢焊接连接，分别如图4-1～图4-3所示。

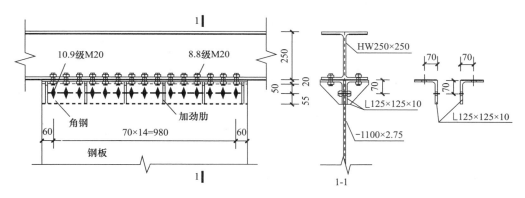

图 4-1 双角钢螺栓连接件

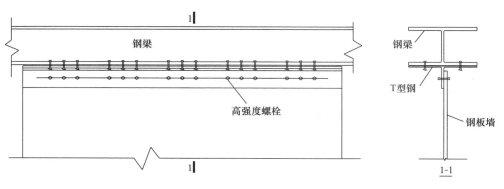

图 4-2 T型钢螺栓连接件

（2）焊缝连接

装配式钢板剪力墙与钢框架梁的焊接连接主要采用单鱼尾板焊接连接，如图4-4所示。此连接构造的缺点包括：钢板剪力墙受力易发生偏心，钢板剪力墙易发生平面外屈曲。在钢板剪力墙的工程应用中，螺栓连接采用得较少，主要原因是螺栓在安装过程中要求制孔精度较高。

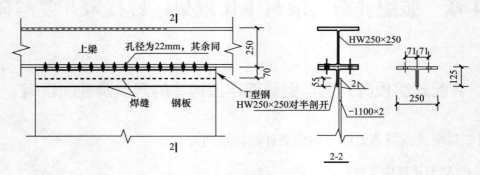

图 4-3　T 型钢焊接连接件

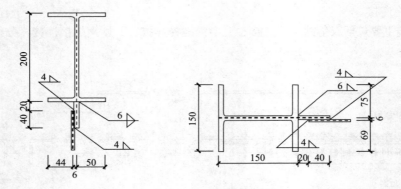

图 4-4　单鱼尾板连接件

4.1.1.2　双鱼尾板连接的开发

本连接构造的开发是为了钢结构住宅在我国的广泛推广，而提供的一种有利于钢框架-钢板剪力墙住宅产业化的连接构造形式，既能合理地传递剪力，满足承载力要求，又能延迟钢板剪力墙发生平面外屈曲，易于施工和实现工业化生产。

本新型连接构造与现有的单连接板连接件相比，具有以下优点：

（1）具有较高的连接强度，使连接更加可靠；

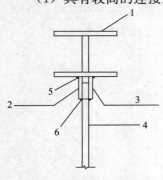

图 4-5　双鱼尾板连接件

（2）可避免单鱼尾板连接时造成的构件受力偏心，使钢板剪力墙受力均匀，同时可以延迟钢板剪力墙的平面外屈曲，有利于"强连接，弱构件"的设计原则；

（3）连接易于实现工业化生产，现场装配简便，工地定位准确，从而大大节省了安装时间，提高工程效率；

（4）具有较高的延性，有利于地震作用下的耗能，有利于抗震。

图 4-5 所示的是装配式钢板剪力墙与钢框架梁连接的新型连接件，包括：钢框架梁 1、第一双鱼尾板连接件 2、第二双

鱼尾板连接件 3、钢板剪力墙 4，采用角焊缝（5、6）焊接连接。

连接件现场安装过程应满足以下要求：

（1）由于钢板剪力墙主要承受水平剪力，不承担竖向压力，在钢结构安装时需要采取后安装的方法以避免钢板剪力墙承受过多的竖向压力，即钢板剪力墙在主体结构封顶后才实施全部连接。

（2）主体结构封顶后，开始安装钢板剪力墙。吊装时，用高强度螺栓将钢板剪力墙与两侧钢框架柱临时固定，其中固定板采用点焊与钢框架柱焊接连接，固定板螺栓开孔采用椭圆孔以方便安装，螺栓间距根据钢板的厚度确定。第一层钢板剪力墙吊装完成后，进行第二层钢板剪力墙的吊装，当第一、二层钢板剪力墙吊装结束后，将第一层钢板剪力墙采用焊接连接安装。当第二、三层钢板剪力墙吊装结束后，将第二层钢板剪力墙采用焊接连接安装。以后各层均按此方式进行吊装安装。

（3）第一、二层钢板剪力墙安装定位后，首先将第一层钢板剪力墙（第二双鱼尾板连接件 3 与钢板剪力墙 4 组成）与该层下部第一双鱼尾板连接件 2 采用角焊缝焊接连接，当焊缝冷却至常温后，钢板剪力墙的第二双鱼尾板连接件 3 与下部钢梁采用角焊缝焊接连接。然后按此方法将第一层钢板剪力墙的上侧连接完成。以后各层均按此方法进行安装。

（4）当钢板剪力墙全部安装结束后，将安装螺栓等拆除。

4.1.1.3 连接件尺寸的设计

从连接件角度出发，仅研究连接件的力学性能。保证钢板墙刚度足够大，尽量使钢板剪力墙在连接件破坏之后屈曲破坏，以此来研究新型连接件的力学性能，此时钢板剪力墙尺寸如表 4-1 所示。其中，试件首字母 D 为传统的单鱼尾板连接的钢板剪力墙试件，试件首字母 S 为新型双鱼尾板连接的钢板剪力墙试件。每个试件均有一个加载钢梁，所有试件公用一套自制支撑装置，所以支撑装置各向均加肋，以使支撑有足够的刚度，保证试验的顺利进行，故固定钢梁数量为 2 个，钢梁尺寸如表 4-2 所示，自制支撑装置中固定钢梁与地锚连接板的相对位置如图 4-6 所示，实验室的地锚孔模数为 500mm。

						表 4-1
			试件参数			
试验试件	连接板长度 L(mm)	连接板宽度 B(mm)	连接板厚度 t(mm)	钢板墙长度 L(mm)	钢板墙宽度 B(mm)	钢板墙厚度 t(mm)
DLD-1	600	60	6	600	370	9
DLD-2	600	60	6	600	370	9
DLD-3	600	60	6	600	370	6
DLD-4	600	60	6	600	370	6
SLD-1	600	60	4	600	370	9
SLD-2	600	60	4	600	370	9
SLD-3	600	60	4	600	370	6
SLD-4	600	60	4	600	370	6
DLW-1	600	60	6	600	370	9
DLW-2	600	60	6	600	370	9
DLW-3	600	60	6	600	370	6
DLW-4	600	60	6	600	370	6
SLW-1	600	60	4	600	370	9

续表

试验试件	连接板长度 L(mm)	连接板宽度 B(mm)	连接板厚度 t(mm)	钢板墙长度 L(mm)	钢板墙宽度 B(mm)	钢板墙厚度 t(mm)
SLW-2	600	60	4	600	370	9
SLW-3	600	60	4	600	370	6
SLW-4	600	60	4	600	370	6

注：编号 DLD 中，前两个字母 DL 表示单鱼尾板连接，第三个字母 D 表示单调加载；编号 SLD 中，前两个字母 SL 表示双鱼尾板连接，第三个字母 D 表示单调加载；编号 DLW 中，前两个字母 DL 表示单鱼尾板连接，第三个字母 W 表示往复加载；编号 SLW 中，前两个字母 SL 表示双鱼尾板连接，第三个字母 W 表示往复加载。

钢梁几何尺寸 表 4-2

钢梁	型号(mm)	长度(mm)
加载钢梁	HW350×350×10×16	900
固定钢梁	HW350×350×10×16	1200

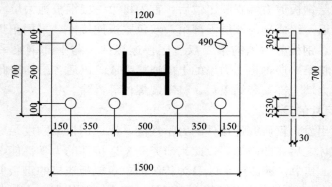

图 4-6　固定钢梁与地锚连接板的相对位置

4.1.1.4　连接强度设计

（1）钢板墙承载力计算

在《高层民用建筑钢结构技术规程》JGJ 99—2015[88]中有如下规定：不设加劲肋的钢板剪力墙，可按下列公式计算其抗剪强度及稳定性：

$$\tau \leqslant f_{v} \tag{4-1}$$

$$\tau \leqslant \tau_{cr} = \left[123 + \frac{93}{(l_1/l_2)^2}\right]\left(\frac{100t^2}{l_2}\right) \tag{4-2}$$

式中　τ——钢板剪力墙的剪应力；

　　　f_{v}——钢材的抗剪强度设计值，抗震设防的结构按规程规定除以 0.90；

　　　l_1，l_2——分别为所计算的柱和楼层梁所包围区格的长边和短边尺寸；

　　　t——钢板的厚度。

规范中以钢板墙的屈曲荷载作为设计极限荷载，并未给出钢板墙屈曲后承载力的计算公式，也没有对不同边界条件的钢板剪力墙做出明确规定。故本研究中钢板剪力墙的极限承载力采用马欣伯提出的两边连接钢板剪力墙面内受剪时的极限平均剪应力计算公式[89]，公式中各符号释义可参见文献[89]。

1）当 $L/H \leqslant 0.6$ 时

$$\tau_{u} = \tau_{p} \tag{4-3}$$

2）当 $L/H > 0.6$ 时

$$\tau_{u} = (1.374e^{-0.53L/H}) \cdot \tau_{p} \tag{4-4}$$

其中

$$\tau_{p} = \frac{1}{2}(L/H)f_{y} \tag{4-5}$$

钢板墙的抗剪承载力：

$$V = \tau_{u} \cdot A = (1.374e^{-0.53 \times 1.62}) \times 0.5 \times 1.62 \times 235 \times 6 \times 600 \times 2 = 798.08\text{kN}$$

钢板墙屈曲剪应力：

$$\tau_{cr} = \left[123 + \frac{93}{(600/370)^2}\right]\left(\frac{100 \times 6}{370}\right)^2 = 416.45\text{MPa}$$

（2）连接件的抗剪设计

我国《钢结构设计标准》GB 50017—2017[56]规定：连接节点处板件在拉、剪作用下的强度应按下列公式计算，如图 4-7 所示。

$$\frac{N}{\sum(\eta_i A_i)} \leqslant f \tag{4-6}$$

$$\eta_i = \frac{1}{\sqrt{1 + 2\cos\alpha_i^2}} \tag{4-7}$$

式中　N——作用于板件的拉力；

A_i——第 i 段破坏面的截面积，$A_i = tl_i$；当为螺栓连接时，应取净截面面积；

t——板件厚度；

l_i——第 i 段破坏的长度，应取板件中最危险的破坏长度；

η_i——第 i 段拉剪折算系数；

α_i——第 i 段破坏线与拉力轴线的夹角。

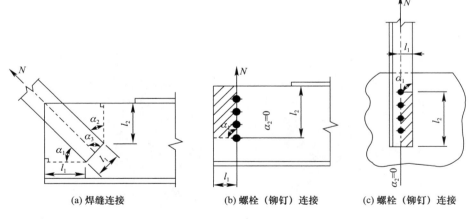

(a) 焊缝连接　　　　　(b) 螺栓（铆钉）连接　　　　　(c) 螺栓（铆钉）连接

图 4-7　板件的撕裂

单鱼尾板连接件的抗剪承载力：

$$N = \sum(\eta_i A_i) \cdot f = 611.8\text{kN}$$

双鱼尾板连接件的抗剪承载力：

$$N = \sum(\eta_i A_i) \cdot f = 877.4\text{kN}$$

（3）连接件焊缝设计

按照《钢结构焊接规范》GB 50661—2011[90]中角焊缝的构造要求：对于板件边缘的角焊缝，当 $t>6$mm 时，取 $h_\mathrm{f}\leqslant t-(1\sim2)$mm；当 $t\leqslant6$mm 时，取 $h_\mathrm{f}\leqslant t$。如果另一焊件较厚时，还应满足规范规定：角焊缝的焊脚尺寸不得小于 $1.5t$，t 为较厚焊件厚度。公式中各符号释义可参见文献[90]。经计算，试验中焊脚尺寸为：

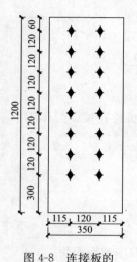

$$\tau_\mathrm{f}=\frac{N}{h_\mathrm{e}l_\mathrm{w}}\leqslant f_\mathrm{w}^\mathrm{f} \tag{4-8}$$

试件焊缝的承载力：

$$V=2h_\mathrm{e}\sum l_\mathrm{w}f_\mathrm{w}^\mathrm{f}=2\times0.7\times4\times160\times600=537.6\mathrm{kN}$$

（4）连接板处螺栓承载力计算

试件连接板与固定装置之间采用 10.9 级的 M20 的高强度螺栓连接，螺栓孔径 22mm，螺栓布置如图 4-8 所示，螺栓孔距满足《钢结构设计标准》GB 50017—2017[56]的相关要求，公式中各符号释义可参见文献[56]。

单个螺栓的抗剪承载力为：

$$N_\mathrm{v1}=0.9n_\mathrm{f}\mu p=0.9\times2\times0.45\times155=125.55\mathrm{kN}$$

16 个高强度螺栓，单侧连接板的螺栓抗剪承载力为：

$$N_\mathrm{v}=16\times N_\mathrm{v1}=16\times125.55=2008.8\mathrm{kN}$$

图 4-8　连接板的螺栓布置

连接板螺栓满足抗剪承载力要求。

4.1.2　装配式钢板剪力墙与钢框架连接试验概况

4.1.2.1　试件加工制作

本试验的钢材由上海二十冶工程技术有限公司提供，钢材均选用 Q235B。试验试件在沈阳建筑大学加工厂加工而成。试验加载钢梁选用 HW350mm×350mm×10mm×16mm，长度为 900mm，为保证加载钢梁的局部稳定，在加载钢梁上焊接肋板，如图 4-9 所示。

图 4-9　加载钢梁

为实现本试验所需要的加载条件，需要在试件加载钢梁的一端焊接钢板，用于与试验的自反力架及加载设备 MTS 连接。加载钢梁一端焊接的钢板尺寸为 560mm×560mm×30mm，根据加载设备 150t 的 MTS 的连接头孔洞位置，需在加载钢梁端部焊接的钢板上开设孔洞。经过计算端部钢板的 8 个高强度螺栓能够抵抗试验时出现的最大拉力。根据 MTS 连接头的孔洞位置，加载钢梁端板需要在纵、横向两端各打 3 个孔，每侧用 3 个

M30 的 10.9 级摩擦型高强度螺栓与 MTS 连接。为了保证试验时试件端部不出现变形，分别在试件与端板以及 MTS 连接头与端板上各焊接 8 道加劲肋板，如图 4-10 所示。最终的试验试件如图 4-11 所示。

图 4-10　MTS 连接头及连接端板

图 4-11　试验试件

4.1.2.2　材料性能

材料力学性能试验是在沈阳建筑大学材料力学实验室进行的，钢材的材料力学性能由标准单向拉伸试验确定，为保证试验结果的准确性和可靠性，本次试验的所有钢材均采用同一批 Q235B 级钢材，试验前在连接件所用的钢材上取 3 组试样制作成拉伸试件。材料的力学性能试验应严格按照《金属材料拉伸试验　第 1 部分：室温试验方法》GB/T 228.1—2010[77] 的规定进行，测得钢材的屈服强度（f_y）、极限强度（f_u）、弹性模量 E、泊松比 μ、伸长率等。材料力学性能试验结果如表 4-3 所示。

钢材材性指标表 4-3

钢材材料	屈服强度（MPa）	极限强度（MPa）	弹性模量（MPa）	泊松比	伸长率
连接件	381.867	503.6	$2.11×10^5$	0.244	17.8%

4.1.2.3　试验装置、测试方法及加载制度

（1）试验装置

本试验在沈阳建筑大学结构工程实验室完成。加载平台采用 1200kN 的自反力架，加载装置采用 1500kN 的 MTS 液压式伺服加载系统，作动器行程为 ±250mm。试验时，自

反力架及 MTS 组成的加载装置如图 4-12 所示。

为达到试验效果，加工了一对固定钢梁装置，与实验室地锚孔通过压梁、地锚栓固定，试件两侧连接板与试件采用焊接连接，两侧连接板与固定钢梁装置采用 M20 高强度摩擦型螺栓连接。为防止试件平面内失稳，在试件的两侧用一对支撑固定，支撑与固定钢梁的接触面采用焊接连接，如图 4-13 所示。

图 4-12　试验加载图

图 4-13　平面内支撑

为防止试件平面外失稳，在加载钢梁平面外方向采用一对支撑固定，为防止支撑与加载钢梁间的摩擦过大造成试件受力不均，一对支撑上分别固定一个滑板以减少摩擦，滑板与试件间略有缝隙以防止滑板与试件接触过紧使支撑受力过大而发生变形，同时由于加载钢梁比滑板宽，在加载钢梁两侧各焊接两块钢板，但要使其保持在一个平面。由于 MTS 加载装置的上下端均由万能铰连接，可以自由转动，且试件制作过程中可能存在偏差，试验加载过程中发现 MTS 万能铰及试件过早地发生平面外失稳。通过在试件的上侧、支撑的横杆处设置一对长拉杆将试件拉住，以防止试件过早地发生平面外失稳，加载钢梁的端板将试件与 MTS 加载装置的连接头连接，如图 4-14 所示。

（2）试验加载方案

单调试验采用荷载控制，正式加载之前，先进行预加载，目的是使试件与加载装

图 4-14　平面外支撑

置紧密接触，以减少试验过程中试件的滑移。各个试件的预加载分为 8 级进行加载，每个加载级均为 10kN，每级加载完成后停留 2min。

低周往复循环加载试验采用位移控制，每一加载级均为 2mm，每一级预加载完成后停留 2min。试件屈服后，位移采用屈服时节点的水平最大位移进行加载，并以该最大位移值的倍数为级差进行往复加载，每级循环两次。直至所加荷载下降至极限承载力的85％或节点处出现断裂为止。

（3）试验量测方案

本试验主要通过应变花对试件进行内力控制，单鱼尾板连接试件的应变花编号为 D1～D6，均为单向布置，如图 4-15（a）所示；新型双鱼尾板连接试件的应变花编号为 S1～S6，S1′～S6′，其中编号 S1～S6 的应变花位于试件的正面，编号 S1′～S6′ 的应变花对称地布置在试件的反面，如图 4-15（b）所示。

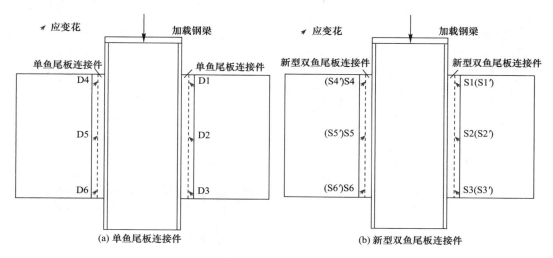

图 4-15　应变片的布置

采用位移计量测连接件的水平位移，两端自制钢梁处螺栓的滑移及钢板剪力墙平面外位移，量程分别为 50mm、100mm，连接件竖向位移由 MTS 加载装置测得。

4.1.3　单调荷载作用下新型连接的试验研究

4.1.3.1　试验现象与破坏模式

DLD-1 试件在加载初期，曲线出现微小滑移段，原因是 MTS 连接件螺栓处、其他螺栓连接处以及 MTS 加载初期均存在少许间隙。当加载至 300.86kN 时，试件开始发出嘶嘶的响声；当加载至 390kN 时，钢板剪力墙开始有较小的平面外变形；当加载至 410.58kN 时，靠近连接件与钢板剪力墙连接角部处开始出现较小的面外鼓曲，连接件及焊缝无明显变化；当加载至 600kN 时，试件开始出现较大的响声，原因是 MTS 加载的荷载较大，试件、装置的连接螺栓出现滑移及地锚杆处出现较大的挤压，此时钢板剪力墙最大面外位移为 8.5mm；继续加载，鼓曲部分变大，钢板剪力墙平面外变形继续增大；当加载至 900kN 时试件的平面外变形迅速增大，同时曲线出现下降段，试件 DLD-1 破坏形态如图 4-16 所示。

SLD-1 试件在加载初期，曲线出现微小滑移段，原因是 MTS 连接件螺栓处、其他螺栓连接处均存在少许间隙；当加载至 335.56kN 时，试件开始发出一阵嘶嘶的响声；当加载至 450kN 时，钢板剪力墙开始有较小的平面外变形，导致曲线出现了较小的滑移；加载至 700kN 时，试件及支撑装置由于挤压力过大而发出较大的"咔咔"的声音；加载至 800kN 时，试件虽未发生平面外失稳破坏，却有明显的平面外变形，MTS 连接铰无明显的平面外转动，平面外支撑有微小的滑动痕迹，平面外支撑下侧的焊接槽钢拉杆无明显变化，从滑板位置变形可知平面外支撑下侧滑动不大，支撑上侧变形较大，试件 SLD-1 破坏形态如图 4-17 所示。

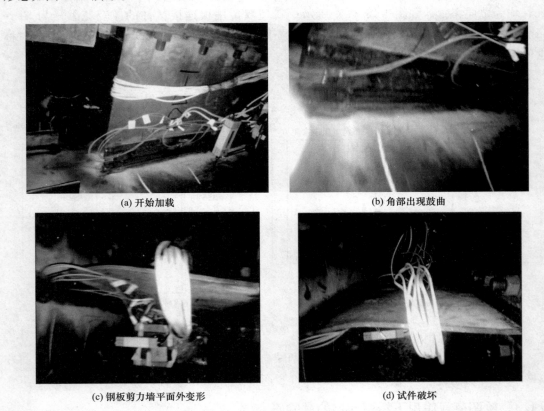

(a) 开始加载　　　　　　　　　　　(b) 角部出现鼓曲

(c) 钢板剪力墙平面外变形　　　　　　　(d) 试件破坏

图 4-16　试件 DLD-1 破坏形态

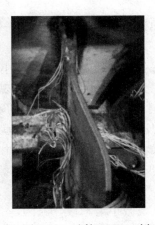

图 4-17　试件 SLD-1 破坏形态

4.1.3.2　试验结果分析

（1）应变分析

单鱼尾板连接的试件 DLD-1 的应变花分析数据如表 4-4 所示，表中给出了各个测点应变花首次进入屈服时对应的荷载级别以及该荷载级别下这些测点的先后顺序，并给出了单鱼尾板连接件相应的宏观现象。

试件 DLD-1 的应变分析　　　　　　　　　　　　　　　　　表 4-4

加载级别（kN）	测点屈服		宏观现象
	左侧测点	右侧测点	
115.56			
205.55			
300.86			试件开始发出响声
410.58		D1	连接角部出现微小的平面外鼓曲
484.87	D4	D2	平面外变形逐渐明显
555.88			
653.62	D5、D6	D3	试件平面外位移有明显增大现象

加载至 410.58kN 时，D1 首先发生屈服；加载到 484.87kN 时，D2、D4 相继屈服，出现明显的屈服现象，试件的平面外变形逐渐明显；加载至 653.62kN 时，D3、D5、D6 均发生屈服，试件平面外位移有明显的增大现象。从整体看，D1、D4 两个测点的应变片数值较大，这也对应了试件上边缘变形较大的现象。

双鱼尾板连接的试件 SLD-1 的应变花分析数据如表 4-5 所示，表中给出了各个测点应变花首次进入屈服时对应的荷载级别以及该荷载级别下这些测点的先后顺序，并给出了新型双鱼尾板连接件相应的宏观现象。

试件 SLD-1 的应变分析　　　　　　　　　　　　　　　　　表 4-5

加载级别（kN）	测点屈服		宏观现象
	左侧测点	右侧测点	
119.63			
218.31			
335.56			试件开始发出响声
425.58		D1	连接角部出现微小的平面外鼓曲
512.26	D4	D2	平面外变形逐渐明显
594.73			
674.48	D5	D3	试件平面外位移有明显增大现象

加载至 425.58kN 时，D1 首先发生屈服；加载到 512.26kN 时，D2、D4 相继屈服，出现明显的屈服现象，试件的平面外变形逐渐明显；加载至 674.48kN 时，D3、D5 均发生屈服，试件平面外位移有明显的增大现象，但是 D6 却始终没有发生屈服现象。从整体看，D1、D4 两个测点的应变片数值较大，这也对应了试件上边缘变形较大的现象。

（2）荷载-位移曲线分析

1）单鱼尾板连接件的荷载-位移曲线

对单鱼尾板连接件连接的钢板剪力墙试件进行单调荷载加载，得出单鱼尾板连接件沿正（压为正）方向的荷载-位移曲线，如图 4-18 所示。连接件的受力过程可以分为弹性、弹塑性和破坏三个阶段。

第一阶段：弹性阶段（曲线 OA 段）。当加载到 A 点之前，连接件基本处于弹性阶段。

当加载到 A 点时，钢板剪力墙的平面外位移开始增大，导致荷载-位移曲线发生了微小的抖动。从荷载-位移曲线中可以看出，当加载到设计承载力时，连接件仍处于弹性阶段，连接件的实际承载力远远超过连接件的设计承载力，说明连接件的计算方法是合理可行的。

第二阶段：弹塑性阶段（曲线 AB 段），当位移加载到 A 点以后，钢板剪力墙的平面外位移逐渐增大，导致连接件刚度略有下降，曲线呈现弹塑性特征。

第三阶段：破坏阶段（B 点以后的下降段），B 点为节点的极限承载力，此时钢板剪力墙突然发生平面外破坏，导致连接件承载力和刚度急剧下降，试件破坏，停止加载。

2）双鱼尾板连接件的荷载-位移曲线

对双鱼尾板连接件连接的钢板剪力墙试件进行单调荷载加载，得出双鱼尾板连接件沿正（压为正）方向的荷载-位移曲线，如图 4-19 所示。连接件的受力过程可以分为弹性、弹塑性和破坏三个阶段。

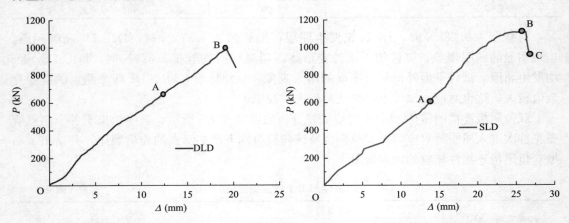

图 4-18 单鱼尾板连接件的荷载-位移曲线图　　　图 4-19 双鱼尾板连接件的荷载-位移曲线

第一阶段：大体上与上述单鱼尾板连接件的第一阶段相同，区别在于 A 点之后的荷载-位移曲线发生的抖动更明显一些。

第二阶段和第三阶段与上述单鱼尾板连接件的第二、三阶段相同。

C 点是节点的破坏承载力，为节点极限承载力的 0.87 倍。

（3）承载力分析

表 4-6 是两种连接件的试验结果。从表 4-6 可以看出，双鱼尾板连接件的承载力高于单鱼尾板连接件约 11%，表明双鱼尾板连接件的承载力明显高于单鱼尾板连接件，传力分布更加均匀，受力方式更加合理，力学性能优于单鱼尾板连接件。

	试验结果			表 4-6
连接件	屈服荷载（kN）	屈服位移（mm）	极限荷载（kN）	极限位移（mm）
SLD-1	656.2	14.61	1106.71	26.3
DLD-1	651.06	12.13	997.36	19.21

4.1.4 往复荷载作用下新型连接的试验研究

4.1.4.1 试验现象与破坏模式

试件 DLW-1 为低周往复荷载加载作用下普通单鱼尾板连接的钢板剪力墙试件。

加载初期，曲线出现少许滑移段，原因是 MTS 连接铰处的螺栓连接、其他螺栓连接以及加载初期试件与支撑均存在少许间隙。加载至 ±6mm 时，试件开始发出一阵"嘶嘶"的金属撞击的响声；当加载至 ±8mm 时，钢板剪力墙开始有较小的平面外变形，平面外位移达 −0.65mm；加载至 ±10mm，平面外变形达到 −0.75mm；当加载至 ±14mm 时，试件发生明显的平面外鼓曲，平面外位移达 −4.33mm；加载至 ±16mm 时，连接件与钢板剪力墙连接位置出现极为细小的裂纹，长度大约为 15mm，曲线刚度开始退化；继续加载连接件裂缝迅速发展，刚度退化逐渐明显，最终连接件开裂，停止加载，钢板剪力墙平面外变形明显，平面外位移达 −17.23mm，MTS 的连接铰有明显的平面外转动，破坏形态如图 4-20 所示。

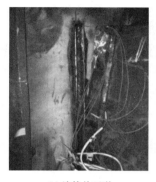 

(a) 连接件开裂　　　　　　　　(b) 试验后MTS连接铰位置

图 4-20　试件 DLW-1 破坏形态

试件 SLW-1 为低周往复荷载作用下双鱼尾板连接的钢板剪力墙试件。

加载初期，曲线出现少许滑移段，原因是 MTS 连接铰处的螺栓连接、其他螺栓连接处以及 MTS 加载初期试件与支撑均存在少许间隙。加载至 ±6mm 时，钢板剪力墙开始有较小的平面外变形，平面外位移达 −0.08mm；加载至 ±8mm 时，试件开始发出一阵"嘶嘶"的金属撞击的响声；加载至 ±10mm，钢板剪力墙平面外变形达到 −0.38mm；加载至 ±12mm 时，试件发生平面外鼓曲，平面外位移达 −3.33mm；加载至 ±14mm 时，连接件与钢梁连接处出现极为细小的裂纹，曲线刚度开始退化，钢板剪力墙平面外变形明显，平面外位移达 −13.23mm，加载装置 MTS 的连接铰有平面外转动，但相对试件 DLW-1 的平面外转动并不明显，试件发生平面外失稳破坏，停止加载，破坏形态如图 4-21 所示。

所有试件均发生不同程度的平面外失稳破坏，但是单鱼尾板连接的试件破坏时连接件被撕裂，破坏时钢板剪力墙平面外位移较大；双鱼尾板连接的试件发生平面外失稳破坏时，连接件会有细小的裂纹但并未出现开裂现象。

4.1.4.2　试验结果分析

（1）应变分析

单鱼尾板连接试件 DLW-1 的应变花分析数据如表 4-7 所示。

图 4-21　试件 SLW-1 破坏形态

试件 DLW-1 的应变分析

表 4-7

加载级别（mm）	测点屈服		宏观现象
	左侧测点	右侧测点	
Δ＝±4			
Δ＝±6			试件开始发出响声
Δ＝±8		D1	连接角部出现微小的平面外鼓曲
Δ＝±10			
Δ＝±12	D4	D2	平面外变形逐渐明显
Δ＝±14		D3	试件平面外位移有明显增大现象
Δ＝±16	D5、D6		连接件开始出现裂纹

　　加载至±8mm 时，D1 首先发生屈服；继续加载，当达到±12mm 时，D2、D4 相继屈服，出现明显的屈服现象，试件的平面外变形逐渐明显；加载至±14mm 时，D3 发生屈服，试件平面外位移有明显增大的现象；加载至±16mm 时，D5、D6 相继发生屈服。从整体看，D1、D4 两个测点的应变片数值较大，这也对应了试件上边缘变形较大的现象，当连接件出现裂纹时，各测点应变片均发生屈服，继续加载连接件开裂。

　　新型双鱼尾板连接试件 SLW-1 的应变花分析数据如表 4-8 所示。加载至±8mm 时，D1 首先发生屈服；继续加载，当达到±10mm 时，D2、D4 相继屈服，出现明显的屈服现象，试件的平面外变形逐渐明显；加载至±12mm 时，D3、D5 发生屈服，试件平面外位移有明显增大的现象；加载至±14mm 时，D6 发生屈服。从整体看，D1、D4 两个测点的应变片数值较大，这也对应了试件上边缘变形较大的现象，当连接件出现细小裂纹时，各测点应变片均发生屈服。

试件 SLW-1 的应变分析

表 4-8

加载级别（mm）	测点屈服		宏观现象
	左侧测点	右侧测点	
Δ＝±4			
Δ＝±6			
Δ＝±8		D1	连接角部出现微小的平面外鼓曲
Δ＝±10	D4	D2	平面外变形逐渐明显
Δ＝±12	D5	D3	试件平面外位移有明显增大现象
Δ＝±14	D6		连接件出现细小裂纹

　　（2）荷载-位移滞回曲线分析

　　图 4-22 给出了试件的荷载（P)-位移（Δ）的滞回曲线。通过对单鱼尾板连接件的滞回曲线分析，可知单鱼尾板连接件的 P-Δ 曲线具有以下特点：

　　初期加载时形成的滞回环面积较小，结构的残余变形也较小，结构在近似弹性阶段工作，加载和卸载过程基本对称。随着位移的增大，加载至±6mm 时，滞回环的面积略有增大，环体张开程度有明显趋势，残余变形增大，说明结构开始逐渐吸收能量，在荷载往复加载的过程中，刚度无明显退化。

　　随着位移的增大，滞回环的面积逐渐变得饱满，环体张开程度明显。当加载至 Δ_y 级循环时变形开始增大，曲线出现一定的捏拢现象，原因是钢板剪力墙发生了平面外位移，这种变形主要发生在靠近连接件与钢板剪力墙的连接处，钢板剪力墙的微小的剪切变形缓解了结构的破坏，有利于结构的耗能，同时装置的各螺栓连接处出现滑移现象也是曲线出

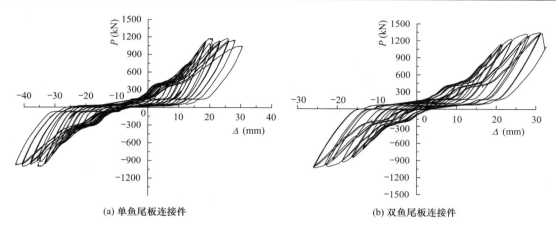

(a) 单鱼尾板连接件　　　　　　　　(b) 双鱼尾板连接件

图 4-22　连接件的滞回曲线

现捏拢现象的原因，此时加载和卸载过程略有不同。继续加载，连接件有开裂迹象，承载力突然下降，但在反向荷载的作用下，承载力略微有增加趋势，曲线的刚度开始逐渐退化；随后承载力有增加的趋势，达到极限承载力后，承载力开始下降，变形增大，并且加载和卸载过程差距明显。达到极限承载力时，连接件开裂破坏，钢板剪力墙的平面外变形增大，钢板剪力墙丧失承载力，停止加载，试验结束。双鱼尾板连接件的滞回曲线特征与单鱼尾曲线类似，但是双鱼尾板连接件的滞回曲线更加饱满。

（3）骨架曲线

图 4-23 是两种试件的骨架曲线。从图中可以看出，两条骨架曲线的趋势基本相同，连接件经历了弹性阶段、弹塑性阶段及破坏阶段，达到极限承载力后，承载力衰减变得缓慢，表现出良好的延性性能。

初期加载时，试件 SLW-1 与试件 DLW-1 的承载力几近相同，随着位移加载的增大，试件 DLW-1 的刚度退化较大，承载力较低，其峰值位移与屈服位移均比试件 DLW-1 略大，而试件 SLW-1 的骨架曲线的峰值为 1105.43kN，试件 DLW-1 的骨架曲线峰值为 955.63kN，所以往复荷载作用下，双鱼尾板连接件的极限承载力相对单鱼尾板连接件提高约为 15.67%，说明试件 SLW-1 的抗侧承载力要高于试件 DLW-1 的抗侧承载力。

（4）刚度退化

连接件刚度退化曲线如图 4-24 所示。两种连接件刚度退化趋势相似，但试件 SLW-1 的初始刚度较大，随着位移加载值时增大，其刚度值始终大于试件 DLW-1 的刚度，反映了双鱼尾板连接件与钢板剪力墙的协同作用较好，可以延缓钢板剪力墙的平面外屈服，并且试件 SLW-1 的刚度退化趋势相对试件 DLW-1 的刚度退化趋势来说比较平缓，说明双鱼尾板连接件可以有效减缓结构刚度的退化。

（5）延性系数

本研究中的延性是指连接件从进入屈服开始荷载到达极限承载力或荷载到达极限承载力之后而其承载能力并没有明显下降期间的变形能力。两种连接件的延性系数如表 4-9所示。

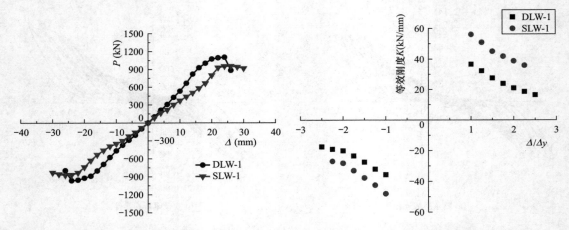

图 4-23　两种连接件的骨架曲线　　　　图 4-24　两种连接件的刚度退化曲线

	两种连接件的延性系数				表 4-9
节点编号	极限承载力（kN）	极限位移（mm）	屈服承载力（kN）	屈服位移（mm）	延性系数
DLW-1	955.63	26.13	439.15	12.67	2.06
SLW-1	1105.43	25.45	455.67	11.07	2.29

　　由表 4-9 可知，两种连接件的延性系数均大于 2，说明连接件在屈服以后，经历较长的塑性变形阶段才发生破坏，两种连接件均具有较好的延性。同时可以看出，试件的 SLW-1 的屈服位移较小，这说明双鱼尾板连接件对钢板剪力墙有较强的约束作用，使构件先达到屈服状态。双鱼尾板连接件明显优于单鱼尾板连接件，表明它的传力路径和受力机理优于单鱼尾板连接件。

　　（6）耗能能力

　　由表 4-10 可知，试件 SLW-1 的耗能能力较好，原因是试件 SLW-1 的双鱼尾板连接件对钢板剪力墙的约束作用较强，即增强了钢板剪力墙的刚度，延缓了钢板剪力墙的平面外变形，加载初期钢板剪力墙变形不大，而随着承载力的增大，钢板剪力墙会逐渐变形，破坏时试件 SLW-1 与试件 DLW-1 的极限位移相差不多，而试件的极限承载力要远高于试件 DLW-1 的极限承载力，且试件 SLW-1 的滞回环曲线比较饱满，故耗能能力较强。

	连接件的耗能能力			表 4-10
节点编号	$S(ABC+CEA)kN \cdot mm$	$S(BOD+OEF)kN \cdot mm$	E	h_e
DLW-1	30083.45	25100.88	1.199	0.191
SLW-1	33057.38	24816.34	1.332	0.212

4.1.5　双鱼尾板连接件的标准化

　　为了使新型连接件能够更好地应用到工业化生产中，在满足连接件的设计要求的前提下，应根据不同的钢板剪力墙的尺寸确定鱼尾板的尺寸，常用的尺寸如表 4-11 所示。

常用钢板剪力墙连接件尺寸　　　　　表 4-11

连接形式	钢板剪力墙厚度（mm）	钢板剪力墙的跨度×高度（mm）	连接板型号（mm）	钢板剪力墙与连接板焊缝	焊脚尺寸（mm）
B 单连接板连接	20	6000×3000	6560×180×30	双面角焊缝	15
		7500×3000	7060×180×30	双面角焊缝	12
		9000×3000	8560×180×30	双面角焊缝	10
C 双连接板连接	20	6000×3000			
		7500×3000			
		9000×3000			
B 单连接板连接	25	6000×3000	5480×220×35	双面角焊缝	18
		7500×3000	6580×220×35	双面角焊缝	15
		9000×3000	8480×220×35	双面角焊缝	12
C 双连接板连接	25	6000×3000			
		7500×3000			
		9000×3000			
B 单连接板连接	30	6000×3000	5420×250×50	双面角焊缝	24
		7500×3000	6520×250×50	双面角焊缝	18
		9000×3000	8420×250×50	双面角焊缝	15
C 双连接板连接	30	6000×3000			
		7500×3000			
		9000×3000			

4.2　预制混凝土剪力墙与钢框架连接构造的开发及性能研究

4.2.1　预制混凝土剪力墙与钢框架的开发

（1）技术背景

开发的连接形式适用于装配式钢结构中预制混凝土剪力墙与钢框架梁之间的连接。预制混凝土剪力墙与钢框架之间通过抗剪连接件相连接，两者形成一种协同工作的结构体系。在地震作用下，钢框架通过自身变形，将水平剪力传递到混凝土剪力墙上，混凝土剪力墙角部受压；在承载的后期，混凝土墙体出现裂缝退出工作，钢框架通过自身的刚度提供一定的承载力与延性来抵抗地震作用，成为第二道防线，从而使钢框架内填预制混凝土剪力墙结构的双重抗侧力体系的优势得到充分的发挥，避免结构在罕遇地震作用下发生严重破坏甚至倒塌。

因此，连接件的性能直接影响结构体系的刚度、稳定性和承载能力。连接件在设计时不仅要考虑施工阶段的便捷性，还要考虑剪力墙在损坏时连接件还具有一定的承载能力。

（2）开发新型连接思路

预制混凝土剪力墙与钢框架之间的连接件要求：

1）需求连接件易于加工与制作，适用于工业化生产，同时要求连接件性能稳定，保证剪力墙与钢框架具有较好的协同变形能力，提高结构的抗震性能；

2）要求连接件受力明确、承载力高、可靠性高；

3）要求连接件方便施工、快速安装、节约钢材。

（3）新型连接形式

在钢框架内填现浇混凝土剪力墙结构中，混凝土剪力墙与钢框架之间的连接形式主要采用抗剪栓钉相连接。剪力钉的施工过程：首先把剪力钉焊接在钢框架梁的翼缘处，焊接完成后，施工现场浇筑混凝土剪力墙，目的是使剪力钉紧紧地锚固于混凝土墙体中，与预制混凝土剪力墙结构相比，现浇混凝土剪力墙的施工复杂，现场湿作业多，施工时间较长，不利于建筑的工业化生产。

参考《高层民用建筑钢结构技术规程》JGJ 99—2015[88]，该规程给出了内嵌带竖缝混凝土剪力墙的构造设计，结构示意如图 4-25 所示。从图中可以看出，内嵌带竖缝混凝土剪力墙与钢框架之间的连接形式为，在墙体顶部中预埋钢板（提前钻孔），钢梁翼缘处焊接钢板连接件（提前钻孔），连接件通过高强度螺栓与墙体中的预埋钢板相连接；在墙体底部，栓钉焊接在钢框架梁的翼缘处，焊接完成后，通过墙体中的齿槽与栓钉相连接，在墙体角部与钢框架加强连接。底部的齿槽连接施工较为复杂，同时抗剪栓钉在与钢框架梁焊接时容易在根部产生应力集中，强度不易保证。

因此，在图 4-25 连接形式的基础上，对其连接方式进行改进，墙体顶部与墙体底部采用相同的连接形式，即在内填墙体的顶部与墙体底部均采用高强度螺栓与钢梁进行连接，改进后的连接方式如图 4-26 所示。

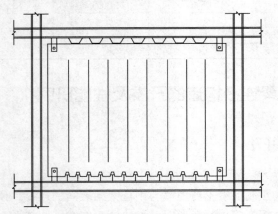

图 4-25　带竖缝剪力墙与框架的连接

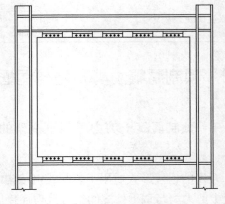

图 4-26　剪力墙与框架的连接

参照图 4-25 中的钢板式连接件的连接方式，本研究设计了两种预制混凝土剪力墙与钢框架之间的新型连接方式，双侧加角钢式连接件和 T 形钢板式连接件，连接件的平面布置如图 4-27 所示。

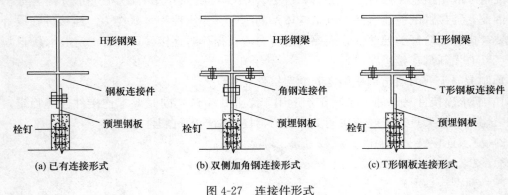

(a) 已有连接形式　　　　(b) 双侧加角钢连接形式　　　　(c) T形钢板连接形式

图 4-27　连接件形式

4.2.2　新型连接件的设计

高层建筑钢结构的连接设计在非抗震设防时，按照结构处于弹性阶段进行设计；在抗震设计时，连接件的设计分为弹性和弹塑性两个阶段进行设计。在弹性阶段进行设计时，高强度螺栓连接的摩擦面之间不能出现滑移；在弹塑性阶段设计时，为了保证钢框架内填预制混凝土剪力墙结构能够充分发挥预制混凝土剪力墙结构的抗震性能，T 形钢板连接件的设计思路应该为，在罕遇地震作用下预制混凝土剪力墙结构应该首先发生压碎破坏，钢框架结构保持完好或发生轻微损坏，同时要求抗剪连接件能够保持钢框架与内填预制混凝土剪力墙之间整体的工作性能，防止抗剪连接件因为设计不合理而先于预制混凝土剪力墙结构发生破坏，造成钢框架与内填预制混凝土剪力墙组合作用失效而发生脆性破坏。

4.2.2.1　高强度螺栓的设计要求

通过有限元分析结果表明，在受力过程中钢框架梁与 T 形钢板之间相连的高强度螺栓在破坏时承受了 80.3% 的水平剪力。在连接螺栓设计时，为了保证连接的可靠性，按高强度螺栓承担全部的水平剪力计算连接螺栓的个数，单个螺栓的抗剪承载力计算如下所示。

第一阶段在弹性阶段进行设计时，根据设计要求高强度螺栓连接的接触面之间不能出现滑移，因此高强度螺栓的承载力设计公式为：

$$N_v^b = 0.9kn_f \times \mu \times P \tag{4-9}$$

式中　N_v^b——一个高强度螺栓的抗剪承载力设计值；

　　　k——孔型系数，标准孔取 1.0；大圆孔取 0.85；内力与槽孔长向垂直时取 0.7；
　　　　　内力与槽孔长向平行时取 0.6；

　　　n_f——传力摩擦面数目；

　　　μ——摩擦面的抗滑移系数；

　　　P——一个高强度螺栓的预紧力设计值。

第二阶段在弹塑性阶段进行设计时，为了保证钢框架内填预制混凝土剪力墙结构的破坏模式为预制混凝土剪力墙在对角线上压碎破坏，而抗剪连接件不发生疲劳破坏。因此要求高强度螺栓的抗剪承载力大于内填预制混凝土剪力墙结构的抗剪承载力，根据《混凝土结构设计规范》GB 50010—2010[91]（2015 年版）可知，大部分剪力墙的抗剪承载力上限接近于 $0.25\beta_c f_{ck} bh$。在弹塑性设计阶段时高强度螺栓的承载力计算公式采用抗剪极限承载力公式进行计算，单个高强度螺栓的极限承载力计算公式为：

$$N_v^b = n_v \frac{\pi d^2}{4} f_v^b \tag{4-10}$$

式中　n_v——受剪面数目；

　　　d——螺栓杆直径；

　　　f_v^b——高强度螺栓抗剪承载力设计值。

在单个高强度螺栓承载力计算公式的基础上，可以给出 T 形钢板连接件中连接所用高强度螺栓抗剪承载能力校核计算公式：

$$V_n = n \times n_v \frac{\pi d^2}{4} f_v^b \geqslant 0.25\beta_c f_c bh t_w L_w \tag{4-11}$$

式中　V_n——高强度螺栓的最大抗剪承载力；

　　　n——高强度螺栓的数量；

　　n_v——受剪面数目；

　　d——螺栓杆直径；

　　f_v^b——高强螺栓抗剪承载力设计值；

　　f_c——混凝土抗压强度设计值；

　　β_c——混凝土强度影响系数；

　　t_w——内填混凝土剪力墙的厚度；

　　L_w——内填混凝土剪力墙的净宽。

4.2.2.2　T形钢板连接件的设计要求

　　T形钢板连接件在设计时不仅要考虑承担水平剪力，还要考虑 T 形钢板承担的上层结构自重的影响，因此在设计时要考虑 T 形钢板的稳定问题，根据《钢结构设计标准》GB 50017—2017[56]中的规定在 T 形钢板腹板两侧成对布置加劲肋，加劲肋布置示意图如图 4-28 所示，加劲肋间距为 $0.5h_0 \sim 2.0h_0$，加劲肋的截面尺寸计算应符合以下公式的要求：

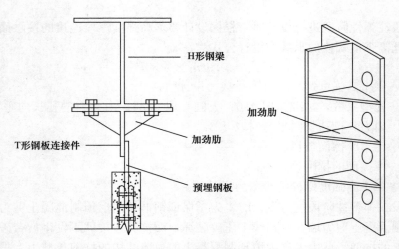

图 4-28　T 形钢板连接件加劲肋布置示意图

外伸宽度：

$$b_s \geqslant \frac{h_0}{30} + 40 (\text{mm}) \tag{4-12}$$

厚度：

$$t_s \geqslant \frac{b_s}{15} \tag{4-13}$$

式中　h_0——腹板的计算高度。

4.2.2.3　预埋钢板的设计要求

　　为了保证预埋钢板与混凝土剪力墙之间的有效结合，预埋钢板通过抗剪栓钉固定在预制混凝土剪力墙中，预埋钢板与混凝土剪力墙之间的连接示意如图 4-29 所示，其中栓钉固定在预制混凝土剪力墙的钢筋笼中。根据试验与有限元分析可知，水平剪力通过预埋钢板传递到预制混凝土剪力墙中，预埋钢板在承受水平剪力时，还要考虑预制混凝土剪力墙自重的影响，因此在设计预埋钢板连接的栓钉时要考虑水平剪力、竖直荷载和弯矩共同作用，单个栓钉的承载力设计要满足水平力 V、竖向荷载 N 和扭矩 T 作用下的最大剪力值。

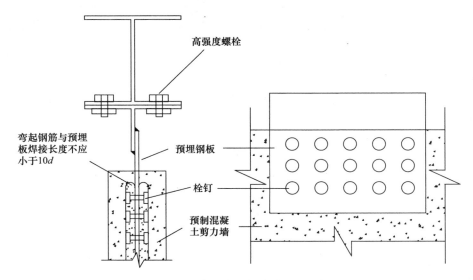

图 4-29　预制混凝土剪力墙中预埋钢板

单个栓钉在扭矩 T 作用下在 x 和 y 方向产生的分力为：

$$N_x^T = N^T y_b / r_b = T y_b / [2\{\textstyle\sum x_i^2 + \sum y_i^2\}] \tag{4-14}$$

$$N_y^T = N^T x_b / r_b = T x_b / [2\{\textstyle\sum x_i^2 + \sum y_i^2\}] \tag{4-15}$$

式中　N_x^T，N_y^T——分别为扭矩在 x 和 y 方向产生的剪力；

x_i，y_i——第 i 个栓钉的坐标。

在水平荷载 V 和竖向荷载 N 的作用下，每个栓钉的受力较为均匀，因此每个栓钉的受力为：

$$N_y^N = N/m,\ N_x^V = V/m \tag{4-16}$$

式中　N_x^V、N_y^N——分别为每个栓钉承受的水平荷载和竖向荷载；

V——水平荷载；

N——竖向荷载；

m——栓钉数量。

在水平剪力、竖向荷载和弯矩共同作用下栓钉承受最大合力的计算公式为：

$$N = \sqrt{(N_x^T + N_x^V)^2 + (N_y^T + N_y^N)^2} \leqslant N_{min} \tag{4-17}$$

式中　N_{min}——栓钉的受剪承载力设计值。

预制混凝土剪力墙与钢框架连接的 T 形钢板连接件的加工过程如图 4-30 所示，各部分构件全部在工厂预先加工完成，其中 T 形钢板与预制混凝土剪力墙中预埋钢板的焊接需要在出厂前完成。

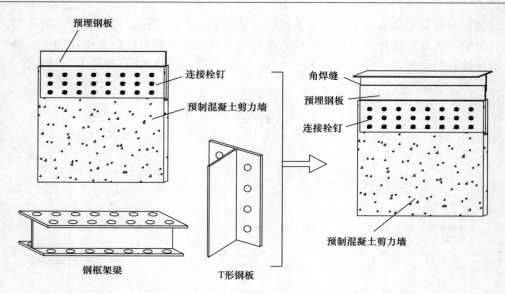

图 4-30　T 形钢板连接件的加工过程

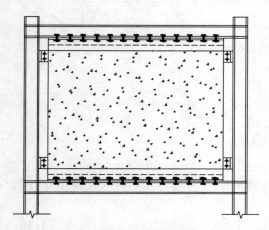

图 4-31　钢框架内填预制混凝土剪力墙结构

构件运送到施工现场后，施工单位要对进场构件的外形尺寸、螺栓孔直径和位置、连接件的位置和角度、焊缝、高强度螺栓连接抗滑移面的质量、构件的涂层、预制混凝土剪力墙的加工质量进行检查，在符合设计图纸和相关质量验收规范要求后，方能进行使用。在安装过程中要严格按照相关施工规范要求进行施工，钢框架内填预制混凝土剪力墙结构的平面布置如图 4-31 所示。

参照《高层民用建筑钢结构技术规程》JGJ 99—2015[88] 中对钢框架内填带竖缝剪力墙施工的有关规定，本研究对钢框架内填预制钢筋混凝土剪力墙的施工给出如下建议：

（1）先对同一标高的钢框架梁和钢框架柱进行吊装，安装完成后，吊装预制混凝土墙体，并与钢框架柱之间采用连接螺栓进行固定。

（2）采用高强度螺栓将预制混凝土墙体的下部与钢梁之间进行连接，同时对该层楼板浇筑混凝土，使预制混凝土剪力墙体全埋于现浇的混凝土楼板内。

（3）下层楼板浇筑完成后，开始对上部钢框架梁进行吊装，通过高强度螺栓将预制混凝土剪力墙上部与钢框架梁之间进行连接，并对连接螺栓进行初拧。当上层的混凝土楼板浇筑完成后对连接螺栓进行终拧。

（4）当上层楼板完成后，对预制混凝土剪力墙与钢框梁柱之间的缝隙采用细石混凝土进行填充。

4.2.3　预制混凝土剪力墙与钢框架的连接试验概况

4.2.3.1　试件设计

（1）模型的选取

原型结构为一栋 6 层钢框架内填混凝土剪力墙结构，拟用于办公楼，层高为 3.9m，混凝土为 C25，钢材选用 Q235B 级钢材，平面布置如图 4-32 所示，核心区的钢筋混凝土剪力墙作为抗侧力构件，起着抵抗水平力的作用，其他框架结构仅承担竖向作用力。

取图 4-32 中③轴的钢框架-内填钢筋混凝土剪力墙结构作为平面分析的模型。根据已完成的试验研究，获得试验相关数据，试件几何相似系数为 1∶3，试件水平设计荷载为 185kN。

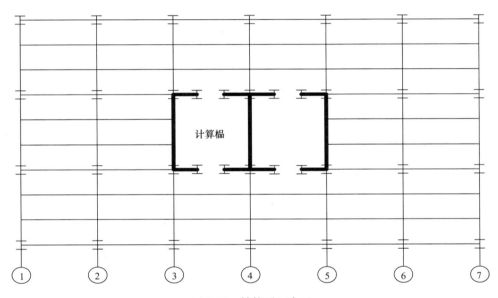

图 4-32　结构平面布置

根据实验室现有条件，本试验模型按 1∶3 缩尺比例进行设计与制作。设计了三组共 12 个试件，分别为钢板连接件、双侧加角钢连接件和 T 形钢板连接件，三种试件分别进行单调及往复加载试验，对三种连接件的破坏方式、承载力、刚度退化、延性和耗能等力学性能进行分析。

（2）连接件设计

三组连接件的不同之处在于钢框架梁与预埋钢板之间的连接方式。钢板连接件：连接件与钢梁翼缘焊接，然后连接件与预埋钢板之间采用高强度螺栓相连接。双侧加角钢连接件：钢梁翼缘和角钢连接处提前钻孔，角钢与钢梁翼缘通过高强度螺栓连接，然后通过双侧角钢夹住预埋钢板，角钢与预埋钢板采用高强度螺栓相连接。T 形钢板连接件：T 形钢板与预埋钢板之间通过角焊缝连接在一起，T 形钢板与钢框架梁上螺栓孔提前钻孔，通过高强度螺栓将 T 形钢板与钢梁相连接。

钢板连接件与预埋钢板连接，采用高强度螺栓连接（10.9 级 M16 高强度螺栓）；双侧加角钢连接件与钢梁翼缘采用高强度螺栓连接（10.9 级 M16 高强度螺栓），与预埋钢板采用高强度螺栓连接（8.8 级 M16 高强度螺栓）；T 形钢板连接件与钢梁通过高强度螺栓连接（10.9 级 M16 高强度螺栓）。试件详细尺寸见表 4-12。试件模型均采用 Q235B 级钢材进行制作，三种连接件的尺寸分别如图 4-33～图 4-35 所示。

试件参数表（mm）   表 4-12

试件编号	h_f	b_f	t_f	t_w	连接件尺寸	预埋钢板尺寸
D-GB-1 D-GB-2					200×120×10	400×900×10
W-GB-1 W-GB-2					200×120×10	400×900×10
D-JG-1 D-JG-2					∠125×125×10	400×900×10
W-JG-1 W-JG-2	250	250	9	14	∠125×125×10	400×900×10
D-TG-1 D-TG-2					125×250×10	400×800×10
W-TG-1 W-TG-2					125×250×10	400×800×10

连接件的几何参数包括：钢梁长为 1000mm，H 形钢梁的梁高（h_f），梁宽（b_f），腹板厚度（t_f），梁翼板厚度（t_w），三种连接件节点中有栓焊混合式节点，也有纯螺栓连接的节点，焊缝采用 E43 焊条焊接。

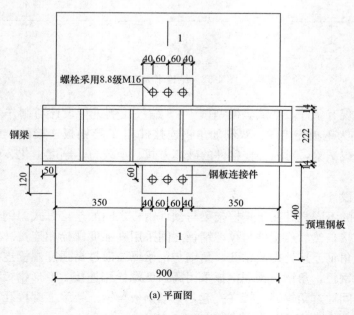

(a) 平面图

图 4-33　钢板连接件尺寸（一）

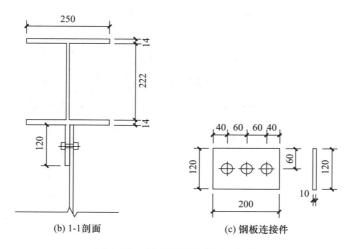

(b) 1-1剖面　　　　(c) 钢板连接件

图 4-33　钢板连接件尺寸（二）

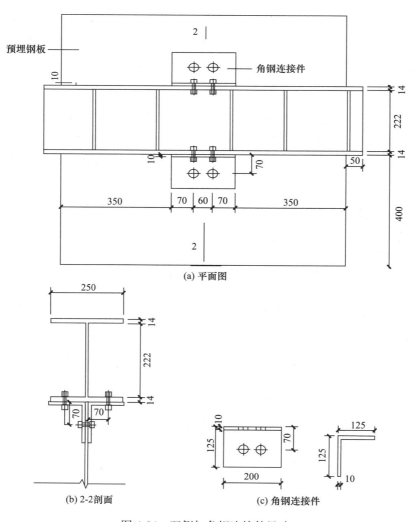

(a) 平面图

(b) 2-2剖面　　　　(c) 角钢连接件

图 4-34　双侧加角钢连接件尺寸

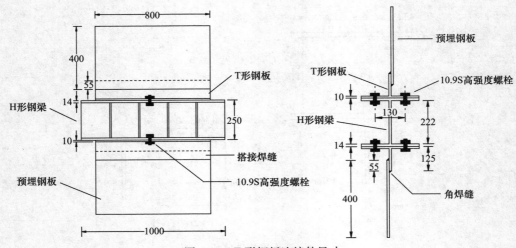

图 4-35　T形钢板连接件尺寸

（3）连接螺栓设计

采用摩擦型高强度螺栓进行连接，选用 10.9 级直径为 $d=16\text{mm}$ 的螺栓，通过计算，螺栓个数为：$n=\dfrac{185}{81}=2.28$，取 $n=4$，双侧布置。

（4）焊缝连接设计

钢板连接件与钢框架梁，T形钢板连接件与预埋钢板之间均采用焊接连接，焊缝形式采用双面角焊缝连接，根据焊缝计算结果，取焊脚尺寸为 10mm。

抗剪强度 $\tau_{\text{f}}=\dfrac{185000}{2\times0.7\times10\times180}=73.41\leqslant160\text{N/mm}^2$，焊缝设计满足要求。

4.2.3.2　试件加工制作

试件在沈阳建筑大学加工厂制作完成，试件采用 Q235B 级钢材进行制作。试验试件中钢框架梁的尺寸为 HW 250mm×250mm×10mm×14mm，长度为 1000mm，试验中为保证钢框架梁在加载过程中不发生局部屈曲，在加载钢框架梁上焊接肋板，加劲肋钢板之间间隔为 200mm，加劲肋的加工详图如图 4-36 所示。

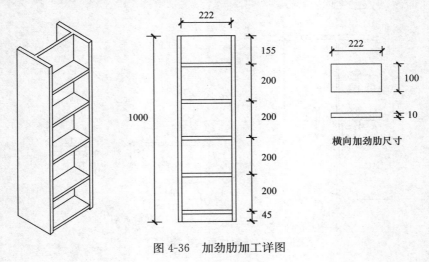

图 4-36　加劲肋加工详图

为实现试件与加载设备之间的可靠连接,在钢框架梁的一端焊接尺寸为 560mm×560mm×30mm 的端板,用于与加载设备 MTS 端头的连接。钢框架梁端板与 MTS 之间采用高强度螺栓进行连接,根据加载设备 MTS 端板上连接螺栓孔洞位置,在钢框架梁端板上每边对应位置各打 3 个直径 32mm 的螺栓孔,钢框架梁端板和 MTS 端板处螺栓孔的布置如图 4-37 所示。用 8 个摩擦型高强度螺栓与 MTS 端板相连接,经过计算端板连接处的 8 个 10.9 级 M30 的高强度螺栓能够抵抗试验中出现的最大拉力。为了保证试验时连接端部不出现变形,分别在试件端板和 MTS 连接处的端板上各焊接 8 道加劲肋板,试件具体加工过程如图 4-38 所示。

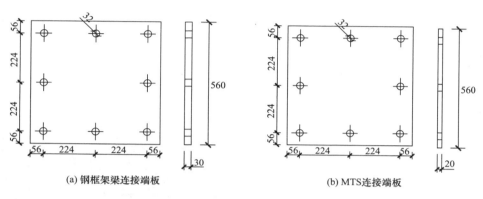

(a) 钢框架梁连接端板　　　　　　　　　　(b) MTS 连接端板

图 4-37 端板螺栓孔的布置

(a) 钢梁加工完成　　　　　　　　　　(b) 钢框架梁焊肋完成

图 4-38 试件加工过程

4.2.3.3 材料性能

钢材的力学性能在沈阳建筑大学材料力学实验室进行测试,材料的力学性能试验严格按照《金属材料拉伸试验 第 1 部分:室温试验方法》GB/T 228.1—2010[77] 的国家有关标准进行试验与取样。本次所用钢材为同一批的 Q235B 级钢材,所以共选取三组拉伸试件进行拉伸试验。经过试验所测得钢材的屈服强度 f_y、极限强度 f_u、弹性模量 E、泊松比 μ、伸长率等力学性能如表 4-13 所示。

钢材的材料指标					表 4-13
试件编号	屈服强度（MPa）	极限强度（MPa）	弹性模量（MPa）	泊松比	伸长率
S-1	413.33	480.0	2.06×10^5	0.23	17.8%
S-2	381.86	503.6	2.06×10^5	0.27	19.2%
S-3	378.53	496.3	2.07×10^5	0.24	18.3%

4.2.3.4 试验装置、测试方法及加载制度

（1）试验装置

试验在沈阳建筑大学结构工程实验室完成，固定装置采用 1300kN 自反力架作为试验加载平台，加载装置为 1500kN MTS 液压伺服加载系统，试验中通过加载系统施加竖向拉、压往复荷载，并联机实现对加载装置的控制和试验数据的采集，其中作动器最大位移行程为 ±250mm。作动器一端通过 8 个 10.9 级 M30 的高强度螺栓与试件端板相连；另一端连接在试验加载平台的钢框架梁上。本试验中在钢框架梁端施加竖向荷载，分别对连接件进行单调和往复加载试验，往复加载试验过程中利用加载系统反复地拉、压使结构受到逐渐增大的反复荷载作用或交替变化的位移，直至结构破坏，试验加载装置如图 4-39 所示。

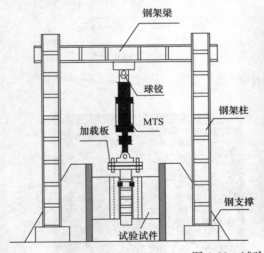

图 4-39　试验加载装置

为了模拟钢框架梁在水平荷载作用下能够在受力方向自由移动，梁端不受限制，在横向两侧布置 2 个钢支撑来固定试件，其中横向支撑在底板处开孔，通过地锚螺栓将钢支撑与实验室地面上的地锚孔固定，在钢支撑两端设置 2 个箱形压梁，用于抵抗在加载过程中产生的倾覆弯矩。在试件两侧预埋钢板端部焊接连接钢板，通过 M24 高强度螺栓将试件与横向两侧的钢支撑相连接，为保证试验加载中试件沿竖直方向能够自由移动，试件安装完成后离地面距离 300mm。

试件为平面内受力结构，为了保证试件在试验加载过程中平面内稳定，防止因为 MTS 球铰发生转动时造成试件在受力时出现平面外失稳，不能保证加载方向沿竖直方向进行，试验中，在试件的纵向前后两侧分别布置了 2 个侧向支撑来保证加载过程中试件的平面内稳定，为了防止支撑与加载钢梁间的摩擦过大造成试件受力不均匀，在侧向支撑和试件之间通过滑板相连接，来减小两者之间的摩擦力，保证试件在受力时能够自由滑

动。为防止侧向支撑在试验过程中出现倾覆，因此在侧向支撑的斜杆处设置 2 个箱形压梁来固定侧向支撑；同时在试件的上部通过一对长拉杆将侧向支撑固定，以保证侧向支撑在试验过程中的稳定。在支撑固定与试件安装过程中，均采用激光对准仪进行测量定位，以保证结构安装过程中试件的精确定位，试件固定装置如图 4-40 所示。

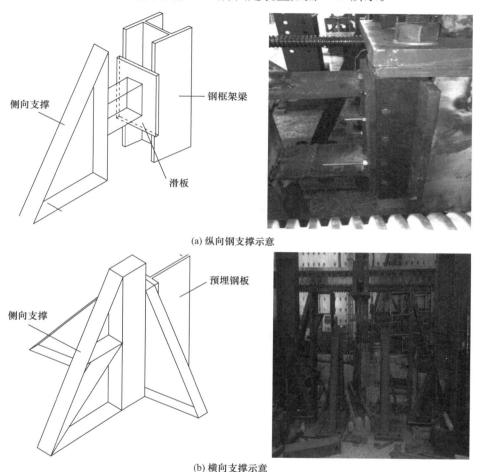

(a) 纵向钢支撑示意

(b) 横向支撑示意

图 4-40 试验固定装置

（2）测试内容

采用 MTS 测量控制加载钢梁的竖向位移，通过位移计测量连接件的平面外位移，可以在试验中实时观测连接件是否发生平面外变形，预埋板与连接件之间的连接螺栓是否发生了相对错动等。在钢框架梁和预埋钢板处粘贴一定数量的单向应变片、应变花，用来测量关键位置的应变分布，以便判断这些位置在受力过程中是否达到屈服。钢板连接件、双侧加角钢连接件和 T 形钢板连接件的表面也贴有一定数量的应变片，用以测量连接件受力情况，获得连接件的应变数据。采用 DSP 系统进行试验数据的采集。

对于钢板连接件，预埋板处布置单向应变片 B1～B4，左侧连接件螺栓之间采用 T1、T2 应变花，右侧连接件螺栓之间采用 T3、T4 应变花。对于双侧加角钢连接件，预埋板处布置单向应变片 B1～B4，左前侧连接件螺栓之间采用 T1、T2 应变花，右后侧连接件螺栓之间采用 T3、T4 应变花，主要分析连接件在破坏过程中角钢和预埋钢板处的受力情况。对于 T 形钢板连接件，在预埋钢板与 T 形钢板连接件的左侧焊缝处布置应变片 BL1～BL9，右侧连接处布置应变片 BR1～BR9，用来分析在焊缝连接处 T 形钢板的应变分布；在 T 形钢板与钢框架梁的螺栓连接处左侧布置应变花 AL1、AL2，右侧布置应变花 AR1、AR2，用来分析 T 形钢板连接件上螺栓孔附近钢板的应变分布。三种试件的应变片具体布置情况如图 4-41～图 4-43 所示。

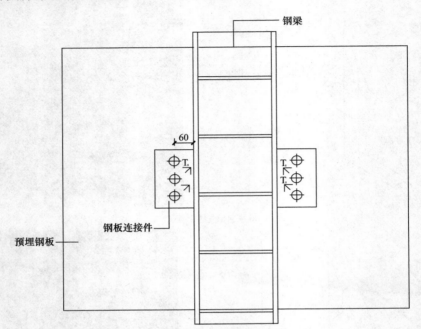

图 4-41　钢板连接件应变片布置

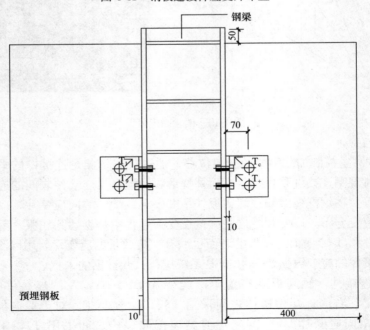

图 4-42　双侧加角钢应变片布置

158

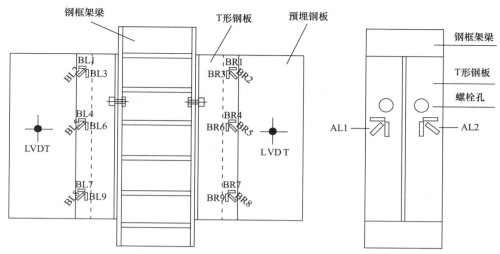

图 4-43　T 形钢板连接件应变片布置

　　为了量测试件在试验过程中的变形情况与试验中预埋钢板是否发生平面外变形，在试件两侧的预埋钢板中间位置处布置了 2 个量程为 50mm 的位移计，通过位移计的量测可以实现在试验中观测连接件是否发生平面外的变形。通过 MTS 液压伺服作动器控制加载的竖向位移，位移计具体布置如图 4-44 所示。

图 4-44　位移计布置方案

（3）试验加载制度

　　单调荷载试验采用荷载进行控制加载，往复加载试验采用位移进行控制加载，加载制度如图 4-45 所示，每一加载级增加 2mm，每一加载级循环 2 周，直至构件破坏。

4.2.4　钢板连接件的承载力及变形性能分析

4.2.4.1　钢板连接件试验现象及破坏过程分析

（1）单调荷载作用下的试验现象及破坏过程分析

　　竖向荷载加载到极限荷载的 50％时，MTS 的接头加载端板与钢框架梁的端板连接处出现间隙，同时使用水平仪观测可知 MTS 加载装置仍然保持竖直，MTS 球铰未发生转动。加载至极限荷载的 66.6％时，连接件在平面外有微小变形。加载至极限荷载的 80％

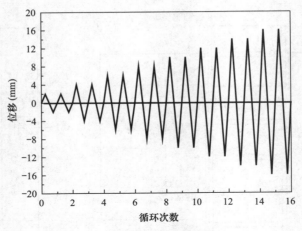

图 4-45　往复试验加载制度

时，固定钢梁以及连接件与预埋钢板连接处出现吱吱响声，连接件处因受力增大，导致螺栓孔出现变形从而螺栓出现滑移，同时发现在曲线上表现为轻微抖动导致荷载瞬间降低一些，然后荷载继续上升，在连接件节点处螺栓孔有变大迹象。加载至极限荷载的 86.6％时，连接件与钢梁焊接处，焊缝有撕裂迹象，并且撕裂继续缓慢发展。加载至极限荷载的93％时，加载钢梁与预埋钢板连接处螺栓孔有明显扩大趋势，形状为椭圆形。竖向荷载加载至极限荷载时，连接件处发生破坏，并且伴有巨大响声，加载钢梁两边对称连接件处的螺栓同时被剪断，试件节点处破坏，停止加载。试件的破坏形态如图 4-46 所示。

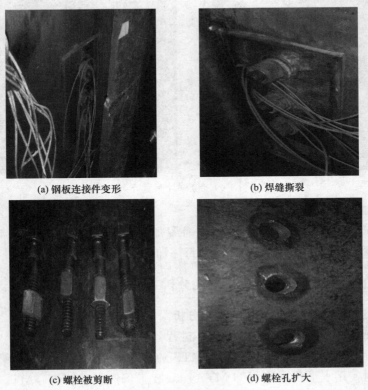

(a) 钢板连接件变形　　　　　　　　　　(b) 焊缝撕裂

(c) 螺栓被剪断　　　　　　　　　　(d) 螺栓孔扩大

图 4-46　单调荷载下钢板连接件破坏形态

（2）往复荷载作用下的试验现象及破坏过程分析

试件 W-GB-1 是预制混凝土剪力墙与钢框架的钢板连接件，节点的主要参数为：钢梁尺寸 250mm×250mm×9mm×10mm，左右两侧的预埋钢板尺寸均为 400mm×900mm×10mm。

竖向位移以每级 2mm 的增长，逐渐对试件加载极限位移的 20％、26％、33.3％时，在加载期间连接件与预埋钢板之间，产生很小的间隙，加载钢梁的固定钢梁以及地锚板处发生响声，MTS 球铰未发生转动。加载至极限位移的 40％时，加载钢梁四周支撑的锚杆处出现连续响声，连接件处也出现明显变形以及响声，为螺栓滑移及连接件紧固所致，在曲线上表现为轻微抖动。钢板连接节点与钢梁焊接处出现焊缝微弱撕裂。加载至极限位移±30mm 时，加载钢梁与连接件节点焊接处，焊缝撕裂变大，连接件处发生破坏，并且伴有巨大响声，钢梁两边连接处的螺栓被同时剪断，试件节点处破坏，停止加载。试件的破坏形态如图 4-47 所示。

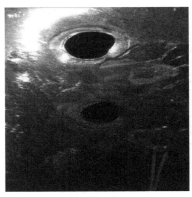 

(a) 螺栓孔扩大　　　　　　　　(b) 螺栓剪断

图 4-47　往复荷载下钢板连接件破坏形态

4.2.4.2　钢板连接件应变分析

根据 Mises 屈服准则，当材料在复杂应力状态下的形状改变能达到了单向拉伸屈服时的形状改变能时，材料开始屈服，其中材料的 Mises 屈服准则为：

$$\sigma_{e} = \sqrt{\frac{1}{2}\left[(\sigma_1 - \sigma_2)^2 + (\sigma_2 - \sigma_3)^2 + (\sigma_3 - \sigma_1)^2\right]} \leqslant f_{y} \qquad (4-18)$$

式中　σ_1，σ_2，σ_3——主应力；

f_{y}——材料单向拉伸时的屈服极限。

当 $\sigma_{e} \leqslant f_{y}$ 时，认为该点处于弹性状态；当 $\sigma_{e} > f_{y}$ 时，认为该点进入塑性状态。

钢板连接件、双侧加角钢连接件和 T 形钢板连接件的应力分布情况复杂，为此试验时在连接件的螺栓孔处、焊缝连接处均布置了三向应变花来量测试件的应变分布。三向应变花中的三个应变片分别与轴线呈 0°、45°、90°夹角分布，其中应变片测出的应变分别记为：ε_0、ε_{45}、ε_{90}。

（1）D-GB-1 试件

表 4-14 给出了钢板连接件节点 D-GB-1 各个测点首次进入屈服时对应的荷载级别以及该荷载级别下这些测点的先后顺序，并给出了钢板连接件 D-GB-1 相应的宏观现象。

D-GB-1 在不同级别荷载下测得屈服应变   表 4-14

加载级别	测点屈服		宏观现象
	右侧连接件	左侧连接件	
115kN			
213kN			
316kN		T2	
413kN	T4		
515kN	T3		预埋钢板有微小变形
616kN		T1	螺栓孔有扩大趋势
750kN			螺栓剪断

试验中 MTS 加载全部由荷载控制，当荷载达到 316kN 时，试件略微有屈服的趋势，但是不十分明显；当荷载达到 616kN 时，试件明显出现屈服现象；当加载至 750kN 时，钢板连接件处的螺栓被剪断。

（2）W-GB-1 试件

表 4-15 给出了钢板连接件节点 W-GB-1 各个测点首次进入屈服时对应的荷载级别以及该荷载级别下这些测点的先后顺序，并给出了钢板连接件 W-GB-1 相应的宏观现象。

W-GB-1 在不同级别荷载下测得屈服应变   表 4-15

加载级别	测点屈服		宏观现象
	右侧连接件	左侧连接件	
$\Delta = +6\text{mm}(-6\text{mm})$			
$\Delta = +8\text{mm}(-8\text{mm})$			
$\Delta = +10\text{mm}(-10\text{mm})$		T1	
$\Delta = +12\text{mm}(-12\text{mm})$	T3		连接件发生变形，焊缝撕裂
$\Delta = +14\text{mm}(-14\text{mm})$			
$\Delta = +16\text{mm}(-16\text{mm})$	T4	T2	
$\Delta = +30\text{mm}(-30\text{mm})$			螺栓剪断

当位移为 ±12mm 时，试件明显出现屈服现象，正式进入屈服阶段；当加载至 ±30mm 时，钢板连接件处的螺栓被剪断。

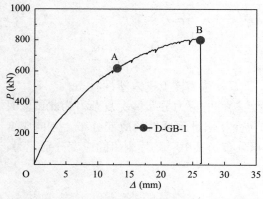

图 4-48　单调荷载作用下钢板连接件
的荷载-位移曲线

4.2.4.3　钢板连接件荷载-位移曲线分析

（1）单调荷载作用下荷载-位移曲线分析

对钢板连接件进行单调加载，得到的荷载-位移曲线如图 4-48 所示。

连接件的受力过程共分为以下三个阶段：

第一阶段：弹性阶段（OA 段）。加载到 A 点之前，连接件基本处于弹性阶段，荷载-位移曲线基本呈线性特征。当加载到 A 点时，钢板连接件与钢梁焊接处出现微裂缝，连接件发生平面外的变形，导致曲线发生了微小的抖动。从荷载-位移曲线中可以看出，当加载到设计承载力时，连接件仍处于弹性阶段，连接件的实际承载力远远超过设计承载力，说明连接件的计算方法是合理可行的。

第二阶段：弹塑性阶段（AB 段）。A 点以后，钢板连接件连接处的螺栓孔继续扩大，导致连接件刚度略有下降，曲线呈现弹塑性特征。

第三阶段：破坏阶段（B 点以后的下降段）。B 点为节点的极限承载力，此时钢板连接处的高强度螺栓被剪断，导致连接件承载力和刚度急剧下降，试件破坏，停止加载。

（2）往复荷载作用下荷载-位移滞回曲线分析

通过对钢板连接件进行往复加载，得到的荷载-位移曲线如图 4-49 所示。

通过对钢板连接件节点滞回曲线的分析，可以得到滞回曲线的特点如下：

（1）滞回曲线呈反 S 形，荷载-位移曲线出现明显的捏拢现象，在反复荷载下，滞回曲线在连接件屈服阶段卸载时，出现滑移，接着增加反向荷载时，曲线曲率较上一循环降低，出现刚度退化。随加载循环次数增多，这种现象更为明显。

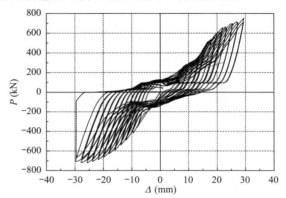

图 4-49　往复荷载作用下钢板连接件的荷载-位移滞回曲线

（2）从加载到 8mm 之内循环时，曲线基本呈现为线性增长，并且加载和卸载过程基本对称。当加载到 Δ_y 循环时，变形开始增大，并且加载和卸载过程略有不同，但基本对称。当加载到 $2.5\Delta_y$ 循环时，钢板连接件节点滞回曲线出现明显的拐点，承载力开始下降，变形增大，并且加载和卸载过程差距很大，加载时滞回曲线略微饱满一些。

（3）试件在加载过程中出现滑移现象，这是由螺栓连接及紧固件的缝隙所造成的。

4.2.5　双侧加角钢连接件的承载力及变形性能分析

4.2.5.1　双侧加角钢连接件试验现象及破坏过程

（1）单调荷载作用下的试验现象及破坏过程

试件 D-JG-1 是预制混凝土剪力墙与钢框架的双侧加角钢连接件，节点的主要参数为：钢梁尺寸 250mm×250mm×9mm×10mm，左右两侧的预埋钢板尺寸均为 400mm×900mm×10mm，连接件角钢采用∟125mm×125mm×10mm。

加载至极限荷载的 56.2% 时，未发生平面外的变形。加载至极限荷载的 75% 时，在连接件节点与预埋钢板处角钢连接件出现平面外微变形。加载至极限荷载的 87.5% 时，固定钢梁以及斜向支撑出现连续响声，说明锚孔处锚杆有松动，固定钢梁处的支撑发生松动，同时伴随螺栓滑移，在曲线上，表现为轻微抖动，MTS 连接球铰出现轻微转动，对试验进程无明显影响。加载至极限荷载的 93.7% 时，双侧加角钢连接节点与预埋钢板螺栓孔处，明显出现螺栓孔趋向于椭圆形，并且椭圆孔随着加载方向扩大，连接件基本未发生面外的变形，预埋钢板未发生变形，说明双侧加钢板连接件对预埋钢板面外的变形，拥有足够约束能力。

加载至极限荷载时，连接件处发生破坏，钢梁两边连接处的螺栓被同时剪断，试件节点处破坏，停止加载。试件的破坏形态如图4-50所示。

(a) 螺栓孔变大   (b) 螺栓被剪断

图 4-50　单调荷载下双侧加角钢连接件破坏形态

（2）往复荷载作用下的试验现象及破坏过程

试件 W-JG-1 竖向位移加载至极限位移的 11.7％时，无焊缝撕裂产生。竖向位移以每级 2mm 的增长，加载至极限位移的 17.6％、23.5％时，连接件节点与预埋钢板之间紧密连接，加载钢梁的固定钢梁以及地锚板处发生响声。加载至极限位移的 29.4％时，加载钢梁四周的支撑锚杆处出现连续响声，连接件也发生明显变形以及响声，为螺栓滑移及连接件紧固所致，在曲线上表现为轻微抖动。钢板连接节点与钢梁焊接处出现微弱撕裂。加载至极限位移±34mm 时，加载钢梁与连接件节点焊接处，焊缝撕裂变大，连接件处发生破坏，并且伴有巨大响声，钢梁两边连接处的螺栓被同时剪断，试件节点处破坏，停止加载。试件的破坏形态如图 4-51 所示。

图 4-51　往复荷载下双侧加角钢连接件破坏形态

4.2.5.2　双侧加角钢连接件应变分析

（1）D-JG-1 试件

表 4-16 所示的是不同级别荷载下双侧加角钢连接件节点 D-JG-1 的屈服应变以及各个测点首次进入屈服时对应的荷载，并给出了 D-JG-1 相应的宏观现象。当荷载达到 616kN 时，试件明显出现屈服现象，正式进入屈服阶段；当加载至 800kN 时，双侧加角钢连接件处的螺栓被剪断。

D-JG-1 在不同级别荷载下测得屈服应变　　　　表 4-16

加载级别	测点屈服		宏观现象
	右侧连接件	左侧连接件	
213kN			
316kN		T2	
413kN	T3、T4	T1	
515kN			
616kN			角钢出现平面外变形
750kN			螺栓孔变大
800kN			螺栓剪断

（2）W-JG-1 试件

双侧加角钢连接件节点 W-JG-1 在不同级别荷载下测得屈服应变见表 4-17。当位移达到 ±18mm 时，试件明显出现屈服现象，正式进入屈服阶段；当加载至 ±30mm 时，双侧加角钢连接件处的螺栓被剪断。

W-JG-1 在不同级别荷载下测得屈服应变　　　　表 4-17

加载级别	测点屈服		宏观现象
	右侧连接件	左侧连接件	
△＝＋6mm(－6mm)			
△＝＋8mm(－8mm)			
△＝＋10mm(－10mm)		T2	
△＝＋12mm(－12mm)			
△＝＋14mm(－14mm)			角钢出现平面外变形
△＝＋16mm(－16mm)			螺栓孔变大
△＝＋18mm(－18mm)	T3、T4		
△＝＋20mm(－20mm)		T1	
△＝＋30mm(－30mm)			螺栓剪断

4.2.5.3　双侧加角钢连接件荷载-位移曲线分析

（1）单调荷载作用下的荷载-位移曲线分析

双侧加角钢连接件在单调荷载作用下的荷载-位移曲线如图 4-52 所示。

连接件的受力过程共分为以下三个阶段：

第一阶段：弹性阶段（OA 段）。当荷载加载 150kN 时，连接件处突然发生微小的平面外变形，导致曲线发生微小的抖动；A 点之前，连接件基本处于弹性阶段。当加载到 A 点时，钢板剪力墙的平面外位移开始增大，导致荷载-位移曲线发生了明显的抖动。从图中可以看出，当加载到设计承载力时，连接件仍处于弹性阶段，连接件的实际承载力远远超过连接件的设计承载力，说明连接件的计算方法是合理可行的。

第二阶段：弹塑性阶段（AB 段）。当位移加载到 A 点以后，双侧加角钢连接件处的螺栓孔有扩大区，螺栓孔的变大导致连接件刚度略有下降，曲线呈现弹塑性特征。

第三阶段：破坏阶段（B 点以后的下降段）。B 点为节点的极限承载力，此时双侧加角钢连接件处左、右两侧的螺栓被同时剪断破坏，导致连接件承载力和刚度急剧下降，试件破坏，停止加载。

（2）往复荷载作用下的荷载-位移曲线分析

在往复加载下，得到双侧加角钢连接件的荷载-位移滞回曲线如图 4-53 所示。滞回曲线整体呈现为反 S 形，有明显"捏拢"现象。从加载到 6mm 循环时，曲线基本呈现为线性增长，荷载变化较小，并且加载和卸载过程并不完全对称。在 Δ_y 循环之前，曲线呈线性增长趋势；当加载到 $3\Delta_y$ 循环时，节点达到极限承载力，变形开始增大，节点达到极限荷载，加载和卸载过程略有不同。在进行第二次循环加载时滞回曲线出现明显的拐点，承载力开始下降，变形增大，并且加载和卸载过程差距很大，加载时滞回曲线更加饱满一些。从图中还可看出，与钢板连接节点类似，双侧加角钢节点也出现明显滑移，是由螺栓及紧固件的缝隙导致的。

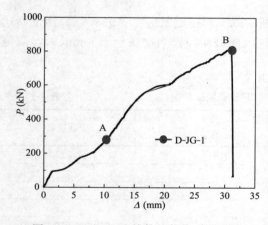

图 4-52　D-JG-1 连接件的荷载-位移曲线　　　图 4-53　W-JG-1 连接件的荷载-位移滞回曲线

4.2.6　T 形钢板连接件的承载力及变形性能分析

4.2.6.1　T 形钢板连接件试验现象及破坏过程分析

（1）单调荷载作用下的试验现象及破坏过程分析

试件 D-TG-1 是预制混凝土剪力墙与钢框架梁之间的 T 形钢板连接件，节点的主要参数为：钢梁尺寸 250mm×250mm×9mm×10mm，左右两侧的 T 形钢板尺寸为 250mm×125mm×10mm（长 800mm），混凝土剪力墙中钢板预埋件尺寸为 800mm×400mm×10mm。

加载至 30% 的极限荷载时，MTS 球铰未发生转动，测量连接件的位移计读数为零，说明连接件未发生平面外变形。加载至 40% 的极限荷载时，试件出现金属摩擦的声音，同时荷载-位移曲线上出现拐点，曲线中荷载出现小幅下降，螺栓开始出现滑移。加载至 60% 的极限荷载时，连接件在平面外有微小变形。加载至 90% 的极限荷载时，固定钢梁以及 T 形钢板与预埋钢板连接处出现吱吱响声，连接件处因受力增大，导致螺栓孔处出现变形，同时发现在曲线上表现为轻微抖动导致荷载瞬间降低一些，然后荷载继续上升，在连接件节点处螺栓孔有变大迹象。加载至 95% 的极限荷载时，加载钢梁与 T 形钢板连接处螺栓孔有明显扩大趋势，形状为椭圆形。加载至极限荷载时，T 形钢板连接件发生破坏，并且伴有巨大响声，连接的高强度螺栓同时被剪断，试件节点处破坏，停止加载，同时发现连接件在平面外有一定量的位移值。试件的破坏形态如图 4-54 所示。

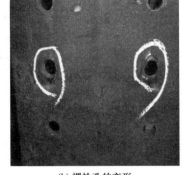

(a) 高强度螺栓的剪断　　　　　　　　　　(b) 螺栓孔的变形

图 4-54　单调荷载下 T 形钢板连接件破坏形态

（2）往复荷载作用下的试验现象及破坏过程分析

试件 W-TG-1 是预制混凝土剪力墙与钢框架的 T 形钢板连接件，节点的主要参数为：钢梁尺寸 250mm×250mm×9mm×10mm，左右两侧的 T 形钢板尺寸为 250mm×125mm×10mm（长 800mm），混凝土剪力墙中钢板预埋件尺寸为 800mm×400mm×10mm。

本试验采用位移加载，控制竖向位移以每级 2mm 增长，当加载到 2mm 时，MTS 施力端与钢梁受力端之间紧密连接，加载钢梁的固定钢梁以及地锚板处发生响声，MTS 球铰未发生转动。加载至 4mm 时，加载钢梁四周的支撑锚杆出现连续响声，连接件处也发生明显变形以及响声，为螺栓滑移及连接件紧固所致，在曲线上表现为轻微抖动。加载至 ±14mm 时，连接件处发生破坏，并且伴有巨大响声，钢梁两边与 T 形钢板连接处的螺栓被同时剪断，试验发生破坏，停止加载。试件的破坏形态如图 4-55 所示。

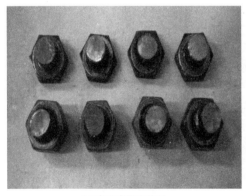
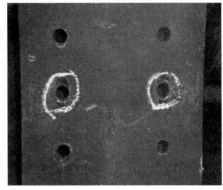

(a) 高强度螺栓剪断　　　　　　　　　　(b) 螺栓孔变形

图 4-55　往复荷载下 T 形钢板连接件的破坏形态

4.2.6.2　T 形钢板连接件应变分析

（1）D-TG-1 试件

T 形钢板连接件 D-TG-1 在不同级别荷载下测得屈服应变见表 4-18，表中给出了各个测点首次进入屈服时对应的荷载级别以及该荷载级别下这些测点的先后顺序，并给出了 T 形钢板连接件 D-TG-1 相应的宏观现象。

D-TG-1 在不同级别荷载下测得屈服应变 表 4-18

加载级别	测点屈服		宏观现象
	右侧连接件	左侧连接件	
200kN			
300kN			
350kN	AR1, AR2		
400kN			
450kN		AL1, AL2	螺栓孔变大
503kN			螺栓剪断

为了得到 T 形钢板连接件在焊缝连接处的应力分布情况，通过对试验中应变片所测量的数据进行分析，焊缝处布置了 BL1～BL9 等 9 组应变片，上、中、下三个位置布置了三个三向应变花，其中一组应变花中三个应变片分别呈 0°、45°、90°轴向夹角粘贴，分别标记为：ε_0、ε_{45}、ε_{90}。

T 形钢板在焊缝处上、中、下三个部位的应力-应变关系曲线如图 4-56 所示。经过分析可知：

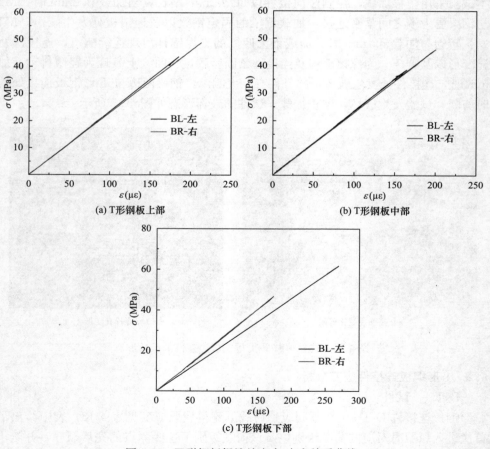

(a) T形钢板上部

(b) T形钢板中部

(c) T形钢板下部

图 4-56 T 形钢板焊缝处应力-应变关系曲线

T 形钢板连接件焊缝处的应力在上、中、下三个部位分布较为均匀，通过试验中所测的应变数据计算出 T 形钢板上部的最大应力为 48MPa、中部的最大应力为 45MPa、下部的最大应力为 60MPa，说明三处钢材均处于弹性阶段，未发生屈服。在试验过程中钢材均

未发生较为明显的变形，说明此处钢材受力较小。同时对比左右两侧钢板应力-应变曲线发现左右两侧钢板受力较为均匀。

T 形钢板螺栓孔处下部钢材的荷载-应变曲线如图 4-57 所示。左右两侧螺栓孔处的应变变化基本一致，说明左右两侧螺栓孔受力较为均匀。在初始阶段应变随着荷载的增加而线性增加，此时高强度螺栓处于摩擦阶段，荷载主要靠接触面之间的摩擦传递。当荷载到达 B 点后，高强度螺栓进入承压阶段，高强度螺栓杆与螺栓孔壁之间接触并相互挤压，此时随着荷载的增加应变增长较

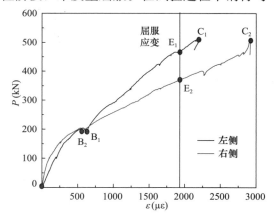

图 4-57　螺栓孔下部荷载-应变曲线

快。钢材的屈服应变为 $1907\mu\varepsilon$，E_1 和 E_2 点处发生塑性变形。当荷载到达 C 点时，由于此处螺栓剪断，钢板不再受力，所以在 C 点处荷载下降，应变值减小。

（2）W-TG-1 试件

T 形钢板连接件 W-TG-1 在不同级别荷载下测得屈服应变见表 4-19，表中给出了各个测点首次进入屈服时对应的荷载级别以及该荷载级别下这些测点的先后顺序，并给出了 T 形钢板连接件 W-TG-1 相应的宏观现象。

W-TG-1 在不同级别荷载下测得屈服应变　　　　　　　　　　　表 4-19

加载级别	测点屈服		宏观现象
	右侧连接件	左侧连接件	
2mm			
4mm			
6mm			
8mm			
10mm	AR1、AR2		
12mm		AL1、AL2	螺栓孔变大
14mm			螺栓剪断

T 形钢板在焊缝处上、中、下三个部位的应力-应变关系曲线如图 4-58 所示。从图中可以看出，钢板在往复荷载作用下，左右两侧钢板受力均匀。上部钢板的最大应力为 42MPa、中部钢板的最大应力为 58MPa、下部钢板的最大应力为 105MPa，说明三处钢材均处于弹性阶段，下部应力值与上部和中部相比较大，但总体上呈现均匀分布。从图中可以看出应力-应变曲线呈现周期性增大和减小，造成应力-应变周期性增大和减小的原因为，在受力过程中作动器施加正向和负向两个循环往复方向的荷载，因此当作动器正向加载时应变值增加，当作动器反向加载时应变值下降。

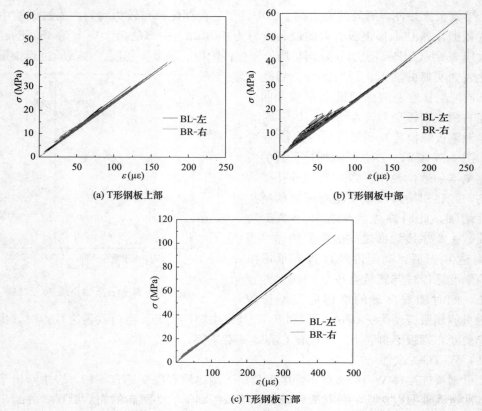

(a) T形钢板上部   (b) T形钢板中部

(c) T形钢板下部

图 4-58　T形钢板焊缝处应力-应变关系曲线

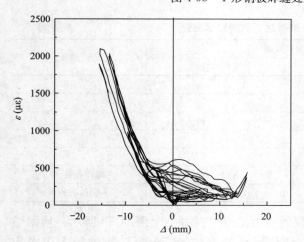

图 4-59　螺栓孔下部应变-位移关系

　　T形钢板上螺栓孔下部应变-位移曲线如图 4-59 所示。通过图中可以看出，在正、负两个加载方向上，应变片所测得应变值不同。在加载初期应变值在正、负加载方向上均匀分布；当高强度螺栓出现滑移时，从曲线上可以看出，此时应变增加不大；当高强度螺栓进入承压阶段时，螺栓孔下部钢板在正、负方向的应变出现差异，在负向加载所测得的应变值较正向加载时的应变值要大。造成正负加载方向应变值差异较大的原因为，在加载的负向，作动器向上受拉，所以高强度螺栓杆与 T 形钢板处螺栓孔下部接触，此时高强度螺栓杆挤压螺栓孔下部钢板，因此下部钢板发生应力集中，在受拉方向钢板的最大应变值为 $2095\mu\varepsilon$，大于屈服应变 $1907\mu\varepsilon$，因此可以判定此处钢板发生塑性变形。

4.2.6.3　T形钢板连接件荷载-位移曲线分析

　　（1）单调荷载作用下的荷载-位移曲线分析

　　图 4-60 是静力试验所得的荷载-位移曲线。从图中可以看出，T形钢板连接从加载到

破坏主要分为以下 3 个阶段：

摩擦阶段（OA）：连接件处在摩擦阶段，外力由 T 形钢板连接件与钢框架梁之间接触面的静摩擦力承担；O 点为螺栓施加完预紧力后还未加载的初始时刻，当荷载到达 A 点（204kN）时摩擦阶段结束。

滑移阶段（AB）：当梁端施加的外荷载超过接触面之间的静摩擦力时，高强度螺栓开始出现滑移。从 A 点开始，T 形钢板与钢框架梁之间发生相对滑动，在 AB 阶段，T 形钢板与钢框架梁之间的相对位移量增大明显，而荷载变化不大。到达 B 点（187kN）时，螺栓杆与钢框架梁和 T 形钢板连接件上螺栓孔壁先后接触，滑移阶段结束。通过分析可知，T 形钢板与钢框架梁之间的相对位移主要由螺栓孔壁与螺栓杆之间的孔隙以及螺栓杆挤压螺栓孔并产生的微小变形所引起，试验过程中的螺栓滑移量为 0.67mm。

螺栓的承压阶段（BC）：从 B 点开始，螺栓杆与螺栓孔壁之间相接触，高强度螺栓进入承压阶段，剪力靠高强度螺栓杆与螺栓孔壁之间的相互挤压进行传递。当荷载到达 C 点（501kN）时，高强度螺栓杆发生剪切破坏，此时螺栓杆进入塑性阶段，有较大的塑性变形。

（2）往复荷载作用下的荷载-位移曲线分析

通过对 T 形钢板连接件进行循环往复加载，可以得到在往复荷载作用下的荷载-位移滞回曲线如图 4-61 所示。从图中可以看出 T 形钢板连接件荷载-位移滞回曲线有如下特点：

在加载初期，T 形钢板连接件处在摩擦阶段，此时外力的加载刚度与 T 形钢板和钢梁之间接触面的初始摩擦刚度相同。在此阶段，连接件主要通过接触面之间的摩擦来进行耗能，荷载随位移呈线性增加。

T 形钢板连接件的荷载曲线整体呈现反"S"形，说明曲线受滑移影响较大，有明显的"捏缩"现象。曲线中的滑移主要是由高强度螺栓孔径与螺栓杆之间的间隙引起的，当位移加载到第二圈第 1 次循环在拉的方向时，外力达到了高强度螺栓静摩擦力的最大限值，螺栓开始滑移。

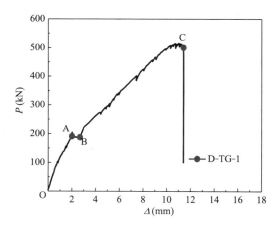

图 4-60　D-TG-1 连接件的荷载-位移曲线

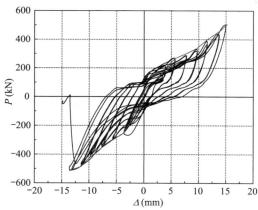

图 4-61　W-TG-1 连接件的荷载-位移滞回曲线

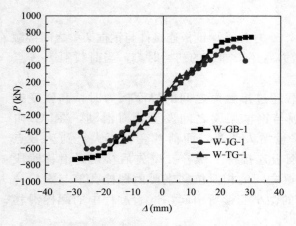

图 4-62　三种连接形式的骨架曲线

从图中可以看出，每一加载级的加载和卸载过程基本对称，说明每一加载级的卸载过程为弹性卸载，当加载到 $2.5\Delta_y$ 时，构件达到极限荷载，螺栓剪断，连接件破坏。

4.2.6.4　荷载-位移骨架曲线对比分析

三种连接形式的骨架曲线如图 4-62 所示。从图中可以看出，钢板连接件在位移加载到循环 Δ_y 时，曲线发展缓慢，节点进入塑性阶段；在循环至 $3\Delta_y$ 时，骨架曲线达到最大值，节点进入破坏阶段，继续加载，节点发生破坏，刚度退化严重。

双侧加角钢连接件在位移加载到屈服位移前曲线基本上是线性发展，连接节点处于弹性阶段，在此阶段中，双侧加角钢连接节点板无明显变形，刚度无明显退化，节点延性较好。T 形钢板连接件在位移加载到屈服位移前曲线基本上是线性发展，连接节点处于弹性阶段，在此阶段中刚度无明显退化，节点延性较好。

4.2.6.5　连接件的刚度退化对比分析

三种连接件的等效刚度及等效刚度系数如表 4-20～表 4-22 所示。三种连接件的刚度退化曲线如图 4-63 所示。通过对比三种连接件的刚度退化曲线可知，钢板连接件节点的环线等效刚度系数最大值由开始的 1 减小到加载到 $3\Delta_y$ 时的 0.48，刚度退化 52%。双侧加角钢连接件节点的环线等效刚度系数最大值开始的 1 减小到加载到 $3\Delta_y$ 时的 0.49，刚度退化 51%。T 形钢板连接件的环线等效刚度系数最大值开始由 1 减小到加载 $2.5\Delta_y$ 时的 0.56，刚度退化 44%。

钢板连接件等效刚度系数　　　　　　　　　　　　　表 4-20

W-GB-1		Δ_y	$1.5\Delta_y$	$2\Delta_y$	$2.5\Delta_y$	$3\Delta_y$
正向	等效刚度	36.04	29.91	24.50	20.18	17.30
	等效刚度系数	1	0.83	0.68	0.56	0.48
负向	等效刚度	−39.286	−31.821	−26.321	−20.420	−16.530
	等效刚度系数	−1	−0.81	−0.67	−0.52	−0.42

双侧加角钢连接件等效刚度系数　　　　　　　　　　表 4-21

W-JG-1		Δ_y	$1.5\Delta_y$	$2\Delta_y$	$2.5\Delta_y$	$3\Delta_y$
正向	等效刚度	27.075	23.013	20.030	15.974	13.266
	等效刚度系数	1	0.85	0.74	0.59	0.49
负向	等效刚度	−28.700	−24.682	−20.664	−16.359	−13.517
	等效刚度系数	−1	−0.86	−0.72	−0.57	−0.47

T 形钢板连接件等效刚度系数　　　　　　　　　　　　表 4-22

W-TG-1		Δ_y	$1.5\Delta_y$	$2\Delta_y$	$2.5\Delta_y$
正向	等效刚度	52.76	39.16	35.23	29.10
	等效刚度系数	1	0.74	0.66	0.55
负向	等效刚度	−68.63	−50.18	−41.11	−38.35
	等效刚度系数	−1	−0.73	−0.59	−0.56

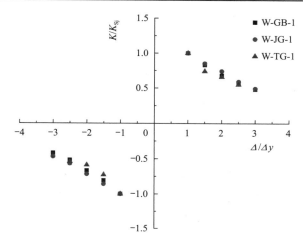

图 4-63　三种连接件的刚度退化曲线

4.2.6.6　连接件延性的对比分析

从试验试件的骨架曲线中可以看出，T 形钢板连接件无明显的屈服点，本研究选用"几何作图法"来确定连接件的屈服点；试验中选取高强度螺栓剪断的破坏点作为 T 形钢板连接件的极限荷载。采用极限位移对应的荷载作为破坏荷载，由极限位移作为破坏位移计算连接件的延性，由骨架曲线确定连接件的 P_y、Δ_y、P_u、Δ_u，结果如表 4-23 所示。

三种形式连接件的延性系数　　　　　　　　　　　　表 4-23

名称	$P_y(kN)$	$\Delta_y(mm)$	$P_u(kN)$	$\Delta_u(mm)$	μ
钢板连接件	450.5	13	700.5	28.5	2.19
双侧加角钢连接件	270.75	10	610.5	25.5	2.55
T 形钢板连接件	303.9	6.75	510.86	14.39	2.13

《建筑抗震设计规范》GB 50011—2010[76]（2016 年版）规定，在大震作用下，防止结构倒塌，相关规定要求结构的弹塑性层间位移角必须小于规定的限值，位移延性系数越大，试件的延性就越好，层间位移延性系数满足 $u \geqslant 2$ 的要求。通过对两种节点在往复荷载作用下的延性分析得出，钢板连接件的延性系数为 2.19，双侧加角钢连接件的延性系数为 2.55，T 形钢板连接件的延性系数为 3.25，三种连接件的延性均满足规范要求。

4.2.6.7　连接件的耗能能力的对比

等效黏滞阻尼系数 h_e、能量耗散系数 E 如表 4-24 所示。通过试验数据计算分析得出，钢板连接件的耗能系数为 1.09，等效黏滞阻尼系数为 0.17，双侧加角钢连接件的耗能系数为 1.27，等效黏滞阻尼系数为 0.20，T 形钢板连接件的耗能系数为 0.86，等效黏滞阻尼系数为 0.14，钢筋混凝土构件的等效黏滞阻尼系数一般情况下为 0.10 左右，满足规范要求，说明钢板连接件、双侧加角钢连接件的耗能性能良好。

接件的耗能分析   表 4-24

节点编号	$S_{(ABC+CDA)}$(kN·mm)	$S_{(OBE+ODF)}$(kN·mm)	E	h_e
W-GB-1	22500	24583.23	1.09	0.17
W-JG-1	13200	16782.32	1.27	0.20
W-TG-1	16592.33	19288.6	0.86	0.14

4.2.7　T 形钢板连接件的有限元分析

4.2.7.1　有限元模型建立

（1）材料本构模型的选取

钢材本构模型采用"三折线"应力-应变关系。根据材性试验得到钢材的名义应力和名义应变，材料的具体力学性能指标如表 4-25 所示，钢材的应力-应变关系如图 4-64 所示。

材料的力学性能指标   表 4-25

材料名称	f_y(MPa)	f_u(MPa)	μ	E
Q345B	381	493	0.3	206000
10.9S 高强度螺栓	940	1040	0.3	206000

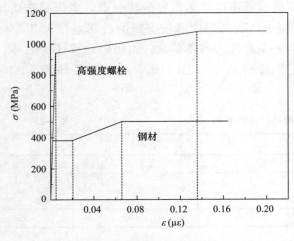

图 4-64　钢材应力-应变关系

（2）单元的选择与网格划分

T 形钢板连接节点共由 H 形钢梁、T 形钢板连接件、高强度螺栓和预埋钢板 4 部分组成。为了简化计算，高强度螺栓采用螺母与螺杆整体建模，忽略了螺栓上螺纹和螺栓垫圈的影响。模型中高强度螺栓与螺栓孔、H 形钢梁和 T 形钢板连接件之间存在较为复杂的接触关系，宜采用线性非协调单元（4 节点四边形双线性平面应力非协调模式单元和 8 节点六面体线性非协调单元）。非协调单元具有在单元扭曲比较小的情况下能够克服剪切自锁问题，在变形较大时，由于使用了增强变形梯度的非协调模式，单元交界处不会重叠或开洞，很容易扩展到非线性、有限应变的位移。本书中 H 形钢梁、T 形钢板连接件、高强度螺栓和预埋钢板等部件均采用三维六面体非协调模型线性单元（C3D8I）进行建模。在网格划分时采用关键部位局部加密的划分原则，在螺栓孔周围采用局部加密进行划分，其他部位网格较为稀疏，模型的网格划分结果如图 4-65 所示。

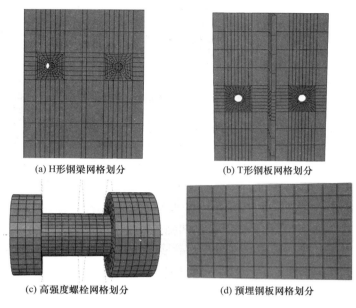

(a) H形钢梁网格划分　　　　(b) T形钢板网格划分

(c) 高强度螺栓网格划分　　　　(d) 预埋钢板网格划分

图 4-65　模型网格划分

（3）模型接触关系和高强度螺栓预紧力的施加

为了真实模拟 T 形钢板连接件各部件之间的接触关系，高强度螺栓与 T 形钢板上表面之间接触面设置为法向接触和切线接触；T 形钢板与钢框架梁之间接触面设置为法向接触和切线接触；高强度螺栓与钢框架梁表面之间设置为法向接触和切线接触；高强度螺栓杆与 T 形钢板和钢框架梁上螺栓孔壁之间的接触属性设置为法向接触。

模型的接触关系如图 4-66 所示，接触面之间的接触属性包括法向作用和切线作用两个作用方向，法向接触属性设置为硬接触，接触面之间能够传递接触压力，当接触压力变为"0"或负值时，二个接触面之间分离；切线接触属性设置为库伦摩擦，即用摩擦系数来表示接触面之间的摩擦特性。库伦摩擦的计算公式为：$T=\mu\times P$，其中 T 为临界的切向力，μ 为摩擦系数，P 为法向接触压强，在达到临界剪切应力之前，接触的摩擦面之间不会发生相对滑动。接触面之间具体接触属性如图 4-67 所示。

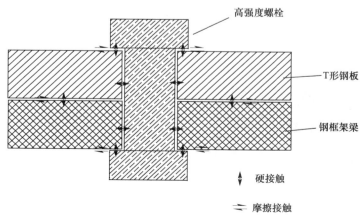

高强度螺栓

T形钢板

钢框架梁

↕　硬接触

⇄　摩擦接触

图 4-66　接触关系示意

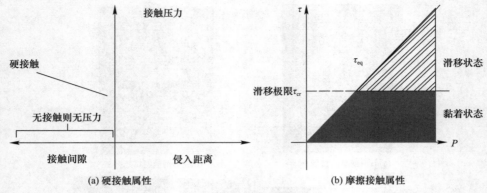

(a) 硬接触属性　　　　　　　　　　(b) 摩擦接触属性

图 4-67　接触属性

摩擦接触关系如图 4-67（b）所示，已知临界剪应力 τ_{eq} 与界面之间的接触压力之间呈线性比例关系，当摩擦失效接触面之间开始滑移时，两者之间的关系表达式为：

$$\tau = \mu \times P \geqslant \tau_{cr} \tag{4-19}$$

式中　P——两个接触面之间的接触压力；

　　　μ——接触面之间的界面摩擦系数。

高强度螺栓中的预紧力是保证部件之间有效连接的必需条件，高强度螺栓中的设计预紧力由材料强度和截面面积决定，并考虑了扭矩和施工阶段超张拉 5％～10％时对高强度螺栓承拉能力的影响引入了预紧力的折减系数，高强度螺栓预紧力的计算如式（4-20）所示。

$$P = 0.9 \times 0.9 \times 0.9 f_u A_e / 1.2 = 0.608 f_u A_e \tag{4-20}$$

式中　f_u——高强度螺栓的抗拉强度；

　　　A_e——高强度螺栓的有效截面面积。

对于 10.9S 高强度螺栓 f_u 取 1040MPa，按照公式可以计算出高强度螺栓的预紧力值，模型中的预紧力为 100kN。

在有限元分析软件 ABAQUS 中，使用 Bolt load 来为高强度螺栓施加预紧力。Bolt load 提供了二种施加方式：调整力（apply force）和调整长度（adjust length），本模型中选择 apply force 来施加螺栓预紧力。定义螺栓预紧力时需要先在高强度螺栓杆中间位置处设置一个受力截面，在受力截面上施加力和设置预紧力方向。具体施加方式如图 4-68 所示。

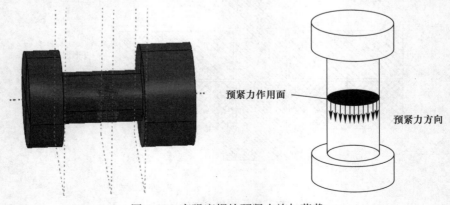

图 4-68　高强度螺栓预紧力施加荷载

（4）边界条件和加载制度

有限元计算模型的边界条件根据试验中试件的实际边界情况进行设置。在预埋钢板最外两侧施加固端约束，约束预埋钢板两侧面的六个自由度；在钢框架梁前后两个面上设置平面外方向的约束，保证钢框架梁受力时保持竖直方向运动，约束 U_2 方向的自由度，来模拟试验时试件的边界条件，试件的边界条件设置如图 4-69 所示。在有限元模型中采用在梁端进行竖直加载来模拟试验过程中的加载情况，加载制度按照试验方案进行加载，单调加载按荷载进行控制，循环往复加载按位移控制进行加载。

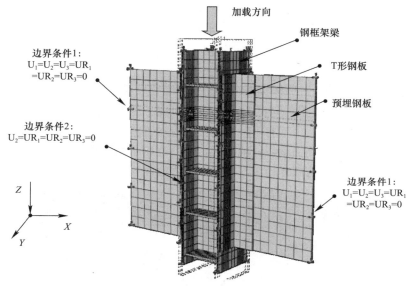

图 4-69　试件的边界条件和加载方式

4.2.7.2　有限元结果分析

（1）有限元分析结果与单调加载试验结果对比

① 荷载-位移曲线对比

图 4-70 所示的是在单调荷载作用下有限元计算得到的荷载-位移与试验曲线的对比结果。

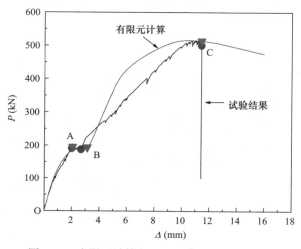

图 4-70　有限元计算与试验荷载-位移曲线对比

从图 4-70 可知，有限元计算曲线和试验曲线的整体走势一致。在 OA 摩擦阶段有限元计算结果与试验结果吻合较好，在 A 点有限元计算结果为 195kN，试验结果为 203kN，两者误差为 4.1%。在 AB 滑移阶段，有限元计算中的滑移量为 1.3mm，试验中的滑移量为 0.67mm。造成有限元计算结果与试验结果之间误差的主要原因为：在试验过程中由于制造误差以及上紧螺栓之前已有恒载作用使螺杆与孔壁接触，所以试验过程中的滑移量较小。BC 承压阶段，有限元计算曲线中的荷载值高于试验曲线，其中主要原因为有限元计算中边界条件设置的比试验情况理想。有限元计算中，螺栓的破坏采用强度准则进行判断，强度准则是指螺栓的材料达到屈服就认为结构达到了承载力极限[92]，当荷载达到 C 点时可以判断螺栓破坏，有限元计算的极限承载力为 513kN，试验结果为 501kN，两者误差为 2.3%；总体上看，有限元计算与试验结果基本吻合。

② 变形对比

有限元计算与试验中的 T 形钢板处螺栓孔的变形结果对比如图 4-71 所示。从图中可知，螺栓孔在 U_3 方向发生塑性变形，与试验观察结果一致。试验中连接件的破坏方式为高强度螺栓的剪断，发生脆性破坏。由于有限元计算中没有设置断裂准则，在有限元分析中采用强度标准来判断有限元计算中高强度螺栓的破坏，强度准则是指螺栓的材料达到屈服就认为结构达到了承载力极限，其中有限元计算与试验中高强度螺栓的破坏形态对比如图 4-72 所示。

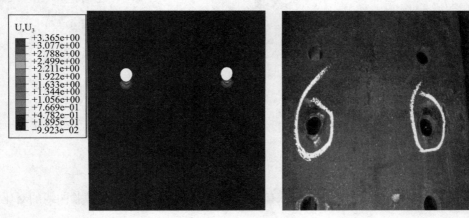

图 4-71　有限元计算与试验的螺栓孔变形对比

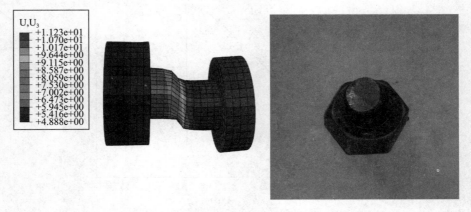

图 4-72　有限元计算与试验中高强度螺栓破坏形态的对比

③ 应力-应变曲线对比

试验中在 T 形钢板翼缘处螺栓孔的下部布置了应变片，用来量测螺栓孔下部钢材的应变分布情况。有限元计算和试验在 T 形钢板处螺栓孔下部钢板的应力-应变曲线对比结果如图 4-73（a）所示。通过图 4-73（a）可知，在弹性阶段随着应变的增加应力呈线性增加；试验结果得到的屈服应力为 382MPa，有限元计算结果为 417MPa，两者之间的误差为 8.6%，有限元计算结果和试验结果吻合较好。

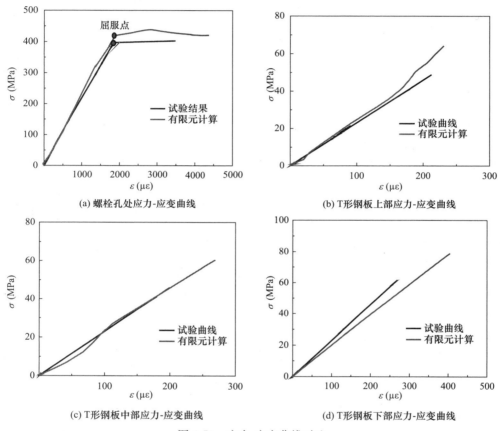

(a) 螺栓孔处应力-应变曲线

(b) T 形钢板上部应力-应变曲线

(c) T 形钢板中部应力-应变曲线

(d) T 形钢板下部应力-应变曲线

图 4-73　应力-应变曲线对比

有限元计算与试验结果得到的应力-应变曲线在焊缝连接处 T 形钢板上、中、下三个位置的对比结果如图 4-73（b）～（d）所示。从图中可以看出，有限元计算与试验结果吻合较好。

（2）有限元分析结果与往复加载试验结果对比

① 荷载-位移曲线对比

有限元计算与试验测得的荷载-位移滞回曲线的对比结果如图 4-74 所示。从图 4-74 可知，有限元计算曲线与试验曲线总体变化趋势基本一致。

有限元计算与试验得到的骨架曲线对比结果如图 4-75 所示，从图中可以看出在负向（拉）加载方向有限元计算与试验结果吻合较好，在正向（推）加载方向有限元计算与试验所得的骨架曲线存在一定的偏差，造成偏差的原因为在正向加载（推）时连接 MTS 的球铰发生转动，造成试验曲线在正负加载方向存在差异。

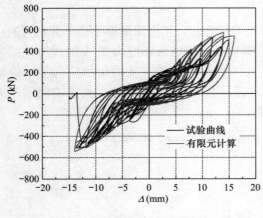

图 4-74　荷载-位移滞回曲线对比　　　　图 4-75　荷载-位移骨架曲线对比

② 节点延性与耗能

有限元计算和试验结果得到的骨架曲线特征点如表 4-26 所示，从计算结果中可以看出，试验结果得到的延性系数为 2.13，有限元计算的延性系数为 2.05，两者误差为 3.7%。

骨架曲线特征点对比　　　　表 4-26

| | 加载方向 | 屈服 | | 极限 | | 延性系数 |
		Δ_y(mm)	P_y(kN)	Δ_u(mm)	P_u(kN)	μ
试验结果	正向	7.20	291.00	15.20	506.12	2.13
	负向	6.30	316.85	13.59	515.72	
模拟结果	正向	7.59	409.00	15.99	539.00	2.05
	负向	6.96	396.00	13.94	541.00	

有限元计算和试验中，每一级加载滞回环所包围面积大小的计算结果如表 4-27 所示。从表中可知随着加载位移的不断增加，试验试件的耗能面积不断增加。

试件耗能实测值　　　　表 4-27

	加载级别	$S_{(ABC+CDA)}$(kN·mm)	$S_{(ABC+CDA)}$(kN·mm)	E	h_e
试验结果	2mm	293.74	168.3	1.74	0.278
	4mm	957.55	832.9	1.15	0.183
	6mm	1518.11	1169.4	0.91	0.145
	8mm	2210.30	2462.2	0.89	0.142
	10mm	3147.96	3685.1	0.85	0.136
	12mm	3704.00	4494.7	0.82	0.131
	14mm	4760.67	6476.0	0.74	0.117
有限元计算结果	2mm	452.12	211.86	2.13	0.339
	4mm	1267.76	830.71	1.53	0.243
	6mm	2100.64	1872.75	1.12	0.178
	8mm	3060.48	3204.70	0.95	0.151
	10mm	4034.76	4690.13	0.86	0.137
	12mm	5048.27	6280.57	0.80	0.127
	14mm	5651.12	7771.00	0.73	0.116

有限元计算与试验得到的等效黏滞阻尼系数 h_e 随位移变化的对比结果如图 4-76 所示，通过有限元计算曲线和试验曲线对比可知，有限元计算曲线的初始耗能大于试验的初始耗能，造成误差的原因为有限元计算的摩擦面和高强度螺栓预紧力的施加比试验的理想，所以在摩擦阶段有限元计算的等效黏滞阻尼系数高于试验结果；随着位移的增加有限元计算和试验结果的耗能均出现下降，当位移加载为 8mm 后有限元计算结果与试验结果吻合较好。

③ 强度退化

有限元计算与试验结果的强度退化对比如图 4-77 所示。从图中可以看出，有限元计算结果和试验结果吻合较好。强度退化系数 λ_i 随着加载位移的增加变化不大，当加载位移较大时，T 形钢板连接件仍然能够有效承担外荷载，说明连接节点的承载能力较好。

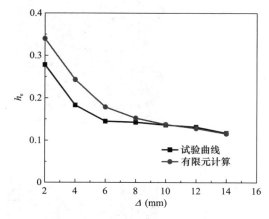

图 4-76　有限元计算与试验结果的 h_e-Δ 对比

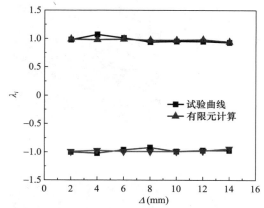

图 4-77　有限元计算与试验结果的强度退化对比

④ 刚度退化

有限元计算与试验结果的等效刚度对比如图 4-78 所示。从图中可以看出，有限元计算的初始刚度为 83kN/mm，试验初始刚度为 69kN/mm，大于试验值，两者误差为 16.8%。在加载初期，随着加载位移的增大结构的刚度退化显著，主要原因为连接节点的螺栓出现滑移，当加载位移到 8mm 时刚度退化减缓，试验所得的最终刚度值为 35kN/mm，有限元计算的最终刚度值为 38kN/mm。总体看，有限元计算结果与试验结果吻合较好。

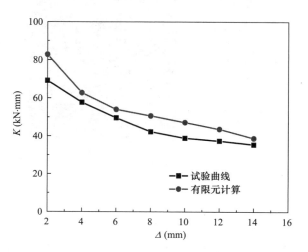

图 4-78　有限元计算与试验结果的等效刚度对比

（3）应力及应变云图分析

图 4-79 为在受力全过程中 T 形钢板处螺栓孔的应力分布情况。在 O 点时，由于高强度螺栓预紧力施加完毕后，螺栓孔周围钢板产生应力集中，应力云图分布如图 4-79（a）所示。

A 点时高强度螺栓的摩擦阶段结束，与 O 点摩擦初始点相比螺栓孔周围应力变化不大，A 点比 O 点的应力增加了 20MPa，螺栓孔周围的应力分布如图 4-79（b）所示。在 B 点时高强度螺栓开始进入承压阶段，螺栓孔受到螺栓杆的挤压作用，在承压阶段开始点的应力分布如图 4-79（c）所示，从图中可以看出在螺栓孔下部钢板处产生应力集中。在 C 点高强度螺栓破坏时，其螺栓孔处的应力分布如图 4-79（d）所示，从图中可看出最大应力发生在螺栓孔下部，最大应力为 593MPa，说明在此处钢板已经屈服，发生了塑性变形。

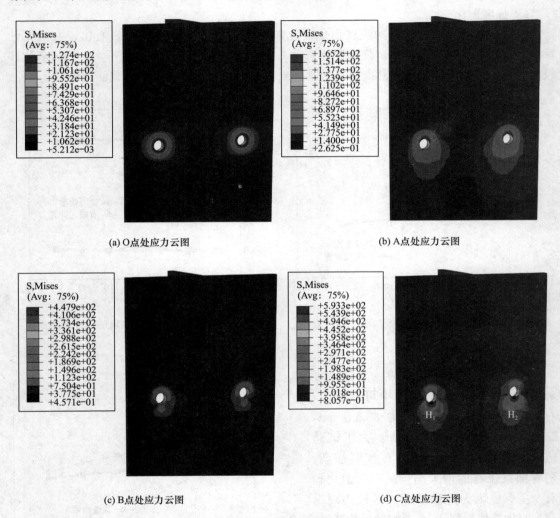

(a) O 点处应力云图

(b) A 点处应力云图

(c) B 点处应力云图

(d) C 点处应力云图

图 4-79　T 形钢板处螺栓孔的应力分布

图 4-79（d）中螺栓孔下部 H_1、H_2 两点处的应力-应变曲线如图 4-80 所示。从图 4-80 中可以看出，H_1、H_2 两点处的曲线重合，说明两侧螺栓孔处受力均匀。由于下部螺栓孔受压，在 F 点处试件破坏时钢板的最大应力为 −591MPa。

预埋钢板在加载方向的变形分布如图 4-81 所示。通过对其分析可知预埋钢板沿竖直方向发生变形，变形趋势由内向外逐渐减小，说明预埋钢板通过自身的变形来传递水平剪力。预埋钢板的应力分布如图 4-82 所示。由图可知，水平剪力通过预埋钢板进行传递，在外侧固定端的上、下端部处发生应力集中，其中预埋钢板角部应力集中处最大的应力为 161MPa，钢板的屈服强度为 381MPa，说明此处钢板在弹性阶段。

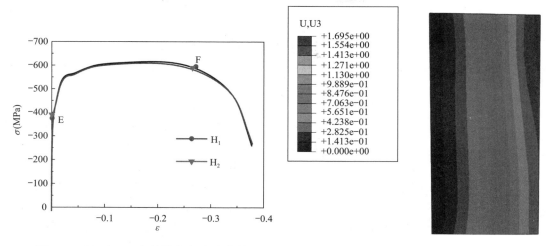

图 4-80　H_1 和 H_2 点处的应力-应变曲线　　　图 4-81　单调荷载下预埋钢板处的变形图

有限元计算中高强度螺栓在 YZ 平面布置，所以 Z 轴为高强度螺栓的剪切方向，在试件破坏时高强度螺栓在剪切方向的应力分布如图 4-83 所示。图 4-83 中螺栓杆截面上 3 点处的应力-应变曲线如图 4-84 所示，其中 C 点为高强度螺栓破坏时的特征点。C 点处高强度螺栓杆的最大剪切应力为 513MPa，通过计算可知一个高强度螺栓在连接件破坏时所承受的最大剪力为 103kN。

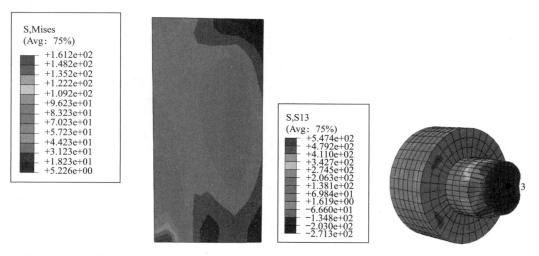

图 4-82　单调荷载下预埋钢板处的应力分布　　　图 4-83　高强度螺栓的剪切应力分布

4.2.7.3　传力路径与传力机理

经过对 T 形钢板、预埋钢板和高强度螺栓的应力云图进行分析可知，水平剪力在 T 形钢板连接件中理想的传力路径为：水平剪力首先作用在钢框架梁上，通过钢框架梁与 T 形钢板之间连接的高强度螺栓传递到 T 形钢板处，最后由 T 形钢板处传递到预制混凝土剪力墙处。

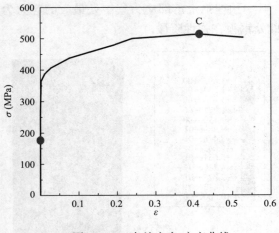

图 4-84　3 点处应力-应变曲线

由于 T 形钢板连接件在设计时没有考虑混凝土剪力墙的影响，所以通过对连接件中不同部件的应力分布情况进行分析可知，T 形钢板连接件在受力过程中水平剪力主要由钢框架梁和 T 形钢板之间连接的高强度螺栓承担，由于高强度螺栓杆与螺栓孔壁之间相互挤压的作用，在螺栓孔周围钢板处形成应力集中与塑性变形，通过计算可知在高强度螺栓剪断时，高强度螺栓最大承担 80.3% 的剪力。

4.2.7.4　参数分析

通过有限元计算考察了接触面之间的摩擦系数、高强度螺栓预紧力、预埋钢板厚度、T 形钢板翼缘厚度和高强度螺栓直径等因素对 T 形钢板连接力学性能的影响。

（1）摩擦系数

根据钢材接触表面处理方式的不同，可以得到不同摩擦系数。本书选取的摩擦系数分别为 $\mu_1 = 0.30$，$\mu_2 = 0.35$，$\mu_3 = 0.45$，其他参数保持不变。

不同摩擦系数下 T 形钢板连接件的计算结果如图 4-85 所示。通过对比分析可知，摩擦系数对摩擦阶段的滑移荷载影响较大，在 A 点，$\mu = 0.45$ 的摩擦力比 $\mu = 0.30$ 的摩擦力提高了 34.7%；随着摩擦系数的增加，试件的极限承载力变大，摩擦系数为 $\mu = 0.45$ 的极限承载力比摩擦系数 $\mu = 0.3$ 的承载力提高 8.9%，通过分析可知随着摩擦系数的增大，试件在摩擦阶段的最大静摩擦力提高。

（2）螺栓预紧力

在 Bolt Load 中设置 80kN、100kN、120kN 三种不同的螺栓预紧力进行有限元计算，计算结果如图 4-86 所示，通过分析可知螺栓预紧力对摩擦阶段影响较大，在 A 点 $P = 120$kN，比 $P = 80$kN 提高 38.5%，对极限承载几乎没有影响；螺栓预紧力越大，其摩擦力越大。

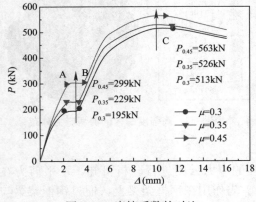

图 4-85　摩擦系数的对比

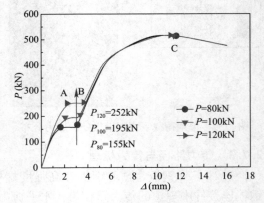

图 4-86　螺栓预紧力对比

（3）预埋钢板厚度

选取预埋钢板厚度 $t = 12mm$、$t = 10mm$、$t = 8mm$，进行有限元计算，计算结果如图 4-87 所示，通过对比分析得出以下结论：$t = 8mm$ 比 $t = 12mm$ 极限承载力提高了 3.3%，说明钢板厚度对连接件的力学性能影响较小。

（4）T 形钢板翼缘厚度

选取 T 形钢板翼缘厚度为 $t = 12mm$、$t = 10mm$、$t = 8mm$ 进行计算，结果如图 4-88 所示。通过对比分析可以看出，三种钢板厚度的承载力变化不大，$t = 8mm$ 的极限承载力比 $t = 12mm$ 的极限承载力提高了 3.2%。

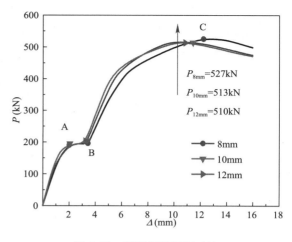

图 4-87　预埋钢板厚度对比

（5）高强度螺栓直径

高强度螺栓作为主要受力构件，其直径的大小对连接件的力学性能有一定的影响，选取直径分别为 M16、M20、M24 三种直径尺寸的高强度螺栓进行有限元计算。计算结果如图 4-89 所示，通过对比分析得出以下结论：M24 比 M16 极限承载力提高了 48.1%，说明高强度螺栓直径对极限承载力影响较大。

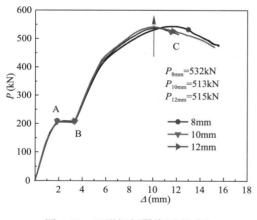

图 4-88　T 形钢板翼缘厚度对比

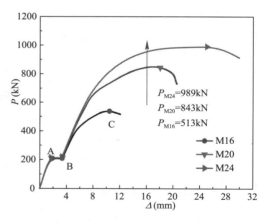

图 4-89　高强度螺栓直径对比

4.2.8　T 形连接的标准化

为了使 T 形钢板连接件能够更好地应用到建筑工业化生产中，本研究选取常用的五种混凝土剪力墙厚度 200mm、250mm、300mm、350mm 和 400mm，在满足连接件的设计要求的前提下，给出五种常见厚度预制混凝土剪力墙与钢框架连接所用抗剪连接件的参考尺寸，为构件的标准化设计提供一定的设计参考。详细尺寸如表 4-28 所示。

连接件尺寸 表 4-28

连接形式	混凝土剪力墙厚度（mm）	混凝土剪力墙跨度×高度（mm）	连接件尺寸（mm）	连接螺栓型号
T形钢板连接件	200	5400×3300	360×360×15×15	10.9 级 M16
		6000×3300	360×360×20×20	10.9 级 M16
	250	5400×3300	360×360×15×15	10.9 级 M20
		6000×3300	360×360×20×20	10.9 级 M20
	300	5400×3300	360×360×15×15	10.9 级 M24
		6000×3300	360×360×20×20	10.9 级 M24
	350	5400×3300	400×400×15×15	10.9 级 M28
		6000×3300	400×400×20×20	10.9 级 M28
	400	5400×3300	450×450×15×15	10.9 级 M32
		6000×3300	450×450×20×20	10.9 级 M32

4.3　本章小结

4.3.1　装配式钢板剪力墙与钢框架连接构造的开发及性能研究

本研究通过对装配式钢板剪力墙与钢框架连接构造的试件分别进行静力和低周往复加载下的试验研究，可得到如下结论：

（1）静力荷载加载作用下，新型双鱼尾板连接件的屈服承载力高于现有单鱼尾板连接件的屈服承载力约 11%。

（2）低周往复荷载作用下，新型双鱼尾板连接件的滞回曲线更加饱满，后期滞回环张开程度更大，其极限承载力高于普通单鱼尾板连接件承载力 15.67%，具有良好的抗震性能。

（3）低周往复荷载作用下，两种连接件的骨架曲线趋势基本相同，但是普通单鱼尾板连接试件的刚度退化明显，这说明新型双鱼尾板连接件对钢板剪力墙的约束作用较强，双鱼尾板连接件与钢板剪力墙的协同工作性能较好，延缓了钢板剪力墙的平面外失稳破坏。

（4）双鱼尾板连接试件的延性系数、耗能系数、等效黏滞阻尼系数等均优于单鱼尾板连接件，说明新型双鱼尾板连接的试件耗能能力较好，可知新型双鱼尾板连接的体系具有良好的抗侧力性能。

4.3.2　预制混凝土剪力墙与钢框架连接构造的开发及性能研究

本研究通过对预制混凝土剪力墙与钢框架的连接件分别进行静力和低周往复加载下的试验研究，通过试验结果得到结论如下：

（1）三种连接件受力情况均匀，传力路径明确，具有良好的延性和较高的承载力。在静力和往复荷载作用下三种连接件的破坏模式均为高强度螺栓的剪断。

（2）三种形式连接件的层间位移延性系数满足 $\mu \geqslant 2$ 的要求，其中双侧加角钢连接件的延性系数大于其他二种连接形式，表明双侧加角钢连接件变形性能较好。

（3）通过对三种连接件的耗能性能进行分析可知，三种连接件的等效黏滞阻尼系数均大于钢筋混凝土构件，满足规范要求。在三种连接形式中双侧加角钢连接件的耗能能力最好。

第 5 章　预制混凝土叠合楼板与钢梁连接的开发及性能研究

5.1　抗剪连接件及其受力性能

5.1.1　抗剪连接件的分类

5.1.1.1　刚性抗剪连接件

刚性抗剪连接件的主要特点是抗剪强度高，但在其周围混凝土中比较容易引起较高的应力集中，并且当承载力达到极限强度后结构将立即发生破坏，这种破坏会直接导致混凝土被压碎或发生连接件的剪切破坏。刚性抗剪连接件主要包括：马蹄形连接件、方钢连接件和匚形连接件等块状连接件，如图 5-1 所示。

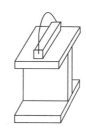

图 5-1　刚性抗剪连接件

5.1.1.2　柔性抗剪连接件

柔性抗剪连接件一般发生延性破坏，对结构而言具有一定的保护作用，因此工程实践中更愿意采用这种连接件形式。当楼板体系承受荷载过大时，在楼板与钢梁连接处会出现一定位移时，但其抗剪强度不会马上降低，利用柔性抗剪连接件所具有的延性可以使结构内部的剪力发生重分布。柔性抗剪连接件主要包括：带头栓钉、斜钢筋、环形钢筋、槽钢等，如图 5-2 所示。

图 5-2　柔性抗剪连接件

5.1.2 抗剪连接件的性能分析

5.1.2.1 抗剪连接件的受力及破坏形式

采用刚性抗剪连接件时，界面极限滑移值小，对应的界面破坏是脆性破坏，即界面上的连接件是呈"拉链式"破坏，当受力最大的连接件丧失承载力后，附近连接件受力迅速增加至极限状态，这样连接件一个接一个地相继丧失承载力。

采用柔性抗剪连接件时，界面极限滑移值大，对应的界面破坏是塑性破坏，连接件在变形过程中可出现抗剪连接件间的塑性剪应力重分布，即受剪最大的连接件在接近极限承载力时经历了很大的塑性变形，使得附近的连接件的受剪作用增大，最终界面上连接的受力较均匀，大部分的连接件都可达到其极限承载力。

抗剪连接件的变形能力也可影响和决定界面破坏时滑移值（即极限滑移值）的大小及界面的破坏类型。同时，抗剪连接件布置的方向也会影响连接件的受力方向，主要是考虑以下几点：为避免混凝土发生劈裂破坏，型钢的肢尖不宜迎向压力方向；有利于抵抗掀起的方向；弯筋倾斜方向应顺向受力的方向。

抗剪连接件的破坏形态可以大致分为两类：

抗剪连接件的拉剪破坏：这种破坏一般发生在混凝土等级比较高的情况下，此时连接件的抗剪承载力一般与混凝土的强度没有任何关系，仅与连接件本身的强度和选材有关，其破坏形态呈一定的脆性破坏。另外，还有一个可能的原因是，连接件与钢梁的焊缝处容易出现应力集中，当焊缝质量不满足要求时，会由于焊缝先出现破坏导致抗剪连接件失效。

抗剪连接件附近的混凝土破坏：发生在混凝土板相对于抗剪连接件较弱时。在正常工作的状态下，抗剪连接件附近的混凝土容易产生较大压应力，此时抗剪连接件根部附近的混凝土可能发生局部受压破坏或劈裂破坏。这种情况下，抗剪连接件极限承载力会随着混凝土强度的增加而增大。

5.1.2.2 抗剪连接件的承载力计算

参考《钢结构设计标准》GB 50017—2017，给出了抗剪连接件承载力的计算公式[56]：

（1）栓钉连接件

$$N_v^c = 0.43 A_s \sqrt{E_c f_c} \leqslant 0.7 A_s f_u \tag{5-1}$$

式中　E_c——混凝土的弹性模量；

　　　A_s——栓钉钉杆截面面积；

　　　f_u——圆柱头焊钉极限抗拉强度设计值，需满足现行国家标准《电弧螺柱焊用圆柱头焊钉》GB/T 10433 的要求。

（2）槽钢连接件

$$N_v^c = 0.26(t + 0.5 t_w) l_c \sqrt{E_c f_c} \tag{5-2}$$

式中　t——槽钢翼缘的平均厚度；

　　　t_w——槽钢腹板的厚度；

　　　l_c——槽钢的长度。

（3）弯筋连接件

$$N_v^c = A_{st} f_{st} \tag{5-3}$$

式中　A_{st}——弯筋的截面面积；

　　f_{st}——弯筋的抗拉强度设计值。

　　抗剪连接件承受纵向剪力、横向剪力、拉力及弯矩等综合作用，其受力性能复杂，对研究分析造成了困难。因此，影响抗剪连接件承载力的因素有很多，如：抗剪连接件本身的形式、材料，混凝土强度等。

　　以栓钉作为例子说明，影响栓钉连接件的因素主要有：

　　1）栓钉连接件的数量；

　　2）栓钉连接件周围混凝土的密实度；

　　3）混凝土厚度、宽度和强度三者越高，则栓钉的抗剪能力越强；

　　4）钢梁与混凝土板界面的粘结力；

　　5）栓钉连接件本身的强度、尺寸和在钢梁上布置的位置以及焊接的方式等都对栓钉的抗剪能力有一定的影响。

　　因此，很难用力学的方法直接推导出适合计算抗剪连接件承载力的计算公式，须借助于试验的方法来确定其承载力。

5.2　新型抗剪连接形式的开发

5.2.1　四角弯筋抗剪连接件

　　四角弯筋属于柔性抗剪连接件，利用弯筋的抗拉强度抵抗剪力，可防止连接处出现脆性破坏，这种特殊的连接形式构成空间体系，使其各点受力均匀，结构的整体性能得到提高，易于实现工业化生产，现场装配简便，施工定位准确，从而大大节省了安装时间，提高工程效率。

　　与传统的叠合楼板与钢梁的连接进行比较，克服了弯筋在剪力方向不明确或剪力方向可能发生改变时，作用效果较差的单向受力的弊端，同时与栓钉连接件相比，个数大幅度减少，为施工带来很大方便。利用四角弯筋进行焊接连接，抗剪切和抗掀起能力得到提高，节省钢材。图 5-3 为利用四角弯筋抗剪连接件进行预制混凝土叠合楼板与钢梁连接的构造示意。

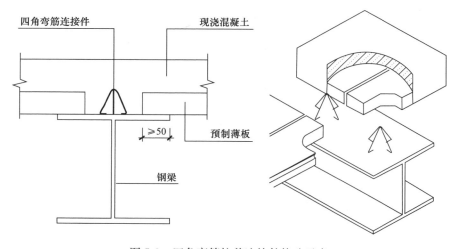

图 5-3　四角弯筋抗剪连接件构造示意

5.2.2　T型钢抗剪连接件

T型钢属于柔性抗剪连接件，刚度相对其他抗剪连接件较大，当承受荷载时，T型钢的翼缘板可起到抵抗掀起的作用，并且由于其刚度大的原因，当受力过大时，T型钢连接件会出现剪力重分布的现象。并且根据具体承载力的要求进行等间隔的布置，易于提高结构的整体强度。

相比于最常用的栓钉连接件，在同一剪跨区间，试件个数明显减少，在施工方面具有很大的优势。利用T型钢进行焊接连接，与钢梁的焊接长度及与混凝土的接触面积比栓钉连接件大，所以抗剪切能力和抗掀起能力较强，其构造简单，工作效率得到很大的提高，易于实现标准化、模数化。图 5-4 为利用T型钢抗剪连接件进行预制混凝土叠合楼板与钢梁连接的构造示意图。

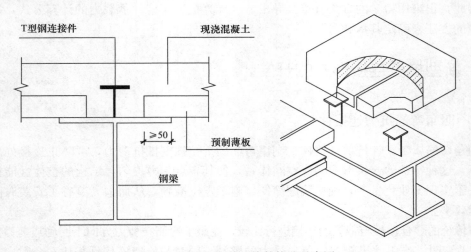

图 5-4　T型钢抗剪连接件构造示意图

5.2.3　施工工艺

本连接主要由预制薄板、H形钢梁、四角弯筋连接件或T型钢连接件和现浇混凝土层四个部分组成。具体的施工工艺如下：

预制薄板在工厂预制完成，预制薄板的厚度为 50～80mm，跨度根据施工具体要求进行选用，预制薄板中可通过布置钢筋或钢绞线等来提高其强度。

将制作完成的预制薄板运至施工现场，其中预制薄板的型号要符合设计要求，并按板的型号分类标记整齐地放在指定位置，板的堆放高度最好不多于 10 块，以免出现倒塌破坏。

在吊装预制薄板之前，按照设计图纸核对板的型号和数量，为方便施工最好画出每层预制薄板的吊装图，以此作为施工中吊装的依据。

在安装预制薄板之前，保证梁顶平整干净，根据吊装图画出预制薄板搭接的位置，并用起重机进行预制薄板的安装，其中预制薄板与H形钢梁的搭接长度不小于 50mm。

起吊时要求各吊点受力均匀，预制薄板保持水平，避免扭曲使板开裂，根据吊装图将板对号入座，同时安装预制薄板时要求对准位置线，缓慢下降，待板安装完毕后再脱钩，进行重复吊装，完成预制薄板与钢梁的搭接工作。

将制作好的四角弯筋连接件或 T 型钢连接件焊接在 H 形钢梁的翼缘板上，同时要求连接件位于翼缘板的纵轴中心线上，并根据承载力的要求，进行等间隔布置，其中四角弯筋连接件的直径可取 12mm、14mm 和 16mm，T 型钢连接件的高度根据叠合楼板的厚度而定，腹板厚度和翼缘厚度一般取 6mm、8mm 和 10mm，不宜过厚。

两种连接件与钢梁之间均采用双面角焊缝进行焊接，并且满足《钢结构设计标准》GB 50017—2017 中提出的焊缝长度和焊脚尺寸的要求，当与高强度钢梁进行连接时，应注意焊接条件，选择合适的焊接工艺。

按设计要求制作现浇层混凝土中布置的钢筋笼，绑扎好的钢筋笼严禁踩踏，其中受力钢筋的间距不宜大于 200mm，钢筋直径不得小于 8mm，分布钢筋的间距不宜大于 250mm，钢筋直径不宜小于 6mm。

在浇筑现浇层混凝土之前，支撑在钢梁上的预制薄板，若端板处未进行封闭处理，浇筑混凝土前则应先堵头板或挡板，进行周边支模，以防止施工时混凝土泄漏。

最后在施工现场进行现浇层的混凝土浇筑，浇筑及养护的具体要求参照《混凝土结构工程施工质量验收规范》GB 50204—2015 进行施工，其中浇筑时必须进行振捣的工作，最好选用平板振动器，以保证结构的密实性。

5.3　新型抗剪连接件的推出试验设计

5.3.1　试验概况

钢梁选用 Q235B 级钢。推出试件采用 H 形钢梁，型号为 HW300mm × 300mm × 10mm×15mm。在预制薄板和现浇混凝土中配置的受力钢筋和分布钢筋均采用 HPB300 级钢筋。90mm 现浇混凝土中，受力钢筋采用 8 根 $\phi 8@140$ 的钢筋，分布钢筋采用 6 根 $\phi 6@170$ 的钢筋，分两层布置；60mm 预制薄板中，受力钢筋采用 2 根 $\phi 8@100$ 的钢筋，分布钢筋采用 3 根 $\phi 6@170$ 的钢筋，一层布置；现浇底座中，采用 4 根 $\phi 8@100$ 的钢筋和 7 根 $\phi 6@100$ 的钢筋，一层布置。预制薄板中混凝土采用 C30，现浇混凝土中采用 C45。

推出试件在对 H 形钢梁进行加载试验时，为使钢梁加载端的截面平整并与 H 形钢梁的轴线垂直，以便在试验时保证加载方向竖直，在加载端焊接端板，端板采用 Q235B 级钢，尺寸为 350mm×350mm×20mm。

5.3.2　材料性能

在试件浇筑过程中采用同批次混凝土制作边长为 150mm 的三个标准立方体试块，并与试件同条件下养护 28d，立方体抗压强度为 45.33MPa，弹性模量为 3.35×10^4 MPa。

按照《金属材料拉伸试验　第 1 部分：室温试验方法》GB/T 228.1—2010[77] 中的规定进行钢材的拉拔试验。取与试件同样材质的钢材，经过加工进行试验。T 型钢部分选用均是 Q235B 级钢，取 6mm 厚和 8mm 厚的钢板试件进行测试；钢筋部分取直径 12mm、14mm 和 16mm 的钢筋试件进行测试。钢材材料性能见表 5-1。

钢材材料性能表			表 5-1
材料	屈服强度（MPa）	极限强度（MPa）	弹性模量（MPa）
6mm 厚钢板	413.3	480.0	2.06×10^5
8mm 厚钢板	425.6	483.7	2.04×10^5
直径 12mm 钢筋	346.0	530.5	2.01×10^5
直径 14mm 钢筋	354.2	546.3	2.09×10^5
直径 16mm 钢筋	403.6	560.4	2.10×10^5

5.3.3 抗剪连接件制作

（1）四角弯筋抗剪连接件的制作

试验时，四角弯筋采用 HPB300 级钢筋，如图 5-5 所示，采用两根弯起钢筋焊接而成，具体参数如表 5-2 所示。

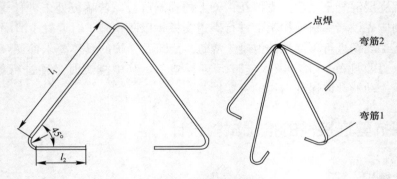

图 5-5　四角弯筋示意图

四角弯筋尺寸表（mm）							表 5-2
弯筋 1	弯筋 1	直径 d	斜长 l_1	水平长度 l_2	弯起角度 a	弯曲半径 r	试件个数
弯筋 1	WJ1-1	12	90	54	45	12	8
弯筋 1	WJ1-2	14	105	63	45	14	8
弯筋 1	WJ1-3	16	120	72	45	16	8
弯筋 2	弯筋 2	直径 d	斜长 l_1	水平长度 l_2	弯起角度 a	弯曲半径 r	试件个数
弯筋 2	WJ2-1	12	107	54	45	12	8
弯筋 2	WJ2-2	14	125	63	45	14	8
弯筋 2	WJ2-3	16	143	72	45	16	8

具体制作说明如下：

① 按尺寸切割钢筋，将制作好的钢筋，中间对折弯起，夹角为 90°，再将此弯筋两端对称弯起 45°；根据表 5-2 给出的尺寸制作弯筋 1 和弯筋 2。

② 将制作好的弯筋 1 和弯筋 2 进行垂直方向的焊接，焊接的方式采用点焊。

四角弯筋抗剪连接件推出试验分为三组。试件编号如表 5-3 所示。

表 5-3 给出了四角弯筋抗剪连接件的尺寸说明。四角弯筋抗剪连接件选取变量的理论依据：根据《钢结构设计标准》GB 50017—2017 给出的弯筋抗剪承载力计算公式得知，

对类似抗剪连接件的承载力影响最主要的因素是：钢筋的直径。因此，本次试验选择这一变量作为主要的研究对象。

四角弯筋试件编号　　　　　　　　　　　表 5-3

试验分组	试验编号	钢筋直径 d(mm)	数量
一	WJ-1	12	2
	WJ-2	12	2
二	WJ-3	14	2
	WJ-4	14	2
三	WJ-5	16	2
	WJ-6	16	2

（2）T 型钢抗剪连接件的制作

T 型钢采用 Q235B 钢板焊接而成，焊接的方式采用双面通长角焊缝，焊脚尺寸根据计算所得进行焊接，如图 5-6 所示。T 型钢具体尺寸如表 5-4 所示。

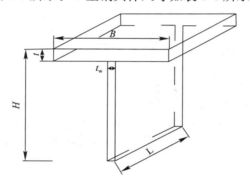

图 5-6　T 型钢示意图

T 型钢尺寸表（mm）　　　　　　　　　　　表 5-4

T 型钢连接件	高 H	宽 B	长度 L	腹板厚度 t_w	翼缘厚度 t	焊缝长度 l_w	焊脚尺寸 h_f	试件个数
T1	100	100	75	6	8	75	7	8
T2	100	100	75	6	10	75	7	8
T3	100	100	75	8	8	75	9	8
T4	100	100	75	8	10	75	9	8

表 5-5 中给出了 T 型钢抗剪连接件的尺寸说明。根据《钢结构设计标准》GB 50017—2017 给出的槽钢抗剪承载力计算公式得知，对类似刚性抗剪连接件的承载力影响最主要的因素是：腹板厚度和翼缘厚度。因此，本次试验选择这两个变量作为主要的研究对象。T 型钢抗剪连接件推出试验分为四组。

T 型钢试件编号　　　　　　　　　　　表 5-5

试验分组	试件编号	腹板厚度 t_w(mm)	翼缘厚度 t（mm）
一	TG-1	6	8
	TG-2	6	8

续表

试验分组	试件编号	腹板厚度 t_w(mm)	翼缘厚度 t(mm)
二	TG-3	8	8
	TG-4	8	8
三	TG-5	6	10
	TG-6	6	10
四	TG-7	8	10
	TG-8	8	10

5.3.4 试件制作

首先制作木模板，然后浇筑 C30 混凝土，浇筑之前，在放置好的每一个木模板中预埋一块小钢板，以便之后和钢梁更好地连接。在浇筑的过程中，插入小钢棍，以便之后和现浇混凝土更好地连接，采取自然养护 28d，如图 5-7 所示。

(a) 预制薄板示意图

(b) 抗剪连接件焊接示意图

(c) 应变片的布置

图 5-7　试件制作过程（一）

(d) 钢梁与预制薄板连接示意图

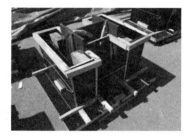

(e) 制作木模板示意图

图 5-7　试件制作过程（二）

5.3.5　试验装置及加载方案

　　根据试验承载力的要求，选择 100t 的千斤顶加载。在整个试验过程中，承载力达到的最大的荷载值即定义为检验的荷载实测值。加载装置如图 5-8 和图 5-9 所示。

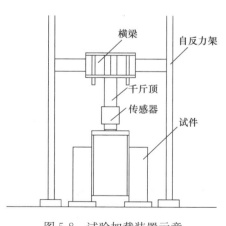

图 5-8　试验加载装置示意

图 5-9　试验加载装置照片

　　每组试件都按三个步骤进行加载：预加载、弹性承载力的加载和极限承载力的加载。预加载结束后进行弹性承载力的加载，荷载增量按每级 0.1 倍的极限荷载值进行缓慢连续地加载。然后以 0.1 倍弹性极限荷载进行卸载至零，在每组试件的第 2 个试件开始前，分别根据前一个试件的加载情况相应调整弹性极限荷载值。荷载达到屈服荷载值时进入极限承载力的加载状态，观察试验数据和试验现象，当加载值接近极限荷载值时，减小加载级

195

别，减缓加载速度，以 0.05 倍极限荷载作为增量直至试件破坏，停止加载。

测试内容主要包括荷载测试、滑移量测试、抗剪连接件应变测试。采用位移计测量钢梁与预制混凝土叠合楼板的相对滑移量。

应变片采用精度较高的箔式片，应变片的粘贴位置分布于四角弯筋的表面以及 T 型钢的腹板和翼缘上，如图 5-10 和图 5-11 所示。

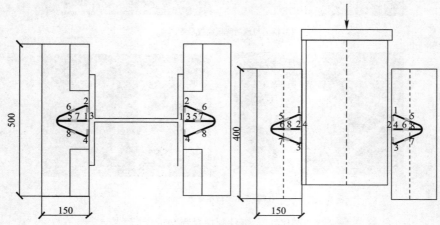

图 5-10　四角弯筋抗剪连接件测点布置示意图

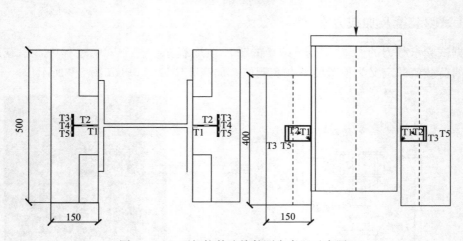

图 5-11　T 型钢抗剪连接件测点布置示意图

5.4　四角弯筋抗剪连接件试验研究

5.4.1　试验现象

当预制混凝土叠合楼板与钢梁接触表面开始出现错动分离现象时，停止加载。四角弯筋的破坏均属于延性破坏，在焊缝处出现应力集中形成剪切破坏，导致四角弯筋抗剪连接件失效而发生破坏。在试验过程中，预制混凝土叠合楼板表面无裂缝出现。试件破坏形态如图 5-12 所示。

图 5-12　试件破坏形态

5.4.2　承载力及变形性能分析

（1）荷载-应变曲线分析

图 5-13 所示的是四角弯筋第一组试件荷载-应变曲线。由图 5-13 可知，试件 WJ-1 的应变 1、2 的位置处于受压状态，应变 3、4、5、6 的位置处于受拉状态，在荷载加载前期应变 7、8 的位置先处于受压状态之后转变为受拉的状态；试件 WJ-2 的应变 1、2、4 的位

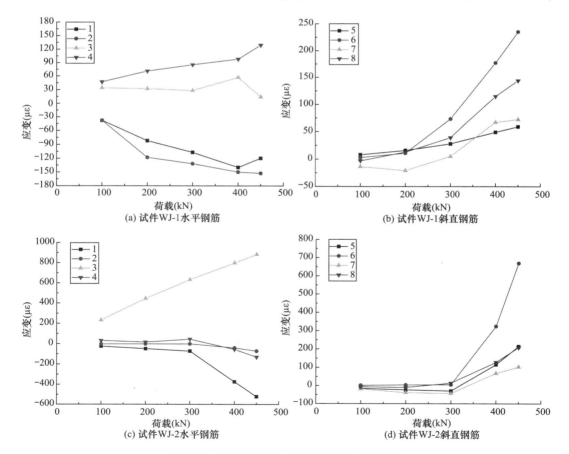

图 5-13　四角弯筋第一组试件荷载-应变曲线

置处于受压状态，应变 3 的位置处于受拉状态，在荷载加载到初期应变 5、6、7、8 的位置处于受压的状态，但荷载值加到 300kN 左右时，这四个应变均开始转变为受拉的状态。对比可知 WJ-1 和 WJ-2 的水平钢筋表面基本处于受压的状态；斜钢筋表面的应变，加载初期基本没有显著变化，当加载到一定值时，开始有明显的应变增加，说明此时弯筋与钢梁的焊接处开始进入工作状态。从图 5-13 还可以看出，所有应变片的最大应变值都不大，根据材料试验得知直径为 12mm 的钢筋的屈服应变为 1721με，很明显都没有达到屈服强度，即弯筋处于未屈服的状态。

图 5-14 所示的是四角弯筋第二组试件荷载-应变曲线。由图 5-14 可知，试件 WJ-3 的应变 1、2、3、4 的位置均处于受压状态，应变 5、6 的位置处于受拉状态，在荷载加载前期应变 7、8 的位置先处于受压状态之后转变为受拉的状态；试件 WJ-4 的应变 1、2、3、4 的位置均处于受压状态，应变 8 的位置处于受拉状态，应变 5、6、7 的位置处于受压的状态，当荷载值加到 300kN 左右时，这三个应变值均开始出现明显的变化；当荷载值达到 400kN 左右时，应变 5、6、7、8 的位置均处于受拉的状态。对比可知，WJ-3 和 WJ-4 的水平钢筋表面均处于受压的状态，而且随荷载值的增加，应变值的改变基本属于线性变化；斜钢筋表面的应变，加载初期基本没有显著变化，当加载到一定值时，开始有比较明显的应变增加。从图中曲线还可以看出，四角弯筋的第二组试件中，所有应变片的最大应

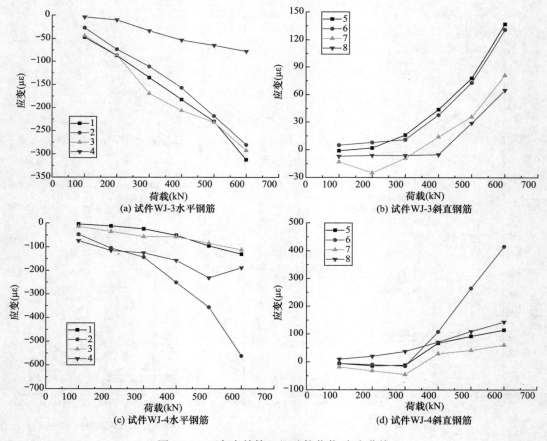

图 5-14　四角弯筋第二组试件荷载-应变曲线

变值都不大而且比较接近，根据材料试验得知直径为 14mm 的钢筋的屈服应变为 1694$\mu\varepsilon$，说明弯筋处于未屈服的状态。

图 5-15 所示的是四角弯筋第三组试件荷载-应变曲线。由图 5-15 可知，试件 WJ-5 的应变 1、2、3、4 的位置近于处在受压状态，应变 5、6、7、8 的位置近于处在受拉状态；试件 WJ-6 的应变 1、2、3、4 的位置均处于受压状态，应变 5、6、8 的位置处于受拉状态。对比可知，WJ-5 和 WJ-6 的水平钢筋表面基本处于受压的状态，斜钢筋表面的应变基本都处在受拉的状态。从图 5-15 可知，在加载初期应变基本没有变化，当加载到 300kN 时，所有的应变值开始增加，说明此时弯筋表面各点开始受力。从图中还可以看出，四角弯筋的第三组试件中，所有应变片的最大应变值依然没有达到钢筋的屈服强度，其中根据材料试验得知直径为 16mm 的钢筋的屈服应变为 1922$\mu\varepsilon$，说明弯筋连接件处于未屈服的状态。

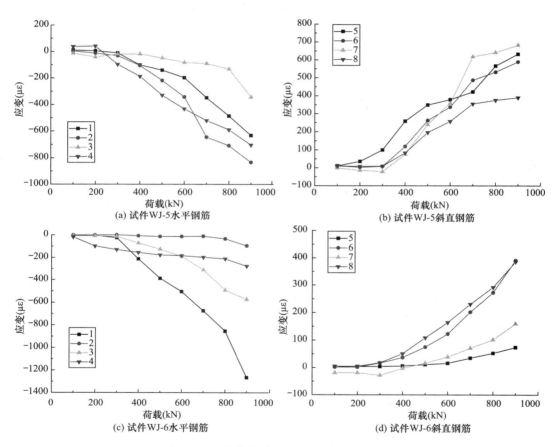

图 5-15　四角弯筋第三组试件荷载-应变曲线

（2）荷载-位移曲线分析

图 5-16 所示为试件的荷载-位移曲线，表 5-6 给出了试验结果。从图 5-16 可以看出，本组试验的加载过程分为三个阶段，以分析 WJ-1 为例进行说明。

O—A_1 段为弹性工作阶段。荷载与位移曲线基本呈线性关系。预制混凝土叠合楼板表面无任何破坏现象。

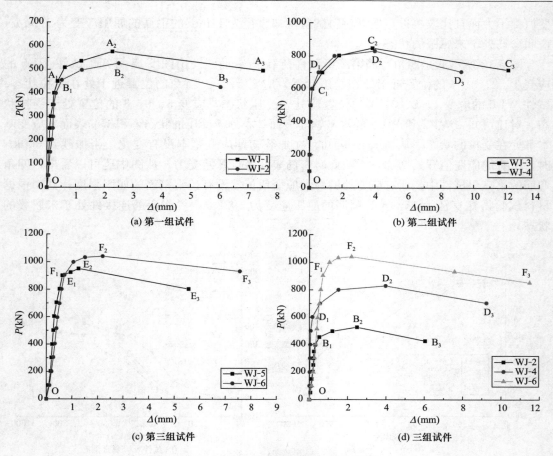

图 5-16　四角弯筋试件荷载-位移曲线

四角弯筋试件试验结果　　　　　　　　　　　　　　　　　　　表 5-6

试件编号	屈服荷载值（kN）	屈服位移值（mm）	极限荷载值（kN）	极限位移值（mm）	位移延性系数
WJ-1	450.2	0.37	576.3	2.27	6.14
WJ-2	455.2	0.52	526.7	2.49	4.79
WJ-3	601.0	0.17	846.7	3.83	22.53
WJ-4	601.3	0.16	829.1	3.97	24.81
WJ-5	901.3	0.62	950.6	1.25	2.02
WJ-6	904.3	0.70	1040.6	2.19	3.13

A_1—A_2 段为弹塑性工作阶段。A_1 点为屈服点，对应的荷载为屈服荷载值，其承载力大小为 450.2kN，屈服位移值为 0.37mm。当荷载值达到 A_1 点时，应变片 1 先发生破坏，加载值为 516.5kN；随即应变片 2、4 发生破坏，荷载分别为 548.8kN、571.5kN，四角弯筋连接件与钢梁焊接的焊缝出现破坏。此时 A_1—A_2 段的曲线趋于平缓，说明荷载达到屈服荷载值后，位移在荷载变化很小的情况下出现明显增大的现象。在预制混凝土叠合楼板与钢梁之间相对位移增大的过程中，两者逐渐出现脱离现象，此时试件破坏严重。

A_2—A_3 段表示卸载阶段，A_2 点为极限点，对应的荷载为极限荷载值，其承载力大小为 576.3kN，极限位移值为 2.27mm。当荷载值达到 A_2 点时，预制混凝土叠合楼板与钢梁之间出现分离的趋势，继续加载两者之间会出现断开现象，因此在 A_2 点停止加载，并定义此点为极限荷载值。在卸载的这个过程中，因为试件已经破坏，两者的相对位移值伴随加载力的减小依旧迅速增加。

根据图 5-16（d）和表 5-6 中给出的屈服荷载值和极限荷载值可以得出，弯筋的直径越大，承载力也越大，因此弯筋的直径对承载力的影响较大。极限位移值和屈服位移值之比为延性系数，结构的延性系数越大，其抗震性能和耗能性能越好。因此，从表 5-6 可以看出 WJ-4 的整体性能最好，屈服后位移随加载力的增大缓慢增长，延性最好。

5.5　T 型钢抗剪连接件试验研究

5.5.1　试验现象

当预制混凝土叠合楼板与钢梁接触表面出现错动分离现象时，停止加载。T 型钢的破坏均属于延性破坏，在焊缝处出现剪切破坏，T 型钢腹板有屈服的现象。在试验过程中，预制混凝土叠合楼板表面出现裂缝的顺序，如图 5-17 所示。在加载力接近屈服荷载值时，一般出现第一道裂缝，在持续加载过程中，陆续出现很多条细裂缝，裂缝长度和宽度会随力的增加延伸发展。

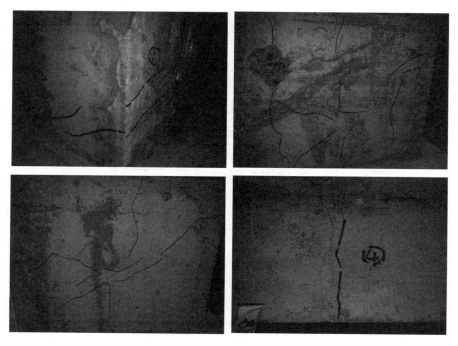

图 5-17　试件破坏过程

5.5.2　承载力及变形性能分析

（1）荷载-应变曲线分析

图 5-18 为 T 型钢第一组试件荷载-应变曲线。由图 5-18 可知，试件 TG-1 和 TG-2 的

应变花 T_1 和 T_2 的位置均处于受拉状态，说明试件 T 型钢腹板一直处于受拉的状态。从图 5-18 可以看出，在 TG-1 试件中，T_1 的最大应变值为 1144.27$\mu\varepsilon$，T_2 的最大应变值为 804.2$\mu\varepsilon$；在 TG-2 试件中，T_1 的最大应变值为 1106.15$\mu\varepsilon$，T_2 的最大应变值为 689.27$\mu\varepsilon$，T 型钢连接件并未屈服。

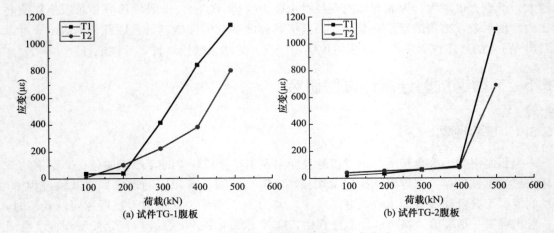

图 5-18　T 型钢第一组试件荷载-应变曲线

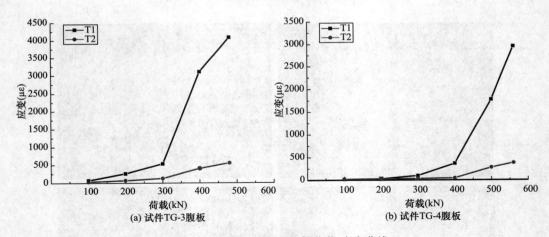

图 5-19　T 型钢第二组试件荷载-应变曲线

图 5-19 为 T 型钢第二组试件荷载-应变曲线。由图 5-19 可知，试件 TG-3 和 TG-4 的应变花 T_1 和 T_2 的位置均处于受拉状态，说明试件 T 型钢腹板一直处于受拉的状态。在 TG-3 试件中，T_2 的最大应变值为 558.04$\mu\varepsilon$，在 TG-4 试件中，T_2 的最大应变值为 382.39$\mu\varepsilon$，T 型钢腹板的中心位置应变值都非常小，没有发生屈服；在 TG-3 试件中，当荷载值达到 330kN 左右时，应变花 T_1 的位置出现屈服，T_1 的最大应变值为 4092.07$\mu\varepsilon$；在 TG-4 试件中，当荷载值达到 510kN 左右时，应变花 T_1 的位置出现屈服，T_1 的最大应变值为 2958.21$\mu\varepsilon$。

　　第二组 T 型钢等效应变大于第一组 T 型钢翼缘板等厚而腹板为 6mm 厚的应变，说明 T 型钢腹板的厚度越大越能有效地分担试件所承受的剪力。

　　图 5-20 为 T 型钢第三组试件荷载-应变曲线。由图 5-20 可知，试件 TG-5 和 TG-6 的

应变花 T_1 和 T_2 的位置均处于受拉状态，说明试件 T 型钢腹板一直处于受拉的状态。从曲线可以看出，在 TG-5 试件中，T_1 的最大应变值为 $991.34\mu\varepsilon$，T_2 的最大应变值为 $567.65\mu\varepsilon$。在 TG-6 试件中，T_1 的最大应变值为 $811.49\mu\varepsilon$，T_2 的最大应变值为 $347.94\mu\varepsilon$；6mm 厚钢板的屈服应变为 $2006\mu\varepsilon$，因此 T 型钢连接件进入未屈服的状态。

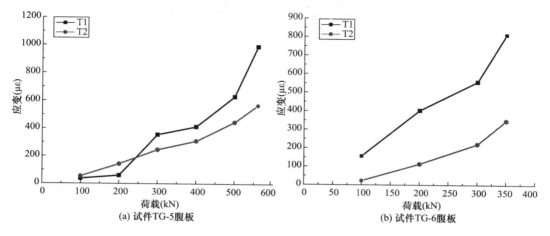

图 5-20　T 型钢第三组试件荷载-应变曲线

第三组 T 型钢等效应变与第一组 T 型钢相比，两组的等效应变最大值都不是很大，数值也比较接近，两组试件在弹性工作阶段，连接件的各个部位都没有进入屈服状态，可见翼缘板厚度的增加对连接件的应变作用不是很明显。

图 5-21 为 T 型钢第四组试件的荷载-应变曲线。由图 5-21 可知，试件 TG-7、TG-8 的 T_1 和 T_2 的应变均处于受拉状态，说明试件在弹性阶段，T 型钢腹板一直处于受拉的状态。在 TG-7 和 TG-8 试件中，T_2 的最大应变值分别为 $379.05\mu\varepsilon$ 和 $500.68\mu\varepsilon$，T 型钢腹板的中心位置应变值比较小，没有发生屈服；在 TG-7 试件中，当荷载值达到 530kN 左右时，应变花 T_1 的位置出现屈服，T_1 的最大应变值为 $2835.24\mu\varepsilon$；在 TG-8 试件中，当荷载值达到 540kN 左右时，应变花 T_1 的位置出现屈服，T_1 的最大应变值为 $2772.69\mu\varepsilon$。

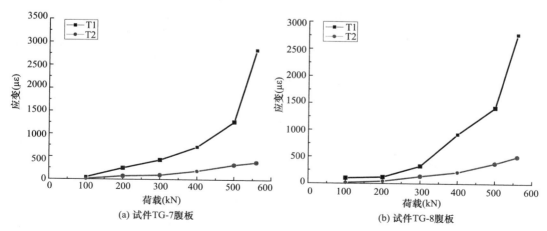

图 5-21　T 型钢第四组试件荷载-应变曲线

（2）荷载-位移曲线分析

图 5-22 所示为试件 TG-1 和 TG-2 的荷载-位移曲线。从图 5-22 可以看出，本组试验的加载过程分为三个阶段，以分析 TG-1 为例进行说明：

O—A_1 段为弹性工作阶段，荷载与位移曲线基本呈线性关系。当荷载值达到 478.8kN 时，应变花 T_1 发生破坏，此时在预制混凝土楼板与钢梁连接的上表面出现第一道裂缝。

A_1—A_2 段为弹塑性工作阶段，A_1 点为屈服点，屈服承载为 490.5kN，屈服位移值为 0.81mm。当荷载值达到 504.2kN 时，应变花 T_2 发生破坏，此时 T 型钢腹板上的应变花均破坏，说明腹板本身发生一定的破坏。曲线 A_1—A_2 段趋于平直线，在荷载变化很小的情况下，位移出现了急剧的增长现象，预制混凝土楼板与钢梁的连接处发生明显的破坏。

A_2—A_3 段表示卸载阶段，A_2 点为极限点，对应的荷载为极限荷载值，其承载力大小为 511.4kN，极限位移值为 34.7mm。当荷载值达到 A_2 点后，在预制混凝土楼板与钢梁连接的侧表面裂缝数量增加。试件位移突然增大，预制混凝土楼板与钢梁之间有断裂的趋势，停止加载。

图 5-23 所示为试件 TG-3 和 TG-4 的荷载-位移曲线，从曲线得知，本组试验的加载过程分为三个阶段，以分析 TG-3 为例进行说明。

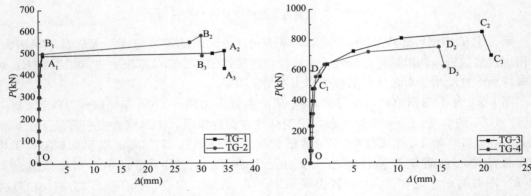

图 5-22　T 型钢第一组试件荷载-位移曲线　　　　图 5-23　T 型钢第二组试件荷载-位移曲线

O—C_1 段表示弹性工作阶段，荷载与位移曲线基本呈线性关系。在加载力数值接近破坏荷载值时，试件内部开始发出细微的响声，试件表面无明显破坏状态。

C_1—C_2 段表示弹塑性工作阶段，C_1 点为屈服点，对应的荷载为屈服荷载值，其承载力大小为 480.4kN，屈服位移值为 0.36mm。当荷载值达到 C_1 点时，预制混凝土楼板与钢梁连接处的表面有少量的混凝土颗粒掉落，随着加载力的增大，当荷载值达到 695.2kN 时，在混凝土上表面出现第一道裂缝。当荷载值达到 771.5kN 时，应变花 T_1 发生破坏，当荷载值达到 810kN 时，应变花 T_2 发生破坏，此时说明腹板本身因承载力过大而发生严重变形导致贴在上面的应变花全部破坏，此时在混凝土侧表面出现第二条裂缝。继续加载，试件有明显的破坏现象，而且随着承载力的缓慢增长，预制混凝土楼板与钢梁之间的相对位移增长迅速。

C_2—C_3 段表示卸载阶段，C_2 点为极限点，对应的荷载为极限荷载值，其承载力大小为 848.1kN，极限位移值为 20.08mm。当荷载值达到 C_2 点时，基于在预制混凝土楼板与钢梁连接侧表面出现的第二道裂缝，随即这条裂缝蔓延出更多条裂缝，此处出现混凝土裂缝错层现象，其表面有少量混凝土掉落。因位移的急剧增大，预制混凝土楼板与钢梁之间几乎处于断开现象，此时停止加载。在卸载的这个过程中，试件已经破坏，预制混凝土叠合楼板与钢梁的相对位移值伴随加载力的减小依旧出现缓慢增加的现象。

通过试件 TG-3 和 TG-4 的荷载-位移曲线和试验现象可以得知，在试件破坏的前期阶段，预制混凝土楼板与钢梁之间几乎看不到明显的相对位移，试件无破坏现象。当达到屈服荷载值时，混凝土表面有裂缝出现，在这种情况下，试件处于明显破坏状态，停止加载，卸载过程中，两者的相对位移随承载力的减小缓慢增长。其中，D_1 为 TG-4 的屈服荷载值，其承载力大小为 560.1kN，屈服位移值为 0.72mm；D_2 为 TG-4 的极限荷载值，其承载力大小为 751.5kN，极限位移值为 15.04mm。

1）T 型钢抗剪连接件第三组荷载-位移曲线结果分析。

如图 5-24 所示为试件 TG-5 和 TG-6 的荷载-位移曲线，从曲线得知，本组试验的加载过程分为三个阶段，以分析 TG-6 为例进行说明。

O—F_1 段表示弹性工作阶段，荷载与位移曲线基本呈线性关系。预制混凝土叠合楼板表面无任何破坏现象。

F_1—F_2 段表示弹塑性工作阶段，F_1 为屈服点，对应的荷载为屈服荷载值，其承载力大小为 350.2kN，屈服位移值为

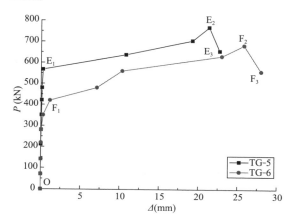

图 5-24　T 型钢第三组试件荷载-位移曲线

0.28mm。当荷载值达到 F_1 点时，继续加载，当荷载值加到 536kN 时，出现第一道裂缝，当荷载值达到 577kN 时，紧接着出现第二道裂缝，此时，此时预制混凝土楼板与钢梁连接处的表面已经有少量的混凝土掉落，应变花 T_1 发生破坏，从裂缝的出现和应变花破坏的情况可以说明，T 型钢与钢梁焊接的焊缝处出现破坏。预制混凝土楼板与钢梁连接处的表面有大量的混凝土掉落，两者之间出现较大的缝隙，第一道裂缝和第二道裂缝的宽度随之增大，当荷载值达到 598.3kN 时，应变花 T_2 发生破坏，此时在混凝土侧表面出现第三道裂缝，此时 T 型钢腹板上的应变花均破坏，说明 T 型钢腹板处因承受太大荷载发生变形，同时可以听见 T 型钢与钢梁焊接处焊缝破坏的声音。可以看见曲线 F_1—F_2 段，并非接近水平线，因此在继续加载一段时候后才达到极限荷载值，在此过程中，混凝土表面的微小裂缝不断出现，随着承载力的加载，预制混凝土楼板与钢梁之间的相对位移也在不断地增加。

F_2—F_3 段表示卸载阶段，F_2 点为极限点，对应的荷载为极限荷载值，其承载力大小为 682.5kN，极限位移值为 25.78mm。当荷载值达到 F_2 点时，预制混凝土楼板与钢梁之间有断裂的趋势，停止加载。在卸载的这个过程中，试件已经破坏，预制混凝土叠合楼板与钢梁的相对位移值伴随加载力的减小依旧出现缓慢增加的现象。

通过试件 TG-5 和 TG-6 的荷载-位移曲线和试验现象可以得知，在试件破坏的前期阶段，试件未发现明显破坏。当达到屈服荷载值时，相对位移明显增大，试件表面出现多条裂缝，预制混凝土楼板和钢梁的连接处出现明显相对位移，T 型钢与钢梁焊接的焊缝处出现

破坏，此时停止加载，但两者的相对位移随承载力的减小仍然在缓慢地增长。其中，E_1 为 TG-5 的屈服荷载值，其承载力大小为 566.9kN，屈服位移值为 0.24mm；E_2 为 TG-5 的极限荷载值，其承载力大小为 768.3kN，极限位移值为 21.33mm。

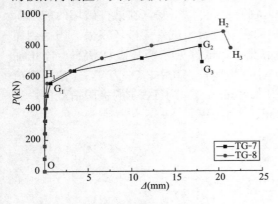

图 5-25　T 型钢第四组试件荷载-位移曲线

2）T 型钢抗剪连接件第四组荷载-位移曲线，如图 5-25 所示为试件 TG-7 和 TG-8 的荷载-位移曲线，从曲线得知，本组试验的加载过程分为三个阶段，以分析 TG-7 为例进行说明。

O—G1 段表示弹性工作阶段，荷载与位移曲线基本呈线性关系。加载期间，观察试件时无任何破坏现象。

G_1—G_2 段表示弹塑性工作阶段，G_1 点为屈服点，对应的荷载为屈服荷载值，其承载力大小为 560.4kN，屈服位移值为 0.74mm。当荷载值达到 G_1 点时，试件内部有轻微的声响，继续加载，当荷载值达到 629.8kN 时，预制混凝土楼板与钢梁之间的相对位移开始有明显变化，当荷载值达到 646.7kN 时，应变花 T_1 发生破坏，说明此时 T 型钢腹板底部连接钢梁位置的焊缝开始发生破坏。当荷载值达到 717.5kN 时，应变花 T_2 发生破坏，说明 T 型钢腹板出现变形导致应变花破坏。此加载过程中，混凝土表面相继出现 3 道宽裂缝和一些细小裂缝。

G_2—G_3 段表示卸载阶段，G_2 点为极限点，对应的荷载为极限荷载值，其承载力大小为 797.8kN，极限位移值为 17.94mm。当荷载值达到 E_2 点时，预制混凝土楼板与钢梁之间几乎处于断开状态，两者接触面处也有很多混凝土小碎块掉落，此时停止加载。在卸载的这个过程中，由于试件已经破坏，预制混凝土叠合楼板与钢梁的相对位移值依旧缓慢增加。

通过试件 TG-7 和 TG-8 的荷载-位移曲线和试验现象可以得知，在试件破坏的前期阶段，试件表面没有明显破坏现象。当加载力达到破坏荷载值时，有极少量应变片发生破坏，两者相对位移开始发生显著变化，在这个加载过程中，应变片相继发生破坏，同时焊缝发生破坏，在混凝土表面出现很多条裂缝，试件显示破坏。本组试验中，当试件达到极限荷载值时，停止加载，预制混凝土楼板和钢梁的相对位移继续增加。其中，H_1 为 TG-2 的破坏荷载值，其承载力大小为 560.5kN，破坏位移值为 0.35mm；H_2 为 TG-2 的极限荷载值，其承载力大小为 888.6kN，极限位移值为 20.62mm。

（3）整体试验结果分析

图 5-26 为试件 TG-2 和 TG-5 的荷载-位移曲线，表 5-7 为试验结果的对比。从表 5-7 可以看出，随着翼缘板厚度的增加，其屈服荷载值和极限荷载值都跟随增大。TG-2 的屈服荷载值约为极限荷载值的 86.2%；TG-5

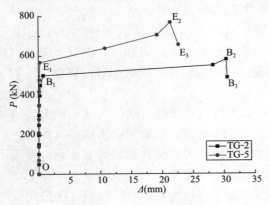

图 5-26　T 型钢第一组和第三组试件
荷载-位移曲线

的屈服荷载值约为极限荷载值的 73.8%。图 5-26 可以看出，TG-5 的整体性能更好一些，达到屈服荷载值后，持续加载时间更长。

T 型钢第一组和第三组试验结果　表 5-7

试件编号	腹板厚度（mm）	翼缘厚度（mm）	屈服荷载值（kN）	极限荷载值（kN）
TG-2	6	8	500.9	580.8
TG-5	6	10	566.9	768.3

图 5-27 为试件 TG-5 和 TG-8 的荷载-位移曲线，表 5-8 为试验结果的对比。从表 5-8 可以看出，随着腹板厚度的增加，其屈服荷载值相差较小，极限荷载值跟随增大。从表 5-8、图 5-27 可以看出，TG-5 的屈服荷载值约为极限荷载值的 73.8%；TG-8 的屈服荷载值约为极限荷载值的 63.1%。TG-8 的整体性能更好一些，达到屈服荷载值后，持续加载时间更长。

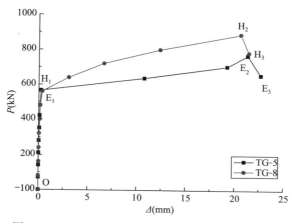

图 5-27　T 型钢第三组和第四组试件荷载-位移曲线

T 型钢第三组和第四组试验结果　表 5-8

试件编号	腹板厚度（mm）	翼缘厚度（mm）	屈服荷载值（kN）	极限荷载值（kN）
TG-5	6	10	566.9	768.3
TG-8	8	10	560.5	888.6

图 5-28 所示的是试件 TG-2、TG-4、TG-5 和 TG-8 的荷载-位移曲线，表 5-9 列出了试验结果。

1）根据图中曲线和前两组对比结果可以得到，翼缘厚度和腹板厚度的增加对试件的承载力都有很大的提高。并且两个影响因素厚度的增加对试件的整体性能都有提高。

2）结合图中曲线和表 5-9 中数值可以得出，其中 TG-2 的屈服荷载值约为极限荷载值的 86.2%；TG-4 的屈服荷

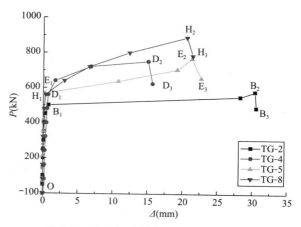

图 5-28　T 型钢试件荷载-位移曲线对比

载值约为极限荷载值的 74.5%；TG-5 的屈服荷载值约为极限荷载值的 73.8%；TG-8 的屈服荷载值约为极限荷载值的 63.1%。对比 TG-4 和 TG-5 的荷载值可以看出，翼缘厚度和腹板厚度的改变对 T 型钢连接件抗剪承载力的影响程度相近。

T 型钢试件试验结果　　　　　　　　　表 5-9

试件编号	屈服荷载值（kN）	屈服位移值（mm）	极限荷载值（kN）	极限位移值（mm）
TG-1	490.5	0.81	511.4	34.7
TG-2	500.9	0.78	580.8	30.39
TG-3	480.4	0.36	848.1	20.08
TG-4	560.1	0.72	751.5	15.04
TG-5	566.9	0.24	768.3	21.33
TG-6	350.2	0.28	682.5	25.78
TG-7	560.4	0.74	797.8	17.94
TG-8	560.5	0.35	888.6	20.62

5.6　新型抗剪连接的标准化

为使新型抗剪连接件更好地应用到工业化生产中，弯筋抗剪连接件常用三种直径尺寸，分别为 12mm、14mm 和 16mm，四角弯筋抗剪连接件的斜直长度 l 要求是直径 d 的 7.5 倍，水平长度要求是直径 d 的 4.5 倍。在满足连接件设计要求的前提下，给出两种新型连接件的适用范围，适用于预制薄板厚度为 50~80mm，现浇叠合层厚度大于或等于薄板厚度 2 倍的预制现浇叠合板中，同时抗剪连接件要求预制在混凝土层内部，连接件顶部距离现浇混凝土上层边缘的距离不得小于 25mm。两种新型连接件的详细尺寸见表 5-2 和表 5-4。

5.7　本章小结

本研究开发出了两种新型连接构造形式，分别采用四角弯筋抗剪连接件和 T 型钢抗剪连接件进行预制混凝土叠合楼板与 H 形钢梁的连接，并且对其进行了推出试验的研究，得到以下结论：

（1）本研究提出的两种新型连接使预制混凝土叠合楼板与钢梁连接的整体性能得到提高。四角弯筋克服了弯筋在剪力方向不明确或剪力方向可能发生改变时，作用效果较差的单向受力的弊端，同时这种特殊的连接形式构成空间体系，使其各点受力均匀；T 型钢的刚度相对其他抗剪连接件较大，重分布剪力的性能较好，翼缘同时起到抵抗掀起的作用。

（2）四角弯筋试件的承载力随弯筋直径的增大而增大，T 型钢抗剪连接件的承载力随翼缘和腹板的厚度增大而增大，且这两个因素的数值越大，

（3）对两种新型连接件进行推出试验的研究表明，两种连接件与钢梁焊接处焊缝均发生剪切破坏，连接形式均属于塑性破坏，具有较好的刚度和延性。

（4）在整个加载过程中，四角弯筋试件的混凝土表面无裂缝出现，T 型钢试件的混凝土表面有很多条小的裂缝陆续出现。但从试验的结果可以看出，均是抗剪连接件先发生破坏，然后才是混凝土楼板发生破坏，对整体结构起到保护作用。

第6章 钢结构坡屋面新型连接檩条开发及性能研究

6.1 钢结构坡屋面新型连接檩条开发

实际工程中檩条摆放在钢梁上，檩条与钢梁多采用檩托进行连接，连接方式如图 6-1 所示。檩托通常采用角钢制作，通过焊接与屋架上弦或钢梁相连。檩托有如下的作用：作为檩条的侧向支撑，能够减小檩条的计算长度，并且能够提高檩条稳定性与承载力；檩托具有传递荷载的作用，可以把檩条的部分或全部荷载传递给与檩条连接的屋架与钢梁。檩托与檩条的连接采用普通螺栓进行连接。连接檩条与檩托的螺栓数量不能少于两个，应该沿檩条高度方向布置。但是在檩条和檩托尺寸较小，沿高度方向布置不能符合构造尺寸的情况下，普通螺栓可以沿檩条长度方向布置。

檩条与上部的围护屋面的压型钢板通过自攻螺钉进行连接，自攻螺钉的连接位置为压型钢板的波峰位置，并且沿檩条长度方向每波或隔波进行连接。自攻螺钉在波峰位置攻钉是由于波峰位置攻钉的防水效果好于波谷位置。按照这种方式连接的檩条刚度较小，檩条也只在端部进行了连接，对檩条的侧向约束较小，檩条的整体稳定性较差，在强风天气下容易发生破坏，造成屋面在风吸力作用下被掀飞，而在雪荷载作用下容易被压溃。檩条在承受压型钢板传来的屋面荷载的同时压型钢板会对檩条产生一定的约束作用，而使用自攻螺钉连接的檩条与压型钢板的连接方式，不能充分利用压型钢板蒙皮效应对檩条产生的侧向约束作用。如能充分利用压型钢板蒙皮效应对檩条产生的约束作用，能够提高檩条承载力，减少檩条的用钢量。檩条的计算模型按简支梁模型进行计算，连接按照铰接进行计算。按照现有连接方式连接檩条，檩条的跨中弯矩和挠度相对较大。

本研究提出了一种加强型连接（图 6-2），在采用原有檩托连接檩条与钢梁、自攻螺钉连接檩条与压型钢板的基础上，采用上部连接件连接檩条与上部的屋面板，加强了檩条与

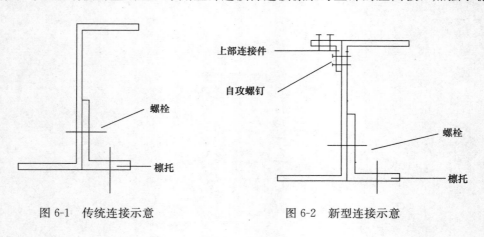

图 6-1 传统连接示意　　　　图 6-2 新型连接示意

屋面板的连接，使檩条与屋面板连接更加紧密，充分利用了屋面板的蒙皮效应对檩条产生的侧向约束作用，提高了檩条的整体稳定性，提高了檩条的极限承载力与刚度。使檩条在强风与强雪等极端天气下，有更高的承载能力与稳定性。采用新型连接提高檩条的承载力与稳定性后，可以通过适当减小檩条的截面高度，从而减少檩条的用钢量。檩条的新型连接在能够提高檩条的稳定性、刚度、极限承载力的同时，还能够提高整个轻型屋面围护体系与整个轻钢结构的稳定性。上部连接件在压型钢板每个波谷或隔一个波谷位置连接檩条与压型钢板，以实现檩条与压型钢板的紧密连接。连接形式如图 6-3 和图 6-4 所示。上部连接件如图 6-5 所示。

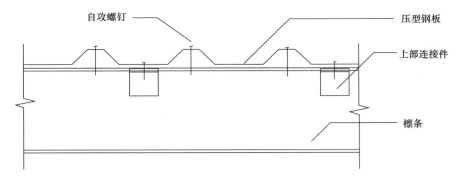

图 6-3　加强型连接隔波连接示意

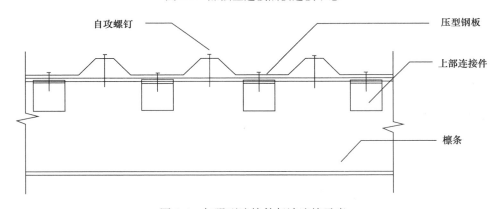

图 6-4　加强型连接件每波连接示意

本书提出了檩条的新型连接形式，新型连接的檩条在施工过程中上部连接件不能侧向攻钉，并且压型钢板与上部连接件的连接要有一定的顺序。所以新型连接的檩条的施工与安装不能完全按照原有连接檩条的施工方法进行。对新型连接檩条的施工安装方法与施工顺序有如下建议。

（1）由于檩距确定，可以根据檩距确定檩条与屋架钢梁的连接位置，并检查屋架钢梁的连接位置的平整度，进行屋架钢梁的打平，并将檩托固定在屋架钢梁相应位置。

图 6-5　上部连接件实物图

（2）由于自攻螺钉不能进行侧向攻钉，应先确定自攻螺钉的攻钉位置之后竖直攻钉。所以需要先确定檩条与压型钢板连接位置、檩条与上部连接件连接位置。由于檩距确定，檩条跨度确定，可以直接确定檩条与压型钢板的连接位置，并根据连接位置确定自攻螺钉的攻钉位置，并在压型钢板上相应位置做上记号。同时根据檩条与压型钢板的连接位置可以确定上部连接件分别与压型钢板、檩条的连接位置，做上记号。

（3）利用自攻螺钉连接檩条与上部连接件，由于自攻螺钉不能侧向攻钉，将檩条放置水平，根据上部连接件的位置竖向攻自攻螺钉连接檩条与上部连接件。

（4）逐根检查屋架钢梁与檩条连接位置的平整度，将连接好上部连接件的檩条，放置于钢梁相应位置，检查檩条的位置并做相应调整，最后通过普通螺栓连接檩托。檩条安装后应由技术负责人通知质量员对其安装质量进行验收，合格后开始铺设压型钢板。

（5）将压型钢板依次平铺在檩条上，根据在压型钢板上确定的自攻螺钉的画线位置，分别与檩条、上部连接件进行自攻螺钉攻钉连接。

压型钢板的铺设应由常年风尾方向开始铺设。以山墙作为起点，沿檩条长度方向依次铺设压型钢板。使用自攻螺钉连接压型钢板与檩条时，应在压型钢板的波峰位置进行攻钉连接檩条与压型钢板。

上部连接件的尺寸建议按照连接件的最小构造尺寸确定，并采用取材方便的等边角钢进行制作。上部连接件与檩条连接的原则是采用最少的自攻自钻螺钉达到所需要的连接紧密程度与稳定性。所以建议采用 3 个自攻自钻螺钉连接檩条与上部连接件。上部连接件与压型钢板连接的一边，由于采用的等边角钢与压型钢板所使用的钢板较薄，建议采用 2 个自攻自钻螺钉连接上部连接件与压型钢板。同时确保上部连接件分别与檩条、压型钢板连接紧密，并不产生滑移。建议选取直径为 6.3mm 的自攻螺钉，自攻螺钉数量与排布方式确定后，根据钢结构连接件最小构造尺寸要求确定相邻自攻螺钉的距离与自攻螺钉与边界的距离，那么上部连接件尺寸可以确定。自攻自钻螺钉对连接板件的厚度有要求，一般为 $t \leqslant 6mm$，厚度太厚自攻自钻螺钉无法攻入连接板件，且相连板件相对较弱，容易先发生破坏。所以上部连接件的厚度不能太大，为了保证上部连接件不会先发生破坏，上部连接件厚度不能小于檩条厚度，取上部连接件厚度为 4mm。自攻螺钉在上部连接件攻钉位置如图 6-6 所示。

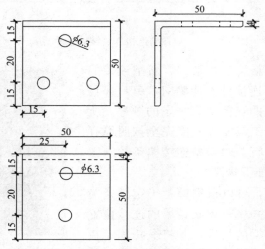

图 6-6　自攻螺钉在上部连接件攻钉位置示意图

上部连接件与压型钢板连接位置为压型钢板的波谷位置，采用两种连接方式与压型钢板相连，分别是每波相连与隔波相连。每波相连是在压型钢板的每个波谷使用上部连接件连接檩条与压型钢板，隔波相连是在压型钢板隔一波的波谷使用上部连接件连接檩条与压型钢板。

檩托与檩条采用普通螺栓相连接，螺栓数量不少于两个，螺栓应沿檩条高度方向排布。檩条高度与檩托高度较小，若沿檩条高度方向排布螺栓不符合最小构造要求的情况下，螺栓可以沿檩条长度方向布置。建议采用四个螺栓连接檩条与檩托。

6.2　新型连接檩条受力性能试验概况

6.2.1　试件设计

试验试件的工况为搭接在钢梁上檩条的跨度为 4m，檩距为 1.5m，檩条截面形式为 Z100mm×40mm×20mm×2mm。选择三跨檩条与压型钢板组成的屋面围护系统。檩条与压型钢板组成的试件整体沿檩条长度方向大小为 4m，沿钢梁长度方向大小为 3m，如图 6-7 和图 6-8 所示。

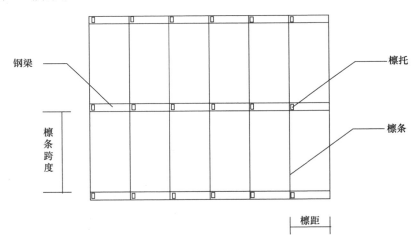

图 6-7　坡屋面示意图

图 6-8　檩条实物图

钢梁与檩条通过檩托相连，试验试件所用檩托采用L90mm×50mm×6mm不等边角钢制作。檩托的厚度为6mm，大于檩条的厚度2mm，是为了防止连接件檩托先于檩条发生局部破坏。檩托与檩条采用M12普通螺栓相连，每个檩托板上连接四个螺栓，螺栓距离按照连接件最小构造尺寸要求确定。采用四个螺栓连接檩条与檩托，并使螺栓扣紧，保证檩条与檩托的紧密相连。檩托采用焊接方式固定在钢梁上，保证檩托与钢梁紧密连接，使檩托与钢梁连接部分不先于檩条发生破坏。并将檩条与钢梁接触部分的翼缘采用焊接方式固定在钢梁上，保证檩条端部的约束，使檩条端部不发生扭转。试验中，檩托是重复使用的，所以焊接的连接方式可以接受。

使用自攻自钻螺钉连接檩条与压型钢板，自攻自钻螺钉按照现在常用的施工方法进行攻钉。使用电钻在压型钢板的波峰位置进行攻钉，连接压型钢板檩条，并使自攻自钻螺钉能够穿透并固定在檩条上，使压型钢板与檩条能够紧密连接。

压型钢板常作为屋面与墙体的覆盖材料，尤其在轻钢结构建筑中得到了广泛的应用。压型钢板具有质轻、耐高温、构造简单、施工便捷等优点。试验采用的压型钢板为沈阳某公司生产的970型搭接式夹芯屋面板。该屋面板是目前在钢结构建筑中作为屋面围护结构使用频率较高的夹芯屋面板，主要由三部分组成：上部的压型钢板、中部的屋面保温板、下部的压型钢板（图6-9），具有良好的保温性能与耐腐蚀性能。

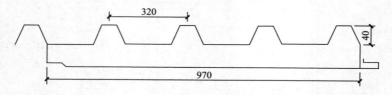

图6-9　970型搭接式夹芯屋面板尺寸示意图

每块970型搭接式夹芯屋面板都有相应的连接波峰与相应的连接波谷，连接波峰能够扣压在相邻的屋面板波峰上，同时底部连接波谷能够与相邻屋面板扣压在一起，利用自攻自钻螺钉在连接波峰扣压的部分攻钉连接相邻的屋面板，并将自攻自钻螺钉打到屋面板下部的檩条上，使两部分压型钢板固定在檩条上，并使相邻屋面板能够紧密连接。具体尺寸如图6-9、图6-10所示。其连接的自攻螺钉的攻钉位置如图6-11、图6-12所示。

图6-10　970型搭接式夹芯屋面板实物图

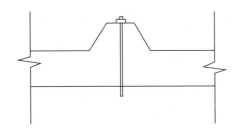

图 6-11　采用自攻螺钉连接压型钢板与檩条

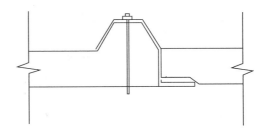

图 6-12　采用自攻螺钉连接相邻压型钢板

上部连接件采用∟50mm×50mm×4mm 等边角钢进行制作，沿角钢长度方向进行切割，按照上部连接件所选的尺寸大小进行切割。上部连接件厚度选取为 4mm，大于檩条厚度的 2mm，可防止上部连接件先于檩条发生局部破坏。上部连接件采用自攻自钻螺钉分别与压型钢板、檩条相连，使自攻自钻螺钉攻入上部连接件与檩条、压型钢板，分别使檩条与上部连接件、压型钢板与上部连接件紧密相连（图 6-13）。自攻螺钉多用于薄的

图 6-13　上部连接件实物图

金属板（钢板、锯板等）的连接。本次试验采用的是自攻自钻螺钉。自攻自钻螺钉相比于普通自攻螺钉施工工序只有一道，施工过程较为简单，施工速度快。

上部连接件采用长度为 5mm 自攻自钻螺钉与檩条相连，但是连接上部连接件与压型钢板的自攻自钻螺钉的长度为 18mm，因为屋面板的夹芯保温板的厚度为 12mm，所以需要的攻螺钉长度较长。

上部连接件具体尺寸如图 6-14 所示。檩托的尺寸按照钢结构连接件的最小构造要求进行选取。沿着力的方向，普通螺栓与边界的距离按照 2 倍普通螺栓直径的距离选取，螺栓与螺栓的距离按照螺栓直径的 3 倍距离选取。普通螺栓取为 M12 螺栓，那么檩托的尺寸就可以根据连接件构造要求确定，选取的檩托尺寸如图 6-15 所示。

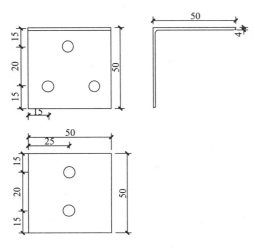

图 6-14　上部连接件尺寸示意图

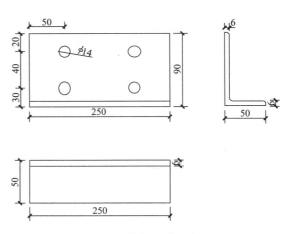

图 6-15　檩托尺寸示意图

试验需要对比在同一截面形式下原有连接与新型连接下檩条的内力分布、刚度、极限承载力，新型连接中隔波连接与每波连接对檩条极限承载力和刚度的影响。根据需要对比项目选择试验试件。试验试件数量为3组，其中三个试件分别为原有连接檩条、新型每波连接檩条、新型隔波连接檩条。所选檩条跨度为4m，檩条选取三跨，檩距为1.5m，则整个试件的大小为4m×3m。所选Z形檩条的截面尺寸为：Z100mm×40mm×20mm×2mm。试验试件的尺寸按照表6-1进行选取。

试件具体参数   表6-1

试件编号	跨度（m）	檩距（m）	檩条截面型号（mm）	数量	备注
SJ-1	4	1.5	Z100×40×20×2	3	新型每波连接檩条
SJ-2	4	1.5	Z100×40×20×2	3	新型隔波连接檩条
SJ-3	4	1.5	Z100×40×20×2	3	原有连接檩条

6.2.2 材料性能

进行材料性能试验的试件，选用的是与新型连接檩条受力性能试验所使用的檩条相同的材料。试验试件的尺寸按照《金属材料拉伸试验 第1部分：室温试验方法》GB/T 228.1—2010[77]中的规定进行选取。材料性能如表6-2所示。

材料性能   表6-2

试件编号	屈服荷载（kN）	屈服强度（MPa）	极限承载力（kN）	极限强度（MPa）	弹性模量（MPa）
1	9.13	228	15.5	387	$1.85×10^5$
2	9.24	231	15.0	375	$2.14×10^5$
3	9.01	225	15.8	395	$1.98×10^5$
平均值	9.13	228	15.4	385	$1.99×10^5$

6.2.3 试验测试方法

在三个檩条距端部1/4处放置6个钢柱，防止檩条压型钢板屋面系统压溃破坏时向下变形过大压坏位移计。试验数据通过UCAM-70A高速静态数据采集仪采集。图6-16和表6-3给出了试验测点布置示意。

6.2.4 试验加载方案

采用均布荷载的加载方式进行加载，通过使用均匀摆放与堆积的沙袋来达到施加均布荷载的效果。沙袋每袋重量为25kg，均匀地放置在屋面上。随着沙袋堆放数量的增加沙袋会出现一定的倾斜，相邻沙袋倾斜逐渐增大会触碰到一起，从而形成拱而使在屋面上施加的荷载不为均布荷载。为了避免沙袋倾斜导致无法施加均布荷载这种情况的出现，摆放沙袋时使相邻沙袋之间的间隔距离不小于200mm。沙袋的具体排布方式是：沿檩条长度方向上排布三列沙袋，每列沙袋数量为6。则屋面板上排布一层沙袋的数量为18袋

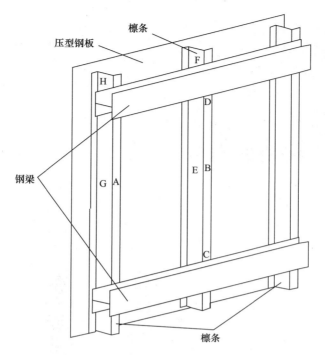

图 6-16   试验测点示意图

试验测点   表 6-3

测量编号	测量项目	所用仪器	布置方式	测点位置
δ_1	中部檩条的跨中挠度	200mm 量程位移计	沿竖直方向布置	B
δ_2	边部檩条的跨中挠度	200mm 量程位移计	沿竖直方向布置	A
δ_3	中部檩条的端部挠度	50mm 量程位移计	沿竖直方向布置	C
δ_4	中部檩条的端部挠度	50mm 量程位移计	沿竖直方向布置	D
δ_{11}	边部檩条的跨中腹板应变	应变片	垂直檩条长度方向布置	G
δ_{12}	边部檩条的跨中腹板应变	应变片	沿檩条长度方向布置	G
δ_{13}	边部檩条的跨中下翼缘应变	应变片	垂直檩条长度方向布置	A
δ_{14}	边部檩条的跨中下翼缘应变	应变片	沿檩条长度方向布置	A
δ_{15}	边部檩条的端部腹板螺栓孔处应变	应变片	垂直檩条长度方向布置	H
δ_{16}	边部檩条的端部腹板螺栓孔处应变	应变片	沿檩条长度方向布置	H
δ_{21}	中部檩条的跨中腹板应变	应变片	垂直檩条长度方向布置	E
δ_{22}	中部檩条的跨中腹板应变	应变片	沿檩条长度方向布置	E
δ_{23}	中部檩条的跨中下翼缘应变	应变片	垂直檩条长度方向布置	B
δ_{24}	中部檩条的跨中下翼缘应变	应变片	沿檩条长度方向布置	B
δ_{25}	边部檩条的端部腹板螺栓孔附近应变	应变片	垂直檩条长度方向布置	F
δ_{26}	边部檩条的端部腹板螺栓孔附近应变	应变片	沿檩条长度方向布置	F

图 6-17 沙袋堆载摆放方式实物图

（图 6-17）。荷载分级加载，前期每级加载沙袋数量为 18 袋，后期进入塑性后每级荷载加载时沙袋数量减半。前期加载每级的沙袋数量为 18 袋，每袋沙袋重量 25kg，每级沙袋总重量为 450kg，面板面积为 12m²。则每级加载的均布荷载大小为 0.375kN/m²。后期加载沙袋数量减半，每级沙袋数量减为 9 袋，沙袋中重量为 225kg，每级的均布荷载大小为 0.1875kN/m²。

对试件进行堆载加载时，为了保障荷载能够均匀地增加，采用对称加载的方式加载。沙袋先从四边对称堆放，随后逐袋向压型钢板中部堆放。前三级荷载加载时，为了方便加载同时加快加载速度，人可以踩到压型钢板上进行加载。但是荷载加到三级之后人踩到压型钢板上加载会对檩条整体极限承载力有较大影响。人踩到压型钢板上所产生的集中荷载会使檩条未达到极限承载力就发生破坏，为了避免这种情况的发生，在加载到人够不到的压型钢板中部沙袋时，采用起重机加载与翘杆加载的方式进行加载（图 6-18、图 6-19）。起重机加载是利用起重机吊起一块平板，平板的大小不能太小，平板应该可以上人且能够摆放沙袋，平板也需要有一定的承载能力，能够承载人和沙袋的重量。起重机将人与沙袋吊到压型钢板中部上空，平板上的人将沙袋轻轻放置于压型钢板中部沙袋加载对应位置，最大限度避免沙袋放置对压型钢板与檩条产生冲击荷载。

图 6-18 起重机加载

图 6-19 翘杆加载

翘杆加载是利用长度超过檩条宽度的钢管进行加载。将钢管穿过事先绑在沙袋上的绳索，两个人分别抓起钢管的一端，抬起沙袋。加载时两个人站在压型钢板两侧利用钢管将沙袋抬到压型钢板中部加载对应位置，在这个过程中人不能触碰压型钢板。调整沙袋的位置方向后，将沙袋尽量轻放于沙袋加载对应位置，最大限度避免沙袋放置对压型钢板与檩条产生冲击荷载。当沙袋层数较少时使用翘杆加载方便快捷。但随着加载的进行，加载沙袋数量的增加，沙袋堆积的高度越来越高，使用翘杆加载时人已经无法将翘杆举得高过沙袋时，需要用起重机加载。

每级荷载加载时，沙袋堆放先从四边开始对称放置，然后逐袋向中间堆放。最中间两袋沙袋，采用翘杆加载或起重机加载。每级荷载加载完后，需要持载，等到位移计的位移不再变化时进行下一级加载。每级荷载加载完后，对比上一级荷载的位移变化。若位移变化是均匀增加的，则可以继续按原有数量沙袋进行加载。若位移变化不均匀，有明显增大，则下一级荷载加载时，可以让沙袋数量减半来进行加载。这样可以更准确地获得檩条的极限承载力值。

6.3　试验现象

试件 SJ-1 为采用上部连接件连接的新型连接檩条，且上部连接件的连接形式为每波连接。加载前几级荷载，檩条变形较小，且檩条跨中挠度随着每级荷载增量均匀变化。加载到荷载为 2.625kN/m² 时，檩条跨中挠度增量开始变大。加载到 3kN/m² 时，屋面出现第一声拔铆声，并出现夹芯板的撕裂声。随着荷载继续增加，拔铆声出现频率增加，用肉眼可以观察到部分自攻螺钉拔出压型钢板。端部与中部的压型钢板与压型钢板下部的夹芯板开始脱离，压型钢板有明显的翘起。檩条的跨中位移增量变化开始逐渐增大。加载到 3.75kN/m² 时，开始出现连续拔铆声，每一次出现拔铆声檩条挠度都会变大。加载到 3.83kN/m² 时，檩条位移增量变化更大，一段时间后稳定。但在持载至 10min 时，伴随着拔铆声，檩条跨中位移突然增大，随着一声声响，边跨檩条先压溃，无法继续承受荷载，中间迅速凹陷下去，接触到檩条距端部的 1/4 处用来起保护作用的钢柱。随后中跨檩条也压溃，向下坍塌压到下部用来起保护作用的钢柱上（图 6-20、图 6-21）。屋面板下的檩条发生了扭转破坏，檩条腹板扭向一侧，上翼缘屈曲破坏，跨中位置出现弯折。檩条跨中上部连接件已经发生明显的弯曲，部分用来连接的自攻螺钉已经被剪断。跨中部分的上部连接件弯曲变形最明显，上部连接件檩条从跨中至端部弯曲变形逐渐减小。

图 6-20　试件整体破坏图　　　　　图 6-21　试件卸去荷载变形图

试件 SJ-2 也为采用上部连接件连接的新型连接檩条，但上部连接件的连接方式为隔波连接。加载前几级荷载，檩条变形较小，且檩条跨中挠度随着每级荷载增量均匀变化。加载到荷载为 2.625kN/m² 时，檩条跨中挠度增量开始变大。继续加载到 2.8125kN/m² 时，屋面出现第一声拔铆声，并出现夹芯板的撕裂声，端部与中部的压型钢板与压型钢板下部的夹芯板开始脱离，部分压型钢板有明显的翘起。四边的压型钢板部分已经翘起。随着荷载继续增加拔铆声出现频率增加，用肉眼可以观察到四边部分的自攻螺钉拔出压型钢板。

　　檩条的跨中位移增量变化开始变大。由于有一边跨檩条的初始缺陷较大，这一端的檩条变形要明显大于另两跨檩条的变形，且拔铆声更多地出现在这一侧的檩条上，压型钢板与夹芯板脱离的也最明显。加载到 3.19kN/m² 时，檩条跨中挠度增加明显，在持载的过程中位移稳定不变。持载至 12min 时，有初始缺陷的边跨檩条出现几声拔铆声之后，檩条位移突然增大，檩条压溃，无法承受荷载，檩条坍塌了下来压到起保护作用的钢柱上。有初始缺陷的檩条压溃之后，其他两跨的檩条也压溃，坍塌下来压到起保护作用的钢柱上。屋面板下的檩条发生了扭转破坏，檩条腹板扭向一侧，上翼缘屈曲破坏，跨中位置出现明显弯折。卸载后有初始缺陷的檩条的残余变形要大于另两跨，有初始缺陷的檩条更早地进入了塑性，初始缺陷较大的檩条上翼缘的弯折程度要明显大于另两个檩条（图 6-22、图 6-23）。檩条跨中上部连接件已经发生明显的弯曲，部分用来连接的自攻螺钉已经被剪断。跨中部分的上部连接件弯曲变形最明显，上部连接件檩条从跨中至端部弯曲变形逐渐减小（图 6-24）。

图 6-22　卸去荷载后檩条变形图

图 6-23　单根檩条变形图　　　　　　　图 6-24　上部连接件变形图

　　试件 SJ-3 为原有连接形式的檩条，加载前几级荷载，檩条变形较小，檩条跨中挠度变化均匀。荷载加载到 1.875kN/m² 时，檩条跨中挠度增量变大，并出现第一声拔铆声，出现轻微屋面夹芯板撕裂声，用肉眼可以观察到四边部分的自攻螺钉拔出压型钢板。随着荷载增加，拔铆声出现频率变化不大。加载到 2.083kN/m² 时，压型钢板开始出现夹芯板分离而产生的撕裂声，夹芯板与压型钢板开始分离，端部与中部的压型钢板与压型钢板下部的夹芯板开始脱离，部分压型钢板有明显的翘起（图 6-25）。加载到 2.416kN/m² 时，檩条的位移增加明显变大。加载到 2.54kN/m² 时，檩条跨中位移变化更加明显，位移有一个突然增大后一直持续增大。从侧面可观察到，跨中檩条的腹板已经完全扭到一侧，几乎水平。而且下翼缘与腹板都接触到屋面板上，共同承载。

图 6-25　压型钢板与夹芯板脱离

新型连接檩条压型钢板组成的屋面系统达到极限荷载时，檩条发生屈曲破坏。此时檩条跨中位置处，檩条向一侧弯扭，檩条上翼缘发生明显弯折，并有明显的下凹趋势，如图 6-26 所示。

原有连接檩条压型钢板组成的屋面系统达到极限荷载时，檩条发生屈曲破坏。此时檩条跨中位置处，檩条向一侧弯扭，弯扭程度明显大于新型连接檩条相同位置处檩条弯扭程度，然而原有连接檩条在跨中位置上翼缘处相比于新型连接檩条的弯折效果不明显，更没有明显的下凹趋势，如图 6-27 所示。

图 6-26　新型连接檩条跨中位置变形图

图 6-27　原有连接檩条跨中位置变形图

新型连接形式的檩条与原有连接形式的檩条的破坏形式不同，无论隔波连接还是每波连接的新型连接檩条达到极限承载力时，檩条的压溃破坏都是突然的。原有连接檩条达到极限承载力后，檩条跨中位移会突然增大，在持载过程中持续不断地增大，但是檩条不会发生突然压溃（图 6-28、图 6-29）。

图 6-28　新型连接中间跨檩条整体变形图　　　图 6-29　原有连接中间跨檩条整体变形图

6.4　试验结果

　　原有连接檩条、新型隔波连接的檩条和新型每波连接的檩条的极限承载力分别为 2.54kN/m²、3.19kN/m² 和 3.83kN/m²。新型每波连接檩条的极限承载力比原有连接檩条的极限承载力提高 50.79%，新型隔波连接檩条的极限承载力比原有连接檩条的极限承载力提高 25.59%，如表 6-4 所示。从中可以看出，新型连接对檩条的承载力提升有明显效果。而且每波连接的新型连接檩条的极限承载力明显高于隔波连接的新型连接檩条的极限承载力，说明新型连接中，上部连接件的间隔距离对于新型连接檩条的承载力有明显影响。新型连接中新型连接件的间隔距离越小对檩条的承载力提高效果越明显。

新型连接檩条极限承载力 　　　　　　　表 6-4

试件编号	连接形式	极限承载力（kN/mm²）	与原有连接相比提高百分比
SJ-1	新型每波连接	3.83	50.79%
SJ-2	新型隔波连接	3.19	25.59%
SJ-3	原有连接	2.54	—

　　图 6-30 和图 6-31 分别为中跨和边跨檩条的跨中荷载-位移曲线。从图中可以看出，新型连接檩条中每波连接与隔波连接对檩条的刚度都有提升，但每波连接对檩条的提升效果更好。新型连接中，隔波连接与每波连接的荷载-位移曲线在弹性阶段几乎重合，说明两种新型连接的边跨檩条的刚度相差不多。在试件 SJ-2 的试验中，其中一跨檩条的初始缺陷较大，边跨檩条受到荷载发生较大扭转变形。

　　从图 6-30 和图 6-31 中可以看出，无论新型隔波连接还是新型每波连接对檩条的刚度都有提升，但中跨檩条中新型每波连接的檩条刚度提升要明显高于新型隔波连接的檩条。边跨檩条中新型每波连接的檩条刚度与新型隔波连接的檩条刚度相差不多。

　　从檩条跨中下翼缘的荷载-应变曲线中可以看出，新型连接对檩条的跨中下翼缘的应变影响非常明显，如图 6-32、图 6-33 所示。新型连接的檩条在相同荷载下的下翼缘的应力相比于原有连接要小得多，与中跨相比，边跨中新型连接跨中下翼缘应变在相同荷载下

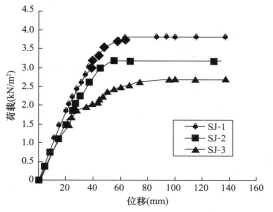

图 6-30　中跨檩条跨中 B 位置荷载-位移曲线

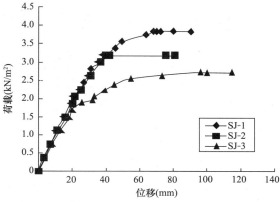

图 6-31　边跨檩条跨中 A 位置荷载-位移曲线

比原有连接的要小得更多。新型每波连接的檩条在相同荷载下的下翼缘的应力与新型隔波连接相差不多。产生这种现象的主要原因是新型每波连接与新型隔波连接中连接件都正好加在了跨中的位置，故两者的应变变化相差不多。原有连接檩条的跨中下翼缘应变，在加载初期变化比较均匀，在加载到极限荷载的 80% 左右应变开始出现不均匀变化，应变变化增大。新型连接檩条的荷载-应变曲线变化相对均匀。

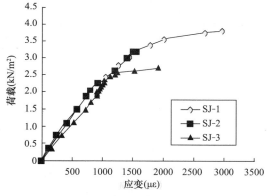

图 6-32　中跨檩条跨中 B 位置荷载-应变曲线

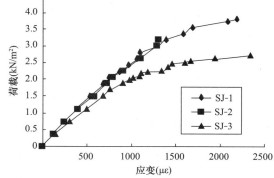

图 6-33　边跨檩条跨中 A 位置荷载-应变曲线

图 6-34 所示为檩条端部腹板的荷载-应变曲线。从图中可以看出，新型连接的使用对檩条端部的应变具有较大的影响。试件 SJ-3 原有连接檩条端部腹板应变一直为负，檩条腹板属于受压状态，新型连接檩条的端部腹板的应变先为正后为负，檩条腹板是应变先受拉后受压。相同荷载下原有连接端部腹板的应变较大，其次是新型隔波连接，最小是新型每波连接。由于试件 SJ-3 檩条端部腹板应变片粘贴的不牢固，造成所测的应变数据有部分偏差。

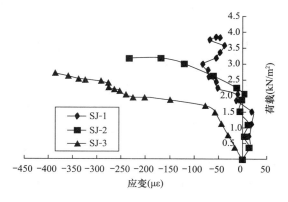

图 6-34　檩条端部腹板 F 位置荷载-应变曲线

6.5 新型连接对檩条受力性能影响的机理分析

Z形钢檩条与上部连接件紧密相连，可以看作一个整体。在檩条与上部连接件连接位置处，可以看作檩条的截面形式发生了改变，檩条截面由单轴对称截面变为双轴对称截面，提升了檩条在该位置处的抗扭性能与稳定性，从而提高了檩条整体的受力性能，提高了檩条的承载力与刚度。

Z形钢檩条在受到荷载时，会发生扭转，由于屋面蒙皮效应，与檩条相连的压型钢板会对檩条的扭转产生一定的约束作用。原有连接只采用自攻螺钉连接屋面板与檩条，连接紧密程度较低，随着荷载增加，檩条的扭转增大，自攻螺钉会产生松动，甚至被剪断。降低了檩条与压型钢板的连接紧密程度，无法充分利用压型钢板的蒙皮约束效应对檩条产生的约束。采用新型连接的檩条，上部连接件的使用能够使压型钢板连接更加紧密。随着荷载的增加，檩条扭转增大，上部连接件能够紧密连接檩条与压型钢板，使两者之间的连接不会产生松动。由于上部连接件本身是角钢型的，故能够为檩条提供较强的侧向约束与扭转约束，同时能够充分利用压型钢板蒙皮约束效应对檩条产生的约束。檩条在重力均布荷载下最主要的破坏形式是弯扭破坏，上部连接件的使用能够加强对檩条的侧向约束与扭转约束。所以新型连接能够提高檩条的稳定性同时提高檩条的承载能力。同样由于上部连接件的使用使新型连接檩条与压型钢板连接更加紧密，充分利用了压型钢板对檩条的约束，使檩条的刚度也得到了提升。由于约束加强，使檩条能够与压型钢板更好地共同承受荷载，使檩条下翼缘的应力、应变都减小了。

6.6 有限元分析

6.6.1 有限元模型建立

利用有限元软件 ANSYS 进行有限元分析计算。压型钢板、檩条和檩托均采用 Shell181 壳单元进行建模。自攻螺钉在整个模型中主要承受剪力，所以自攻螺钉可以采用 Link8 杆单元进行建模。螺栓采用 Solid45 实体单元进行建模。

将材料力学性能试验中得到的数据进行简化得到双线性的材料应力-应变曲线。根据材料属性试验输入檩条使用板材的屈服荷载为 228MPa，弹性模量为 1.99×10^5 MPa。

图 6-35 和图 6-36 所示的是压型钢板、檩条、檩托、自攻螺钉、上部连接件、螺栓组成的有限元几何模型。利用映射网格划分可以将有限元模型划分为规则的四边形，有利于提高有限元计算的效率，使结果更加容易收敛，同时相对规则的单元形状能够使计算结果更加准确。

自攻螺钉与压型钢板、自攻螺钉与檩条、檩条与压型钢板采用耦合方式连接。由于自攻螺钉采用的是 Link8 杆单元，只有平动自由度，所以只耦合自攻螺钉与压型钢板的平动自由度。檩条上翼缘与压型钢板有接触，能够共同变形，由于压型钢板与檩条的接触不是本研究中问题的重点，所以简化为檩条上翼缘与压型钢板的垂直接触面方向的平动位移耦合。檩条与檩托采用耦合的方式进行连接。螺栓与檩条、檩托采用耦合的方式进行连接。

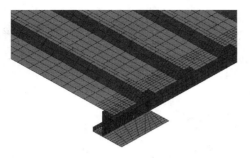

图 6-35　有限元模型网格划分局部示意

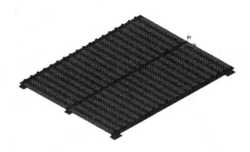

图 6-36　有限元模型网格划分整体示意

　　按照试验的实际情况对有限元模型进行约束。檩条下翼缘与钢梁接触部分是完全固定在钢梁上的，所以约束檩条下翼缘与钢梁接触部分的所有方向位移，包括转动位移与平动位移。檩托的下部分是焊接在钢梁上，是完全固定在钢梁上的，所以约束檩托下部分与钢梁接触的部分的所有方向位移，包括转动位移与平动位移。

　　荷载是通过在压型钢板上施加均布荷载来实现的。由于施加面荷载只有垂直于面方向与沿面方向两个方向，而压型钢板的面并不是所有面都是同一个方向。如果只在压型钢板面上简单施加面荷载的话，施加均布荷载的方向无法都是数值向下的。而且随着荷载增加压型钢板面会弯曲导致力随着板面方向发生改变，更无法保证施加荷载的方向是始终竖直向下的。按照简单施加面荷载的方法施加荷载不符合实际工程中荷载始终竖直向下的实际情况。而采用表面效应单元施加面荷载，能够施加任意方向的荷载，且荷载方向始终不改变。通过在压型钢板上生成表面效应单元，并利用在表面效应单元能够施加各方向始终不变的荷载的特点，施加始终竖直向下的荷载。在压型钢板表面建立表面效应单元，并使表面效应单元完全覆盖压型钢板表面，利用表面效应单元在压型钢板面上施加始终竖直向下的均布荷载的方法能够比较好地符合工程实际中的荷载情况。

6.6.2　有限元计算结果与试验结果对比

　　有限元模拟计算与试验得到的跨中荷载-位移曲线对比如图 6-37 所示，有限元数值模

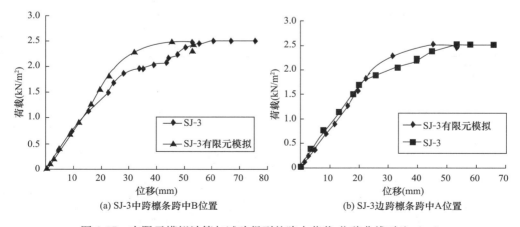

(a) SJ-3中跨檩条跨中B位置　　　　　　(b) SJ-3边跨檩条跨中A位置

图 6-37　有限元模拟计算与试验得到的跨中荷载-位移曲线对比（一）

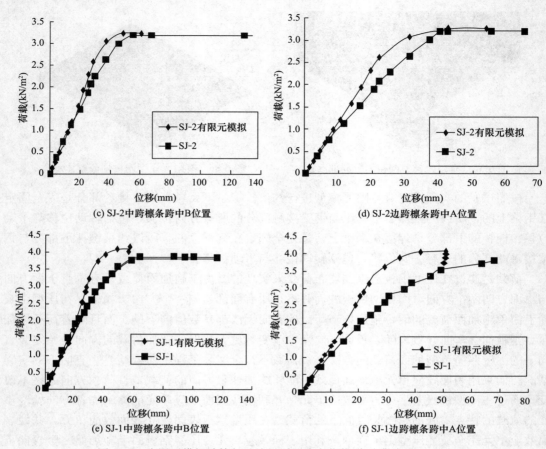

图 6-37　有限元模拟计算与试验得到的跨中荷载-位移曲线对比（二）

拟计算结果与试验结果对比，如表 6-5 所示。从图中可以看出，檩条的跨中荷载-位移曲线吻合较好。

有限元数值计算结果与试验结果对比　表 6-5

试件编号	有限元计算檩条极限 承载力（kN/m²）	试验得到檩条极限 承载力（kN/m²）	相差百分比
SJ-1	3.94	3.80	3.7%
SJ-2	3.26	3.18	2.5%
SJ-3	2.49	2.48	0.4%

图 6-38 所示的是原有连接与新型每波连接在有限元计算与试验中的荷载-应变曲线对比，有限元计算结果与试验得到的结果基本能够吻合。对于新型每波连接檩条的跨中下翼缘荷载-应变曲线，有限元得到的结果与试验结果得到的曲线形式都为前期变化比较均匀，后期开始出现不均匀变化。两者曲线稍有分离，但变化趋势相同。

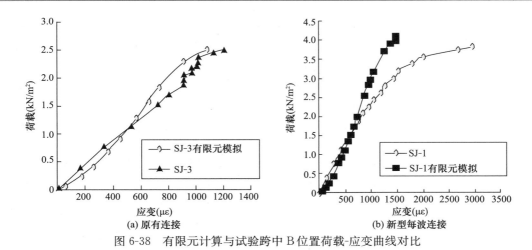

图 6-38　有限元计算与试验跨中 B 位置荷载-应变曲线对比

6.7　新型连接檩条影响因素分析

6.7.1　有限元计算试件选取

根据实际情况，考虑到新型连接对不同跨度、截面形式的檩条的刚度与极限承载力的影响，选取了 17 个工况进行有限元模拟，模型具体参数如表 6-6 所示。

有限元建模模型参数

表 6-6

模型编号	压型钢板	檩距（m）	檩条跨度（m）	檩条截面形式（mm）	檩条连接方式
1	YX-970-320	1.5	4	Z120×50×20×3.0	原有连接
2	YX-970-320	1.5	4	Z120×50×20×3.0	新型每波连接
3	YX-970-320	1.5	4	Z120×50×20×2.0	原有连接
4	YX-970-320	1.5	4	Z120×50×20×2.0	新型每波连接
5	YX-970-320	1.5	4	Z100×40×20×2.5	原有连接
6	YX-970-320	1.5	4	Z100×40×20×2.5	新型隔波连接
7	YX-970-320	1.5	4	Z100×40×20×2.5	新型每波连接
8	YX-970-320	1.5	6	Z160×70×20×3.0	原有连接
9	YX-970-320	1.5	6	Z160×70×20×3.0	新型隔波连接
10	YX-970-320	1.5	6	Z160×70×20×3.0	新型每波连接
11	YX-970-320	1.5	4	Z100×40×20×2.0	原有连接
12	YX-970-320	1.5	4	Z100×40×20×2.0	新型隔波连接
13	YX-970-320	1.5	4	Z100×40×20×2.0	新型每波连接
14	YX-970-320	1.5	6	Z140×50×20×2.5	原有连接
15	YX-970-320	1.5	6	Z140×50×20×2.5	新型每波连接
16	YX-970-320	1.5	6	Z180×70×20×3.0	原有连接
17	YX-970-320	1.5	6	Z180×70×20×3.0	新型每波连接

6.7.2　有限元计算结果

对 17 个有限元计算模型进行模拟计算，得到的荷载-位移曲线如图 6-39 所示，承载力数值如表 6-7 所示。通过计算得到的檩条跨中荷载-位移曲线可以看出，新型连接可以提高檩条的承载力和刚度。

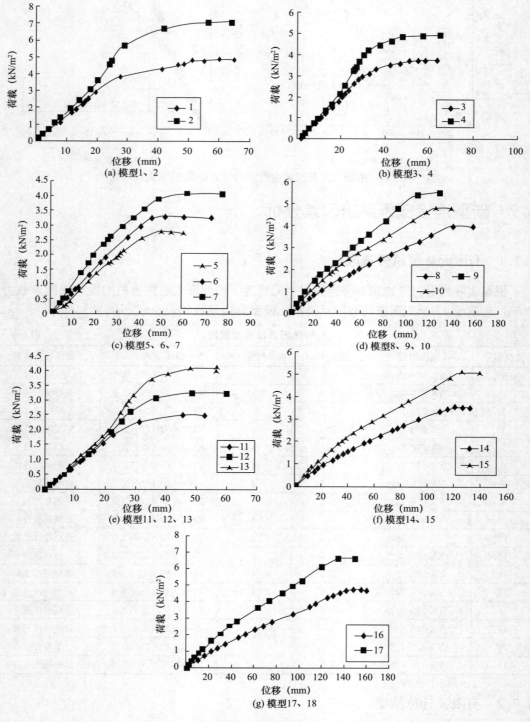

图 6-39　有限元计算檩条跨中 B 位置荷载-位移曲线

有限元模型计算的极限承载力　　　　　　　　　　　　　表 6-7

试件编号	檩条极限承载力 （kN/m²）	极限承载力提高 百分比
1	5.30	—
2	7.40	39.6％
3	4.34	—
4	6.09	40.3％
5	2.89	—
6	3.30	14.2％
7	4.07	40.8％
8	4.10	—
9	5.65	37.8％
10	4.65	13.4％
11	2.76	—
12	3.26	18.5％
13	3.97	46.0％
14	3.70	—
15	5.10	37.8％
16	5.29	—
17	6.00	13.4％

如图 6-40、图 6-41 所示，原有连接檩条达到极限荷载时，檩条跨中附近下翼缘与腹板应力都比较大，而上翼缘相对于腹板应力较小。新型每波连接檩条达到极限荷载时檩条跨中上翼缘应力最大，腹板应力相对较小。试验中原有连接檩条破坏时，跨中弯扭较大，跨中上翼缘弯折不明显；新型每波连接檩条的上翼缘弯折明显，弯扭相对较小。新型每波连接檩条破坏时上部翼缘应力较大，使檩条发生弯折。

图 6-42、图 6-43 所示的是构件跨中下翼缘 B 位置处的荷载-应变曲线。从中可以看出，新型连接对檩条跨中位置的应变影响效果十分明显。在相同荷载下新型连接的檩条跨中下翼缘应力最小，原有连接檩条的跨中下翼缘的应力相对较大。加载前期，新型连接檩条与原有连接檩条的应变大小相差不大，随着荷载的增加，原有连接的跨中下翼缘应变与新型连接的跨中下翼缘应变相差越来越大。由于新型连接件的连接位置在跨中，使新型连接檩条的跨中位置的截面特性发生改变，檩条下翼缘应变减小。

如图 6-44、图 6-45 所示，模型 12 所取的四个位置的上部连接件只有中跨檩条跨中位置的上部连接件进入了塑性，其他中跨檩条端部位置上部连接件、边跨檩条跨中位置上部连接件、边跨檩条端部位置上部连接件均进入塑性。从图中还可以看出，相同荷载下，跨中位置的上部连接件的应变较大。由于上部连接件的位置不同，实际承担的荷载大小也不同，所以曲线中的曲线并不重合。

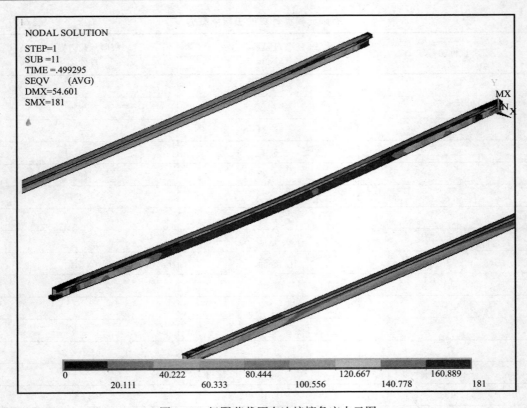

图 6-40　极限荷载原有连接檩条应力云图

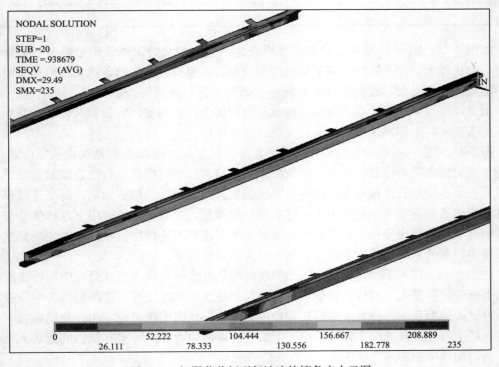

图 6-41　极限荷载新型每波连接檩条应力云图

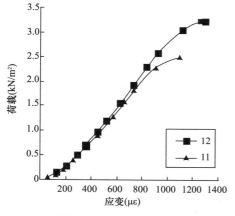

图 6-42　模型 11、12 檩条跨中 B 位置荷载-
应变曲线

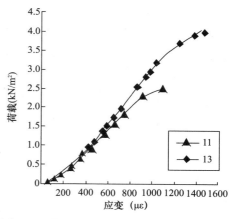

图 6-43　模型 11、13 檩条跨中 B 位置荷载-
应变曲线

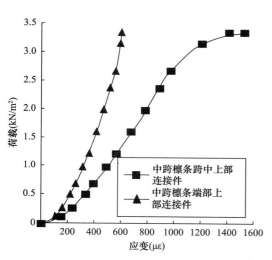

图 6-44　模型 12 中跨檩条上部连接件
荷载-应变曲线

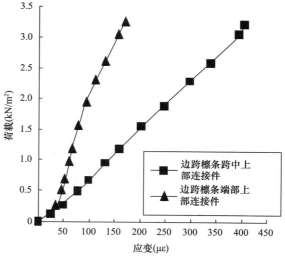

图 6-45　模型 12 边跨檩条上部连接件
荷载-应变曲线

6.8　新型檩条连接的标准化

通过有限元分析，得到了新型连接檩条的极限承载力，但实际设计使用时需要用设计极限承载力进行计算。新型连接檩条设计极限承载力相比于极限承载力要留有一定的安全储备，所以设计极限承载力要小于有限元计算的极限承载力。通过檩条极限承载力计算设计极限承载力需要按照我国《建筑结构可靠性设计统一标准》GB 50068—2018 来进行计算。可以按照式（6-1）进行计算。

$$r_S S_K \leqslant \frac{R_K}{r_R} \qquad (6\text{-}1)$$

式中　r_S、r_R——荷载分项系数，抗力分项系数；

　　　S_K、R_K——作用效应标准值，结构抗力标准值。

按照现有规范冷弯薄壁型钢构件的结构抗力分项系数为 1.165，钢材的设计强度为屈服强度除以抗力分项系数。采用的是 Q235 钢，设计强度为 205MPa。则可以得到有限元新型连接檩条的设计极限承载力如表 6-8 所示。

得到新型连接檩条的设计极限承载力后，可以根据所取模型对应的屋面坡度、檩条跨度、檩距选出该截面形式檩条能够满足设计要求所对应的设计屋面常用荷载值，则该设计荷载为新型连接檩条实际设计过程中承受的设计荷载值。这样的过程中确定的在屋面坡度、檩条跨度、檩距条件下新型连接檩条的对应截面形式的设计极限承载力，可以称之为新型连接檩条设计的一个小模块。不同屋面坡度、檩条跨度、檩距条件下不同檩条截面的设计小模块组合在一起可以形成一个新型连接檩条的设计标准化、模数化设计选用模块。

有限元模型构件的设计极限承载力　　　　　　　　表 6-8

试件编号	跨度（m）	截面形式（mm）	连接形式	极限承载力（kN/m²）	设计极限承载力（kN/m²）
1	4	Z120×50×20×3.0	原有连接	5.30	4.44
2	4	Z120×50×20×3.0	新型每波连接	7.40	6.09
3	4	Z120×50×20×2.0	原有连接	4.34	3.11
4	4	Z120×50×20×2.0	新型每波连接	6.09	4.22
5	4	Z100×40×20×2.5	原有连接	2.89	2.44
6	4	Z100×40×20×2.5	新型隔波连接	3.30	2.80
7	4	Z100×40×20×2.5	新型每波连接	4.07	3.49
8	6	Z160×70×20×3.0	原有连接	4.10	3.51
9	6	Z160×70×20×3.0	新型隔波连接	5.65	4.84
10	6	Z160×70×20×3.0	新型每波连接	4.65	3.99
11	4	Z100×40×20×2.0	原有连接	2.76	2.39
12	4	Z100×40×20×2.0	新型隔波连接	3.26	2.79
13	4	Z100×40×20×2.0	新型每波连接	3.97	3.40
14	6	Z140×50×20×2.5	原有连接	3.70	3.17
15	6	Z140×50×20×2.5	新型每波连接	5.10	4.37
16	6	Z180×70×20×3.0	原有连接	5.29	4.54
17	6	Z180×70×20×3.0	新型每波连接	6.00	5.15

同时取与新型连接檩条计算相同的荷载、屋面坡度、檩条跨度、檩距，并按照我国现有规范进行原有檩条计算，选取檩条截面形式。按照《冷弯薄壁型钢结构技术规范》GB 50018—2002 中檩条计算公式进行计算。计算公式如式（6-2）、式（6-3）所示。

屋面能够起阻止檩条的侧向失稳与扭转作用的实腹式檩条可按下式进行计算：

$$\sigma = \frac{M_x}{W_{enx}} + \frac{M_y}{W_{eny}} \leqslant f \tag{6-2}$$

式中　M_x、M_y——由 q_y 引起 x 轴的最大弯矩，由 q_x 引起 y 轴相应于最大 M_x 处的弯矩，拉条作为侧向支撑点；

W_{enx}、W_{eny}、f——分别对 x 轴、y 轴的有效净截面模量，钢材的强度设计值；

屋面不能起阻止檩条侧向失稳与扭转作用的实腹式檩条的稳定性，可按下式计算：

$$\sigma = \frac{M_x}{\varphi_b W_{ex}} + \frac{M_y}{W_{ey}} \leqslant f \tag{6-3}$$

式中　W_{ex}、W_{ey}——分别对 x 轴、y 轴的有效截面模量；

　　　　φ_b——受弯构件整体稳定系数，根据不同情况按《冷弯薄壁型钢结构技术规范》GB 50018—2002 计算。

本次计算的檩条屋面不能够阻止檩条的侧向失稳与扭转，所以檩条的强度计算按照式（6-3）进行计算，将计算结果列入表 6-9 中，得到按照现有设计方法计算出的原有连接檩条截面形式选用表。

原有连接檩条在常用荷载下设计选用表　　　　　　表 6-9

编号	跨度（m）	屋面坡度	可承担的设计荷载（kN/m²）		原有连接檩条截面形式选用（mm）
			恒载	活载	
Y-1	4	1/3	0.2	0.3	Z100×40×20×2.0
Y-2	4	1/5	0.2	0.3	Z100×40×20×2.0
Y-3	4	1/10	0.2	0.3	Z100×50×15×2.5
Y-4	4	1/3	0.2	0.5	Z100×40×20×2.5
Y-5	4	1/5	0.2	0.3	Z100×40×20×2.0
Y-6	4	1/10	0.2	0.3	Z100×50×15×2.5
Y-7	4	1/3	0.2	0.5	Z100×40×20×2.5
Y-8	4	1/5	0.2	0.5	Z120×50×20×2.5
Y-9	4	1/10	0.2	0.5	Z100×50×15×2.5
Y-10	4	1/3	0.4	0.5	Z120×50×20×2.5
Y-11	4	1/5	0.4	0.5	Z120×50×20×2.5
Y-12	4	1/10	0.4	0.5	Z120×50×20×2.5
Y-13	4	1/3	0.6	0.5	Z120×50×20×2.5
Y-14	4	1/5	0.6	0.5	Z140×50×20×2.5
Y-15	4	1/10	0.6	0.5	Z120×50×20×2.5
Y-16	4	1/3	0.8	0.5	Z120×50×20×3.0
Y-17	4	1/5	0.8	0.5	Z140×50×20×2.5
Y-18	4	1/10	0.8	0.5	Z120×60×20×3.0
Y-19	6	1/3	0.4	0.5	Z160×60×20×3.0
Y-20	6	1/5	0.4	0.5	Z160×70×20×3.0
Y-21	6	1/10	0.4	0.5	Z160×70×20×3.0
Y-22	6	1/3	0.4	0.5	Z160×60×20×3.0
Y-23	6	1/5	0.4	0.5	Z160×70×20×3.0
Y-24	6	1/10	0.4	0.5	Z160×70×20×3.0
Y-25	6	1/3	0.6	0.5	Z180×70×20×3.0
Y-26	6	1/5	0.6	0.5	Z180×70×20×3.0
Y-27	6	1/10	0.6	0.5	Z180×70×20×3.0
Y-28	6	1/3	0.8	0.5	Z180×70×20×3.0
Y-29	6	1/5	0.8	0.5	Z180×70×20×3.0
Y-30	6	1/10	0.8	0.5	Z180×70×20×3.0

根据有限元计算的新型连接的极限承载力，可以求出不同条件下檩条能够符合的常用设计荷载，并将新型连接檩条设计标准化的结果列入表 6-10 中。同时将原有连接檩条按照现有规范计算的结果进行对比，主要对比用钢量以及相同荷载檩条截面选用的不同。

新型连接与原有连接檩条在常用荷载下设计对比选用表　　　　表 6-10

编号	跨度(m)	新型连接檩条截面形式选用	连接形式	屋面坡度	可承担的设计荷载（kN/m²）		对应荷载的现有檩条截面形式选用	新型连接檩条相比于原有连接檩条优势
					恒载	活载		
12-1	4	Z100×40×20×2.0	新型隔波连接	1/3	0.2	0.3	Z100×40×20×2.0	承载力高
12-2	4	Z100×40×20×2.0	新型隔波连接	1/5	0.2	0.3	Z100×40×20×2.0	承载力高
12-3	4	Z100×40×20×2.0	新型隔波连接	1/10	0.2	0.3	Z100×50×15×2.5	节省用钢量
13-1	4	Z100×40×20×2.0	新型每波连接	1/3	0.2	0.5	Z100×40×20×2.5	节省用钢量
13-2	4	Z100×40×20×2.0	新型每波连接	1/5	0.2	0.5	Z100×40×20×2.0	承载力高
13-3	4	Z100×40×20×2.0	新型每波连接	1/10	0.2	0.5	Z100×50×15×2.5	节省用钢量
6-1	4	Z100×40×20×2.5	新型隔波连接	1/3	0.2	0.5	Z100×40×20×2.5	承载力高
6-2	4	Z100×40×20×2.5	新型隔波连接	1/5	0.2	0.5	Z120×50×20×2.0	承载力高但不经济
6-3	4	Z100×40×20×2.5	新型隔波连接	1/10	0.2	0.5	Z100×50×15×2.5	节省用钢量
7-1	4	Z100×40×20×2.5	新型每波连接	1/3	0.4	0.5	Z120×50×20×2.5	节省用钢量
7-2	4	Z100×40×20×2.5	新型每波连接	1/5	0.4	0.5	Z120×50×20×2.0	节省用钢量
7-3	4	Z100×40×20×2.5	新型每波连接	1/10	0.4	0.5	Z120×50×20×2.5	节省用钢量
4-1	4	Z120×50×20×2.0	新型每波连接	1/3	0.6	0.5	Z120×50×20×2.5	节省用钢量
4-2	4	Z120×50×20×2.0	新型每波连接	1/5	0.6	0.5	Z140×50×20×2.5	节省用钢量
4-3	4	Z120×50×20×2.0	新型每波连接	1/10	0.6	0.5	Z120×50×20×2.5	节省用钢量
2-1	4	Z120×50×20×3.0	新型每波连接	1/3	0.8	0.5	Z120×50×20×3.0	承载力高
2-2	4	Z120×50×20×3.0	新型每波连接	1/5	0.8	0.5	Z140×50×20×2.5	承载力高但不经济
2-3	4	Z120×50×20×3.0	新型每波连接	1/10	0.8	0.5	Z120×60×20×3.0	节省用钢量
15-1	6	Z140×50×20×2.5	新型每波连接	1/3	0.4	0.5	Z160×60×20×3.0	节省用钢量
15-2	6	Z140×50×20×2.5	新型每波连接	1/5	0.4	0.5	Z160×70×20×3.0	节省用钢量
15-3	6	Z140×50×20×2.5	新型每波连接	1/10	0.4	0.5	Z160×70×20×3.0	节省用钢量
10-1	6	Z160×70×20×3.0	新型每波连接	1/3	0.4	0.5	Z160×60×20×3.0	承载力高但不经济
10-2	6	Z160×70×20×3.0	新型每波连接	1/5	0.4	0.5	Z160×70×20×3.0	承载力高
10-3	6	Z160×70×20×3.0	新型每波连接	1/10	0.4	0.5	Z160×70×20×3.0	承载力高
9-1	6	Z160×70×20×3.0	新型隔波连接	1/3	0.6	0.5	Z180×70×20×3.0	节省用钢量
9-2	6	Z160×70×20×3.0	新型隔波连接	1/5	0.6	0.5	Z180×70×20×3.0	节省用钢量
9-3	6	Z160×70×20×3.0	新型隔波连接	1/10	0.6	0.5	Z180×70×20×3.0	节省用钢量
17-1	6	Z180×70×20×3.0	新型每波连接	1/3	0.8	0.5	Z180×70×20×3.0	承载力高
17-2	6	Z180×70×20×3.0	新型每波连接	1/5	0.8	0.5	Z180×70×20×3.0	承载力高
17-3	6	Z180×70×20×3.0	新型每波连接	1/10	0.8	0.5	Z180×70×20×3.0	承载力高

　　如表 6-10 所示。表中编号前边数字代表有限元中模型的编号，后边数字 1、2、3 分别代表屋面的坡度为 1/3、1/5、1/10。可以根据实际设计中屋面荷载值确定能够符合对应荷载下的新型连接檩条的截面形式与跨度。

　　表 6-10 为实际工程中使用新型连接檩条的设计给出了选用建议。使用此表格可以快速进行檩条设计选取，根据屋面荷载大小、屋面坡度以及所需檩条跨度就可以选取檩条截

面形式，使檩条设计方式更加快速准确，将檩条设计中的求解变为代入，变设计为选择，体现了檩条的设计标准化，为其工业化建造提供基础。

将相同的计算条件下按照现有规范计算的檩条截面选用结果，与新型连接檩条截面选用结果进行对比可知，大部分新型连接檩条在相同荷载下的檩条截面选取要小于原有连接檩条，这样就能大大节省檩条用钢量。部分新型檩条截面的选取与原有连接形式檩条的截面选取相同，但是可以大大提高檩条的承载力。新型连接檩条与原有连接檩条相比节省的用钢量如表 6-11 所示。表中编号与表 6-10 中编号相同。

新型连接檩条与原有连接檩条相同条件下用钢量对比表　　表 6-11

编号	新型连接檩条截面（mm）	新型连接檩条单位面积用钢量（kN/m²）	原有连接檩条截面（mm）	原有连接檩条单位面积用钢量（kN/m²）	用钢量节省百分比
12-1	Z100×40×20×2.0	2.13	Z100×40×20×2.0	2.13	0%
12-2	Z100×40×20×2.0	2.13	Z100×40×20×2.0	2.13	0%
12-3	Z100×40×20×2.0	2.13	Z100×50×15×2.5	2.73	21.9%
13-1	Z100×40×20×2.0	2.13	Z100×40×20×2.5	2.13	0%
13-2	Z100×40×20×2.0	2.13	Z100×40×20×2.0	2.13	0%
13-3	Z100×40×20×2.0	2.13	Z100×50×15×2.5	2.73	21.9%
6-1	Z100×40×20×2.5	2.61	Z100×40×20×2.5	2.61	0%
6-2	Z100×40×20×2.5	2.61	Z120×50×20×2.0	2.55	—
6-3	Z100×40×20×2.5	2.61	Z100×50×15×2.5	2.73	4.4%
7-1	Z100×40×20×2.5	2.61	Z120×50×20×2.5	3.13	16.6%
7-2	Z100×40×20×2.5	2.61	Z120×50×20×2.5	3.13	16.6%
7-3	Z100×40×20×2.5	2.61	Z120×50×20×2.5	3.13	16.6%
4-1	Z120×50×20×2.0	2.55	Z120×50×20×2.5	3.13	18.5%
4-2	Z120×50×20×2.0	2.55	Z140×50×20×2.5	3.39	24.8%
4-3	Z120×50×20×2.0	2.55	Z120×50×20×2.5	3.13	16.6%
2-1	Z120×50×20×3.0	3.69	Z120×50×20×3.0	3.69	0%
2-2	Z120×50×20×3.0	3.69	Z140×50×20×2.5	3.39	—
2-3	Z120×50×20×3.0	3.69	Z120×60×20×3.0	4.00	7.8%
15-1	Z140×50×20×2.5	4.01	Z160×60×20×3.0	4.63	13.6%
15-2	Z140×50×20×2.5	4.01	Z160×70×20×3.0	4.95	19.0%
15-3	Z140×50×20×2.5	4.01	Z160×70×20×3.0	4.95	19.0%
10-1	Z160×70×20×3.0	4.95	Z160×60×20×3.0	4.63	—
10-2	Z160×70×20×3.0	4.95	Z160×70×20×3.0	4.95	—
10-3	Z160×70×20×3.0	4.95	Z160×70×20×3.0	4.95	—
9-1	Z160×70×20×3.0	4.95	Z180×70×20×3.0	5.26	5.9%
9-2	Z160×70×20×3.0	4.95	Z180×70×20×3.0	5.26	5.9%
9-3	Z160×70×20×3.0	4.95	Z180×70×20×3.0	5.26	5.9%
17-1	Z180×70×20×3.0	5.26	Z180×70×20×3.0	5.26	0%
17-2	Z180×70×20×3.0	5.26	Z180×70×20×3.0	5.26	0%
17-3	Z180×70×20×3.0	5.26	Z180×70×20×3.0	5.26	0%

对比新型连接与原有连接檩条在承载力与节省用钢量方面的性能，给出承载力最高并且最节省用钢量的新型连接檩条的标准化设计选用表，如表 6-12 所示。在实际设计过程中可以根据檩条跨度、檩距、屋面坡度、荷载大小从表 6-12 中选择所适用的檩条截面形式、连接形式、上部连接件使用数量。

新型连接檩条标准化设计选用表　　表 6-12

檩条跨度（m）	檩距（m）	屋面坡度	荷载（kN/m²）		所选檩条截面形式（mm）	檩条连接形式	单根檩条上部连接件使用数量	上部连接件连接间距（mm）	制作上部连接件的角钢型号（mm）	所使用的檩托编号
			恒载	活载						
4	1.5	1/3	0.2	0.3	Z100×40×20×2.0	新型隔波连接	7	480	∠50×50×4	LT-1
4	1.5	1/5	0.2	0.3	Z100×40×20×2.0	新型隔波连接	7	480	∠50×50×4	LT-1
4	1.5	1/10	0.2	0.3	Z100×40×20×2.0	新型隔波连接	7	480	∠50×50×4	LT-1
4	1.5	1/3	0.2	0.5	Z100×40×20×2.0	新型每波连接	14	240	∠50×50×4	LT-1
4	1.5	1/5	0.2	0.5	Z100×40×20×2.5	新型隔波连接	7	480	∠50×50×4	LT-1
4	1.5	1/10	0.2	0.5	Z100×40×20×2.5	新型隔波连接	7	480	∠50×50×4	LT-1
4	1.5	1/3	0.4	0.5	Z100×40×20×2.5	新型每波连接	14	240	∠50×50×4	LT-1
4	1.5	1/5	0.4	0.5	Z100×40×20×2.5	新型每波连接	14	240	∠50×50×4	LT-1
4	1.5	1/10	0.4	0.5	Z100×40×20×2.5	新型每波连接	14	240	∠50×50×4	LT-1
4	1.5	1/3	0.6	0.5	Z120×50×20×2.0	新型每波连接	14	240	∠50×50×4	LT-2
4	1.5	1/5	0.6	0.5	Z120×50×20×2.0	新型每波连接	14	240	∠50×50×4	LT-2
4	1.5	1/10	0.6	0.5	Z120×50×20×2.0	新型每波连接	14	240	∠50×50×4	LT-2
4	1.5	1/3	0.8	0.5	Z120×50×20×3.0	原有连接	7	480	∠50×50×4	LT-2
4	1.5	1/5	0.8	0.5	Z120×50×20×3.0	新型每波连接	14	240	∠50×50×4	LT-2
4	1.5	1/10	0.8	0.5	Z120×50×20×3.0	新型每波连接	14	240	∠50×50×4	LT-2
6	1.5	1/3	0.4	0.5	Z140×50×20×2.5	新型每波连接	14	240	∠50×50×4	LT-3

续表

檩条跨度（m）	檩距（m）	屋面坡度	荷载（kN/m²）恒载	荷载（kN/m²）活载	所选檩条截面形式（mm）	檩条连接形式	单根檩条上部连接件使用数量	上部连接件连接间距（mm）	制作上部连接件的角钢型号（mm）	所使用的檩托编号
6	1.5	1/5	0.4	0.5	Z140×50×20×2.5	新型每波连接	14	240	∠50×50×4	LT-3
6	1.5	1/10	0.4	0.5	Z140×50×20×2.5	新型每波连接	14	240	∠50×50×4	LT-3
6	1.5	1/3	0.6	0.5	Z160×70×20×3.0	新型每波连接	14	240	∠50×50×4	LT-4
6	1.5	1/5	0.6	0.5	Z160×70×20×3.0	新型每波连接	14	240	∠50×50×4	LT-4
6	1.5	1/10	0.6	0.5	Z160×70×20×3.0	新型每波连接	14	240	∠50×50×4	LT-4
6	1.5	1/3	0.8	0.5	Z180×70×20×3.0	新型隔波连接	7	480	∠50×50×4	LT-5
6	1.5	1/5	0.8	0.5	Z180×70×20×3.0	新型隔波连接	7	480	∠50×50×4	LT-5
6	1.5	1/10	0.8	0.5	Z180×70×20×3.0	新型隔波连接	7	480	∠50×50×4	LT-5

表中使用的上部连接件为边长为 50mm 的等边角钢制作，沿角钢长度方向每隔 50mm 进行切割制作。使用的自攻螺钉为直径 6.3mm 的自攻自钻螺钉。上部连接件与压型钢板使用两个自攻螺钉相连，上部连接件与檩条采用三个自攻螺钉相连。

檩条使用的檩托高度应与檩条的截面高度相差不多，才能够保证檩托能够给檩条端部提供足够的侧向约束。所以檩托的高度一般小于檩条截面高度 10～20mm。檩托采用角钢制作，所使用的檩托尺寸与制作檩托所使用的角钢型号如表 6-13 所示，具体尺寸含义如图 6-46 所示。

新型连接檩条檩托选用表　　表 6-13

檩托编号	制作檩托的不等边角钢型号（mm）	B(mm)	b(mm)	t(mm)
LT-1	∟90×56×6	90	56	6
LT-2	∟100×63×6	100	63	6
LT-3	∟125×80×7	125	80	7
LT-4	∟140×90×8	140	90	8
LT-5	∟160×100×10	160	100	10

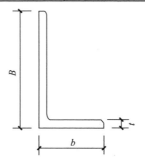

图 6-46　不等边角钢示意图

6.9　本章小结

进行了坡屋面新型连接檩条的受力性能试验研究和有限元分析，对比了原有连接、新型隔波连接、新型每波连接三种连接形式檩条压型钢板组成的屋面系统的极限承载力与刚度变化。可以得到以下结论：

（1）新型每波和隔波连接檩条的极限承载力比原有连接檩条的极限承载力高，新型每波连接檩条的极限承载力要高于新型隔波连接檩条的极限承载力。

（2）新型连接檩条与原有连接檩条的破坏形式不同。新型连接的檩条破坏形式是突然的压溃，跨中上翼缘有明显的弯折，原有连接形式的檩条破坏不具有突然性，跨中有明显的弯扭。

（3）新型连接对于厚度较小的檩条，刚度提升与极限承载力提升效果更加明显。新型连接的两种形式中每波连接与隔波连接对于檩条的刚度与极限承载力都有明显的提升效果，但是每波连接对于檩条的刚度与极限承载力提升效果要更好。

（4）跨度较小的新型每波连接与新型隔波连接对檩条刚度与极限承载力的提升效果相差较为明显，而跨度大的新型每波连接与隔波连接对檩条刚度与极限承载力的提升效果相差不多。

参考文献

［1］ Steel design guide 22. Façade attachments to steel-framed buildings. American Institute of Steel Construction，2018.

［2］ Steel design guide 23. Constructability of structural steel building. American Institute of Steel Construction，2018.

［3］ Kobayashi S，Kosugi M，et al. Displacement tracking experiment of ALC outer wall ［J］. Summary of Academic Lectures at the Architectural Insitute of Japan Conference，1973：107-108.

［4］ Toshiyuki M，Yoshikawa Y，Lin Y S，et al. Forced vibration tests on a light-weight steel brace structure building of three stories：Effect of ALC curtain walls on the vibraton characteristics of a building ［J］. Summary of Academic Lectures at the Architectural Institute of Japan Conference，1991，9：559-560.

［5］ Matsuoka Y，Suita K，Yamada S，et al. Evaluation of seismic performance of exterior cladding in full-scale 4-story building shaking table test ［J］. Journal of Structure Construction Engineering，2009，641（74）：1353-1361.

［6］ Hiroshi I，Kazuo N，Yoshikatsu M，et al. ALC Locking construction method full-scale deformation followability test（Parts 1 and 2）［J］. Summary of Academic Lectures at the Architectural Institute of Japan Conference，2003：195-198.

［7］ 李国强，王城. 外挂式和内嵌式 ALC 墙板钢框架结构的滞回性能试验研究 ［J］. 钢结构，2005，20（1）：52-56.

［8］ 赵滇生，陈亮，王伟伟. 带 ALC 墙板的钢框架结构滞回性能分析 ［J］. 浙江工业大学学报，2010，38（4）：448-452

［9］ 侯和涛，邱灿星，李国强等. 带节能复合墙板钢框架低周反复荷载试验研究 ［J］. 工程力学，2012，29（9）：177-184＋192.

［10］ 于静海，张刚，李久鹏. 外墙板对框架结构内力的影响 ［J］. 低温建筑技术，2011，8：31-33.

［11］ 金勇，程才渊. 蒸压加气混凝土墙板与主框架的连接构件性能试验研究 ［J］. 建筑砌块与砌块建筑，2008，4：42-46.

［12］ 田海，陈以一. ALC 拼合墙板受剪性能试验研究和有限元分析 ［J］. 建筑结构学报，2009，30（2）：85-91.

［13］ 隋伟宁，白利婷，王占飞，李帼昌. ALC 外墙板与钢框架连接节点的抗震性能分析 ［J］. 钢结构，2016，31（2）：47-52.

［14］ 侯和涛，王文豪，曹运昌等. 与足尺钢框架柔性连接的外挂复合墙板振动台试验研究 ［J］. 2019，40（12）：21-31.

［15］ 中华人民共和国国家标准. 冷弯薄壁型钢结构技术规范 GB 50018—2002 ［S］. 北京：中国计划出版社，2003.

［16］ 刘佩，郭猛，李挺，姚谦峰. 轻钢龙骨框格密肋复合墙体抗震性能试验研究 ［J］. 工程力学，2012，29（1）：128-133.

［17］ 田稳苓，温晓东，彭佳斌等. 新型泡沫混凝土轻钢龙骨复合墙体抗剪承载力计算方法研究 ［J］. 工程力学，2019，36（9）：143-153.

［18］ Gad E F，Chandler A M，Duffield C F，Stark G. Lateral behavior of plasterboard-clad residential steel frames [J]. Journal of Structural Engineering, ASCE, 1999, 125 (1)：45-52.

[19] Wasim K, Ahmed M. Shear capacity of cold-formed light-gauge steel framed shear-wall panels with fiber cement board sheathing [J]. International Journal of Steel Structures, 2017, 17 (4)：1404-1414.

[20] 张海霞，刘鹤，李帼昌，吴先成. 轻钢龙骨外墙与钢框架连接在低周往复荷载下的试验研究 [J]. 钢结构，2016，31 (2)：43-46＋100.

[21] 耿悦，王玉银，丁井臻，徐文昕. 外挂式轻钢龙骨墙体-钢框架连接受力性能研究 [J]. 建筑结构学报，2016，37 (6)：141-150.

[22] Heimbs S, Pein M. Failure behaviour of honeycomb sandwich corner joints and inserts [J]. Composite Structures, 2009, 89：575-588.

[23] Aref A J, Jung W Y. Energy-dissipating polymer matrix composite infill wall system for sesemic retrofitting [J]. Journal of structural Engineering, ASCE, 2003, 129 (4)：440-448.

[24] 张海霞，李帼昌，杨萍. 新型连接下轻钢龙骨内墙平面外受力性能的有限元分析 [J]. 钢结构，2016，31 (2)：53-58＋52.

[25] 国家建筑标准设计图集. 蒸压轻质加气混凝土板（NALC）构造详图 03SG715-1 [S]. 中国建筑标准设计研究院出版社，2003.

[26] 中华人民共和国国家标准. 建筑轻质条板隔墙技术规程 JG/T 157—2014 [S]. 北京：中国建筑工业出版社，2014.

[27] 国家建筑标准设计图集. 预制轻钢龙骨内隔墙 03J111-2 [S]. 北京：中国计划出版社，2008.

[28] 国家建筑标准设计图集. 内隔墙-轻质条板（一）10J113-1 [S]. 中国建筑标准设计研究院出版社，2011.

[29] 国家建筑标准设计图集. 隔断-隔断墙（一）07SJ504-1 [S]. 中国建筑标准设计研究院出版社，2007.

[30] Berman J W and Bruneau M. Experimental Investigation of light-gauge steel plate shear walls [J]. Journal of Structural Engineering, 2005, 131 (2)：259-267.

[31] Vian D, Bruneau M, Tsai K C and Lin Y C. Special perforated steel plate shear walls with reduced beam section anchor beam I：Experimental Investigation [J]. Journal of structural Engineering, ASCE, 2009, 135 (3)：211-220.

[32] Valizadeh H, Sheidaii M, Showkati H. Experimental investigation on cyclic behavior of perforated steel plate shear walls [J]. Journal of Constructional Steel Research, 2012, 70 (9)：308-316.

[33] 陆烨，李国强，孙飞飞. 大高宽比屈曲约束组合钢板剪力墙的试验研究 [J]. 建筑钢结构进展，2009，11 (2)：18-27.

[34] 聂建国，黄远，樊健生. 钢板剪力墙结构竖向防屈曲简化设计方法 [J]. 建筑结构，2010，40 (4)：1-4＋18.

[35] 张爱林，张勋，刘学春，王琦. 钢框架-装配式两边连接薄钢板剪力墙抗震性能试验研究 [J]. 工程力学，2018，35 (9)：54-63＋72.

[36] 郭彦林，朱靖申. 剪力墙的型式、设计理论研究进展 [J]. 工程力学，2020，37 (6)：19-33.

[37] 李帼昌，张雪，杨志坚. 装配式钢板剪力墙与钢梁连接的试验研究 [J]. 钢结构，2016，31 (2)：32-37.

[38] Mallick D V and Severn R T. Dynamic characteristics of infilled frame [J]. Proceedings of the Institution of Civil Engineer, 1968, 39 (2)：261-287.

[39] Liauw T C, Kwan K H. Static and cyclic behaviors of multistory infilled frames with different interface conditions [J]. Journal of Sound and Vibration, 1985, 99 (2)：275-283.

［40］ Kwan A K H，Xia J Q. Shake-table tests of large-scale shear wall and infilled frame models ［J］. Proceedings of the Institution of Civil Engineer：Structure and Buildings，1995，110（1）：66-77.

［41］ Tong X D，Hajjar J F，Schultz A E，et al. Cyclic behavior of steel frame structures with composite reinforced concrete infill walls and partially-restrained connections ［J］. Journal of Constructional Steel Research，2005，61（4）：531-552.

［42］ Ju R S，Lee H J，Chen C C，et al. Experimental study on separating reinforced concrete infill walls from steel moment frames ［J］. Journal of Constructional Steel Research，2012，71：119-128.

［43］ 童根树，米旭峰. 钢框架内嵌带竖缝钢筋混凝土剪力墙的内力计算模型 ［J］. 建筑结构学报，2006，27（5）：39-46.

［44］ 童根树，米旭峰. 钢框架内嵌带竖缝钢筋混凝土剪力墙的补充计算内容和构造要求 ［J］. 建筑结构学报，2006，27（5）：47-55.

［45］ 彭晓彤，顾强. 钢框架内填钢筋混凝土剪力墙混合结构破坏机理及塑性分析 ［J］. 工程力学，2011，28（8）：56-61.

［46］ 周天华，管宇，吴函恒，白亮. 钢框架-预制混凝土抗侧力墙装配式结构竖向受力性能研究 ［J］. 建筑结构学报，2014，35（9）：27-34.

［47］ 吴函恒，周天华，陈军武，吕晶. 装配式钢框架-预制混凝土抗侧力墙结构受剪承载力分析 ［J］. 工程力学，2016，33（6）：107-113.

［48］ Li G C，Wang Y，Yang Z J，Fang C. Shear Behaviour of novel T-stub connection between steel frames and precast reinforced concrete shear walls. International Journal of Steel Structures ［J］，2018，18（1）：115-126.

［49］ 聂建国. 钢-混凝土组合梁结构-试验、理论与应用 ［M］. 北京：科学出版社. 2004.

［50］ 朱聘儒. 钢-混凝土组合梁设计原理 ［M］. 北京：中国建筑工业出版社. 2006.

［51］ Ollgaard J G，Slutter R G and Fisher J W. Shear strength of study connectors in lightweight and normal-weight concrete ［J］. AISC Engineering Journal，1971：55-64.

［52］ 聂建国，孙国良. 钢-混凝土组合梁槽钢剪力连接件的基本性能和极限承载力研究 ［J］. 郑州工学院学报. 1985，2：33-44.

［53］ 聂建国，卫军. 剪力连接件在钢-混凝土组合梁中的实际工作性能 ［J］. 郑州工学院学报，1991，4：43-47.

［54］ 聂建国，沈聚敏等. 钢-混凝土组合梁中剪力连接件实际承载力的研究 ［J］. 建筑结构学报，1996，2：21-28.

［55］ 聂建国，谭英，王洪全. 钢-高强混凝土组合梁栓钉剪力连接件的设计计算 ［J］. 清华大学学报（自然科学版），1999，12：3-5.

［56］ 中华人民共和国国家标准. 钢结构设计标准 GB 50017—2017 ［S］. 北京：中国建筑工业出版社，2017.

［57］ 侯娟. 轻型钢结构中梁及檩条稳定性的研究进展 ［J］. 建筑钢结构进展，2004，6（4）：15-21.

［58］ 杜爽. 钢结构住宅的技术性研究 ［D］. 北京：清华大学硕士学位论文，2003.

［59］ 王元清，胡宗文，石永久等. 门式刚架轻型房屋钢结构雪灾事故分析与反思 ［J］. 土木工程学报，2009，42（3）：65-70.

［60］ 刘洋. 轻钢结构蒙皮效应的理论与试验研究 ［D］. 上海：同济大学博士学位论文，2006.

［61］ 陈明，田春雨. 冷弯薄壁 Z 型钢搭接式连续檩条受弯性能分析 ［J］. 建筑结构，2011，41（1）：939-942.

［62］ 黄川. 冷弯薄壁 C 型钢梁柱半刚性节点实验及有限元分析 ［D］. 重庆：重庆大学硕士学位论文，2003.

[63] 沈运柱. 浅谈建筑模数与模数协调 [J]. 北京建筑工程学院学报，1995，11（1）：10-15.

[64] 刘玮龙. 轻钢装配式住宅的设计与应用研究 [D]. 济南：山东大学硕士学位论文，2012.

[65] 朱勇军，张耀春. 蒙皮支撑的钢构件非线性分析 [J]. 哈尔滨建筑大学学报，1996，29（3）：53-61.

[66] 张跃峰，蔡益燕. 浅谈门式刚架轻型房屋钢结构技术规程中的两个问题 [J]. 建筑钢结构进展，2000，2（2）：13-18.

[67] Neubert M C. Estimation of required restraint forces：z-purlin supported，sloped roofs under gravity loads [J]. American Society of Civil Engineers，2000，18（2）：253-259.

[68] Li L Y. Lateral-torsional buckling of cold-formed zed-purlins partial-laterally restrained by metal sheeting [J]. Thin-walled Structures，2004，25（3）：23-25.

[69] Jurgen B，Kim J R. Stability of Z-section purlins used as temporary struts during construction [J]. ASCE，Journal of Structural Engineering，2012，15（3）：17-21.

[70] Catherine J，Rousch G J. Hancock-Comparison of tests of bridged and unbridged purlins with a non-linear analysis model [J]. Journal of Constructional Steel Research，1997，13（41）：197-220.

[71] Lucas R M，KitiPornchai S. Modelling of cold-formed purlin-sheating system-part 1：Full model [J]. Thin-Walled Structures，1997，27（3）：203-222.

[72] 高超. 冷弯薄壁 Z 型连续钢檩条在房屋建筑体系中的应用与发展 [D]. 西安：西安建筑科技大学硕士学位论文，2004.

[73] 谢志荣. 卷边槽钢檩条的自攻螺钉连接节点静力性能研究 [D]. 哈尔滨：哈尔滨工业大学硕士学位论文，2008.

[74] 徐媛杰. 风吸力作用下 C 型和 Z 型檩条的弹性弯扭屈曲 [D]. 杭州：浙江大学硕士学位论文，2013.

[75] 中华人民共和国国家标准. 建筑结构荷载规范 GB 50009—2012 [S]. 北京：中国建筑工业出版社，2012.

[76] 中华人民共和国国家标准. 建筑抗震设计规范 GB 50011—2010 [S]. 北京：中国建筑工业出版社，2010.

[77] 中华人民共和国国家标准. 金属材料拉伸试验 第 1 部分：室温试验方法 GB/T 228.1—2010 [S]. 北京：中国标准出版社，2010.

[78] 中华人民共和国行业标准. 建筑抗震试验规程 JGJ 101—2015 [S]. 北京：中国建筑工业出版社，2015.

[79] Matsumiya T，Suita K，Nakashima M，*et al*. Effect of ALC panel finishes on structural performance-Test on full-scale three frame for evaluation of seismic performance [J]. Journal of Structure Construction Engineering，2004，581：135-141.

[80] 颜雪洲. 轻质高性能混凝土力学性能试验研究及新型复合墙体性能分析 [D]. 北京：北京交通大学硕士学位论文，2006.

[81] 中华人民共和国国家标准. 钢结构工程施工质量验收标准 GB 50205—2020 [S]. 北京：中国计划出版社，2020.

[82] 李元齐，刘飞，沈祖炎，何慧文. S350 冷弯薄壁型钢龙骨式复合墙体抗震性能试验研究 [J]. 土木工程学报，2012，45（12）：83-90.

[83] 中华人民共和国国家标准. 六角头螺栓 GB/T 5782—2016 [S]. 北京：中国标准出版社，2016.

[84] 国家建筑标准设计图集. 钢结构住宅（一）05J910-1 [S]. 北京：中国计划出版社，2006.

[85] 国家建筑标准设计图集. 轻钢龙骨内隔墙 03J111-1 [S]. 北京：中国计划出版社，2003.

[86] 中国工程建设协会标准. 钢结构住宅设计规范 CECS 261—2009 [S]. 北京：中国建筑工业出版

社，2009.

[87] 国家建筑标准设计图集. 轻钢龙骨石膏板隔墙、吊顶 07CJ03-1［S］. 北京：中国计划出版社，2008.

[88] 中华人民共和国行业标准. 高层民用建筑钢结构技术规程 JGJ 99—2015［S］. 北京：中国建筑工业出版社，2015.

[89] 马欣伯. 两边连接钢板剪力墙及组合剪力墙抗震性能研究［D］. 哈尔滨：哈尔滨工业大学，2009.

[90] 中华人民共和国国家标准，钢结构焊接规范 GB 50661—2011［S］. 北京：中国建筑工业出版社.

[91] 中华人民共和国国家标准，混凝土结构设计规范 GB 50010—2010［S］. 北京：中国建筑工业出版社，2010.

[92] 杜运兴，欧阳卿. 高强度螺栓承压型连接抗剪承载力计算［J］. 湖南大学学报（自然科学版），2013，40（3）：21-25.